全国高校安全工程专业本科规划教材

锅炉压力容器安全

高等学校安全工程学科教学指导委员会组织编写

主　编　孟燕华
副主编　程乃伟
主　审　吴粤燊

中国劳动社会保障出版社

图书在版编目(CIP)数据

锅炉压力容器安全/孟燕华主编. —北京：中国劳动社会保障出版社，2008
全国高校安全工程专业本科规划教材
ISBN 978-7-5045-7181-6

Ⅰ.锅… Ⅱ.孟… Ⅲ.①锅炉-安全技术-高等学校-教材 ②压力容器-安全技术-高等学校-教材 Ⅳ.TK223.6 TH490.8

中国版本图书馆 CIP 数据核字(2008)第 086487 号

中国劳动社会保障出版社出版发行
(北京市惠新东街 1 号 邮政编码：100029)
出 版 人：张梦欣
*
北京隆昌伟业印刷有限公司印刷装订 新华书店经销
787 毫米×960 毫米 16 开本 17.25 印张 301 千字
2008 年 6 月第 1 版 2019 年 12 月第 12 次印刷
定价：38.00 元
读者服务部电话：(010)64929211/84209101/64921644
营销中心电话：(010)64962347
出版社网址：http://www.class.com.cn

版权专有　　侵权必究

如有印装差错，请与本社联系调换：(010)81211666
我社将与版权执法机关配合，大力打击盗印、销售和使用盗版图书活动，敬请广大读者协助举报，经查实将给予举报者奖励。
举报电话：(010)64954652

高等学校安全工程学科教学指导委员会

主 任 委 员　孙华山
副主任委员　黄玉治　范维澄　周世宁　宋振琪　谢和平
　　　　　　　沈忠厚　冯长根　王继仁　宋守信
委　　　员　张平远　王　生　钮英建　张来斌　林柏泉
　　　　　　　刘泽功　蔡嗣经　傅　贵　吴　超　吴　穹
　　　　　　　杨庚宇　许开立　程卫民　张殿业　景国勋
　　　　　　　蒋军成　赵云胜　姜德义　黄卫星　刘玉存
　　　　　　　李树刚　吴宗之　伊　烈　崔慕晶　李永红
　　　　　　　李生盛　杨书宏
秘　　　书　杨书宏（兼）

内 容 简 介

本书系统地介绍了锅炉压力容器设计、制造、使用、检验、事故调查处理等环节的安全技术要求和安全管理方法。全书共分七章，主要内容有：锅炉压力容器基础知识，锅炉的工作原理，锅炉压力容器应力分析，锅炉压力容器强度设计及制造要求，锅炉压力容器安全装置，锅炉压力容器安全运行与管理，锅炉压力容器事故分析。

本书是由高等学校安全工程学科教学指导委员会组织编写的全国高校安全工程专业本科规划教材。除作为高等院校安全工程及相关专业的教材外，还可作为锅炉压力容器安全监察人员及安全工程技术人员、企业安全管理人员的参考用书。

序　言

党的十六届五中全会确立了"安全发展"的指导原则，极大地促进了我国安全科学事业的发展，同时为安全工程学科提供了良好的发展机遇。据初步统计，到目前为止，全国开设安全工程专业的高校已达百余所，安全工程专业已成为我国高等教育中重要的新兴专业之一。

加强教材建设，是促进我国安全工程专业健康发展的重要基础工作。本届（2004—2008年）高等学校安全工程学科教学指导委员会在充分吸收现有教材成果和借鉴上届教指委安全工程专业教材成功编写经验的基础上，于2006年启动了"全国高校安全工程专业本科规划教材"的组织编写和出版工作。第一批安全工程专业本科规划教材包括《安全学原理》《安全管理学》《安全人机工程学》《安全系统工程》《职业卫生概论》《工业通风与除尘》《化工安全》《工业防毒技术》《机械安全工程》《电气安全工程》《防火防爆技术》《锅炉压力容器安全》《安全经济学》《安全心理学》《风险管理与保险》等15种。

本套规划教材的编写力求满足安全工程专业课程体系和课程教学的新发展，立足现实，反映前沿，力求创新，既包括已经成熟并被公认的理论与学术思想，又反映安全工程学科领域具有前瞻性与代表性的最新理论、技术和方法，并借鉴吸收世界上发达国家的先进理论、理念与方法。

在本套教材开发过程中，全国30余所高等学校、科研院所的近百名专家和学者积极参与了教材的编写和审订工作，教指委秘书处、教材开发分委会和中国劳动社会保障出版社做了大量的组织工作,在此向他们表示衷心的感谢!

本套教材的编写和出版,是我国安全工程学科在教材建设方面又迈出的重要一步。虽然我们尽了最大努力,但仍有不足,恳请安全工程领域的专家学者和广大师生提出宝贵意见。

高等学校安全工程学科教学指导委员会

2007 年 7 月

前　言

锅炉压力容器是工业生产和人民生活中必不可少的设备。作为承压类特种设备，锅炉压力容器容易发生事故，且事故的后果非常严重。当前，国家越来越重视对特种设备的安全监察和管理，并将一些事故后果严重的锅炉压力容器（如承受高压，盛装有毒或易燃易爆介质等）列为重大危险源，对其进行安全评价和严格监控。

随着我国经济建设的快速发展，锅炉压力容器使用越来越广泛，数量越来越庞大，且不断有新工艺、新技术出现，国家相继制定和修订了一系列锅炉压力容器的规程、规范和标准。因此在高校教学上，有必要依据现行的法规、规程、规范及标准，结合锅炉压力容器安全管理中的实际问题，编写符合学生专业学习要求并符合锅炉压力容器安全监察和管理要求的教材。

大量的事故统计表明，造成锅炉压力容器事故的主要原因是违章操作，对设备维护保养不善，不按规定定期检验等，而由于设备本身设计、制造不良导致的事故所占比例较小，这说明加强对锅炉压力容器使用过程中的安全管理是防止事故发生的重要手段。因此，教材编写从两方面入手，不仅对锅炉压力容器设计、制造环节的安全技术要求加以介绍，而且对锅炉压力容器的使用、检验环节的安全管理要求进行介绍，即介绍如何加强锅炉压力容器的操作管理，对常见的缺陷如何进行检查和维修。教材中还着重分析导致锅炉压力容器失效的原因，介绍锅炉压力容器常见事故的处理方法、预防措施，介绍事故调查、分析、处理的方法。可以说，结合锅炉压力容器使用过程中存在的现实问题，理论与实际并举，技术和管理并重，是本教材的一个特色。

锅炉压力容器是安全工程专业必修课之一，是学生掌握安全技术专业知识的重要课程。学生通过本课程的学习，能够了解和掌握锅炉压力容器设计、制造、使用、检验等环节的技术要求和管理方法，熟悉锅炉压力容器失效原因的分析方法以及常见事故的预防措施，以便于将来在工作实践中加以应用。

本教材的编写工作是在高等学校安全工程学科教学指导委员会的直接指导下进行的。教材编写大纲的确定，是在广泛征求国内有关专家意见的基础上，反复斟酌、修改，最后通过审定。参编者按照大纲的内容要求，依据锅炉压力容器现行的规范、标准及管理规定，参考锅炉压力容器安全技术发展的新动向和相关著作，并结合近年来教学实践和研究成果完成编写。

全书共分七章。第一章、第二章、第五章由首都经济贸易大学岳忠编写，第三章、第四章（第一节～第五节）由沈阳航空大学程乃伟编写，第四章（第六节～第七节）、第六章（第五节）、第七章由中国劳动关系学院孟燕华编写，第六章（第一节～第四节）由中国地质大学裴晶晶编写。孟燕华负责全书的统稿工作，吴粤燊主审。

本书在编写过程中参阅了大量的有关资料，在此，谨对原作者表示诚挚的谢意。

由于编者水平有限，书中难免有疏漏和错误，希望得到指正。

编　者

2008 年 6 月

目 录

第一章 锅炉压力容器基础知识 ……………………………………………（1）

　第一节 概述 …………………………………………………………………（1）
　　一、锅炉压力容器的应用 …………………………………………………（1）
　　二、锅炉压力容器的工作特性 ……………………………………………（2）
　　三、锅炉压力容器事故的危害 ……………………………………………（2）
　第二节 锅炉压力容器安全监察 ……………………………………………（3）
　　一、锅炉压力容器安全监察体制 …………………………………………（3）
　　二、锅炉压力容器法规标准简介 …………………………………………（5）
　第三节 锅炉压力容器分类 …………………………………………………（6）
　　一、锅炉的分类 ……………………………………………………………（6）
　　二、压力容器的分类 ………………………………………………………（9）
　第四节 锅炉的结构与型号 …………………………………………………（12）
　　一、锅壳式锅炉结构 ………………………………………………………（12）
　　二、水管锅炉结构 …………………………………………………………（16）
　　三、锅炉工作过程 …………………………………………………………（26）
　　四、工业锅炉型号 …………………………………………………………（27）
　第五节 压力容器基本结构 …………………………………………………（30）
　　一、中、低压容器的结构 …………………………………………………（30）
　　二、高压容器的结构 ………………………………………………………（33）

第二章 锅炉的工作原理 ………………………………………………………（38）

　第一节 锅炉中的传热与热平衡 ……………………………………………（38）
　　一、锅炉中的传热 …………………………………………………………（38）
　　二、锅炉热平衡 ……………………………………………………………（39）

第二节　锅炉水循环 （41）
　　一、水循环的概念 （41）
　　二、影响自然循环的因素 （42）
　　三、常见的水循环故障 （43）
第三节　锅炉水处理 （45）
　　一、锅炉水质指标及水处理要求 （45）
　　二、常用水处理方法 （47）
　　三、给水除氧 （50）

第三章　锅炉压力容器应力分析 （53）
第一节　受内压薄壁壳体的应力分析 （53）
　　一、无力矩理论及基本方程 （53）
　　二、无力矩理论在旋转薄壳中的应用 （58）
第二节　受内压厚壁壳体的应力分析 （64）
　　一、厚壁壳体的应力特点 （64）
　　二、轴向应力分析 （65）
　　三、径向应力与环向应力分析 （66）
　　四、厚壁与薄壁圆筒应力公式的比较 （70）
第三节　平板的应力分析 （72）
　　一、圆平板的应力特点 （72）
　　二、方程分析和挠度分析 （73）
　　三、周边固支圆平板的应力分析 （75）
　　四、周边铰支圆平板的应力分析 （77）
第四节　薄壁壳体边缘应力分析 （79）
　　一、边缘应力概念 （79）
　　二、方程分析 （80）
　　三、边界条件的确定 （82）
　　四、边缘效应分析 （83）
　　五、关于边缘效应的一般性结论 （87）
第五节　开孔的安全性 （88）
　　一、应力集中的概念 （88）
　　二、开孔附近的应力集中 （89）

  第六节 热应力 $\cdots\cdots$（92）
    一、厚壁圆筒中的热应力 $\cdots\cdots$（92）
    二、关于热应力的讨论 $\cdots\cdots$（94）

第四章 锅炉压力容器强度设计及制造要求 $\cdots\cdots$（97）
  第一节 强度设计概述 $\cdots\cdots$（97）
    一、强度理论 $\cdots\cdots$（97）
    二、设计准则 $\cdots\cdots$（98）
    三、应力分类与分析设计 $\cdots\cdots$（99）
  第二节 锅炉压力容器用钢材 $\cdots\cdots$（101）
    一、金属材料的常温力学性能 $\cdots\cdots$（101）
    二、温度对材料力学性能的影响 $\cdots\cdots$（102）
    三、钢材的脆性 $\cdots\cdots$（104）
    四、钢材的腐蚀 $\cdots\cdots$（105）
    五、对锅炉压力容器用钢的要求 $\cdots\cdots$（106）
    六、锅炉压力容器常用钢材 $\cdots\cdots$（108）
  第三节 筒体与封头强度设计 $\cdots\cdots$（109）
    一、主要设计参数 $\cdots\cdots$（109）
    二、内压筒体与封头设计 $\cdots\cdots$（118）
  第四节 开孔补强 $\cdots\cdots$（126）
    一、不需补强的最大孔径 $\cdots\cdots$（126）
    二、补强的有关要求 $\cdots\cdots$（127）
    三、补强面积（A_e） $\cdots\cdots$（129）
    四、补强形式与结构 $\cdots\cdots$（130）
    五、补强面积的分布 $\cdots\cdots$（130）
  第五节 锅炉压力容器结构设计的安全问题 $\cdots\cdots$（132）
    一、结构设计应遵循的原则 $\cdots\cdots$（132）
    二、对封头及法兰结构的要求 $\cdots\cdots$（133）
    三、对开孔的要求 $\cdots\cdots$（134）
    四、对焊接结构的要求 $\cdots\cdots$（135）
  第六节 锅炉压力容器制造质量控制 $\cdots\cdots$（137）
    一、锅炉压力容器制造的主要工序 $\cdots\cdots$（137）

二、焊接缺陷对安全的影响及质量要求 ……………………………… (141)
　　　三、成形与组装缺陷对安全的影响及质量要求 ………………………… (152)
　　　四、对制造质量的检查与控制 …………………………………………… (156)
　第七节　锅炉压力容器制造管理 …………………………………………… (162)
　　　一、锅炉压力容器制造单位的资格 ……………………………………… (162)
　　　二、制造过程的质量管理 ………………………………………………… (162)
　　　三、质量保证系统和质量保证手册 ……………………………………… (163)

第五章　锅炉压力容器安全装置 ……………………………………………… (167)
　第一节　概述 ………………………………………………………………… (167)
　　　一、安全装置种类及设置原则 …………………………………………… (167)
　　　二、安全泄压装置分类 …………………………………………………… (169)
　　　三、锅炉压力容器的安全泄放量 ………………………………………… (170)
　第二节　安全阀 ……………………………………………………………… (172)
　　　一、安全阀的种类与特点 ………………………………………………… (173)
　　　二、安全阀的排量 ………………………………………………………… (175)
　　　三、安全阀的安装、调试与维护 ………………………………………… (178)
　　　四、安全阀常见故障及处理 ……………………………………………… (181)
　　　五、安全阀的安全技术要求 ……………………………………………… (182)
　第三节　爆破片 ……………………………………………………………… (185)
　　　一、爆破片的种类与特点 ………………………………………………… (185)
　　　二、爆破片的选用、安装与更换 ………………………………………… (186)
　第四节　压力表 ……………………………………………………………… (191)
　　　一、压力表的分类和工作原理 …………………………………………… (191)
　　　二、压力表的选用与装设 ………………………………………………… (191)
　　　三、压力表的维护与校验 ………………………………………………… (192)
　第五节　水位表 ……………………………………………………………… (193)
　　　一、水位表的种类及适用范围 …………………………………………… (193)
　　　二、水位表的安全技术要求 ……………………………………………… (195)
　　　三、水位表的维护 ………………………………………………………… (195)
　第六节　其他安全装置 ……………………………………………………… (195)
　　　一、温度测量仪表 ………………………………………………………… (195)

二、排污装置 …………………………………………… (197)
　　三、锅炉保护装置 ………………………………………… (198)
　　四、液面计 ………………………………………………… (198)

第六章　锅炉压力容器安全运行与管理 …………………………… (201)
　第一节　锅炉压力容器使用管理基础工作 …………………… (201)
　　一、锅炉压力容器选购与验收 …………………………… (201)
　　二、锅炉压力容器安装 …………………………………… (202)
　　三、锅炉压力容器使用登记 ……………………………… (203)
　　四、锅炉压力容器技术档案 ……………………………… (203)
　　五、锅炉压力容器统计报表 ……………………………… (204)
　第二节　锅炉安全运行与管理 ………………………………… (204)
　　一、锅炉的启动 …………………………………………… (204)
　　二、锅炉运行中的监督调整与管理 ……………………… (209)
　　三、停炉及停炉后的保养 ………………………………… (211)
　　四、锅炉房的综合管理 …………………………………… (214)
　第三节　压力容器安全运行与管理 …………………………… (216)
　　一、压力容器的投用 ……………………………………… (216)
　　二、运行中工艺参数的控制 ……………………………… (217)
　　三、压力容器的停运 ……………………………………… (218)
　　四、压力容器的维护保养 ………………………………… (220)
　第四节　气瓶安全 ……………………………………………… (221)
　　一、气瓶基础知识 ………………………………………… (221)
　　二、气瓶充装安全 ………………………………………… (222)
　　三、气瓶储存与运输安全 ………………………………… (225)
　　四、气瓶使用安全 ………………………………………… (226)
　第五节　锅炉压力容器定期检验 ……………………………… (227)
　　一、定期检验的内容与要求 ……………………………… (227)
　　二、常用的检验方法 ……………………………………… (231)
　　三、常见缺陷的检查与处理 ……………………………… (235)
　　四、检验中的安全问题 …………………………………… (238)

第七章 锅炉压力容器事故分析 …………………………………………… (242)

第一节 锅炉压力容器的断裂形式 ………………………………………… (242)
一、延性断裂 …………………………………………………………… (242)
二、脆性断裂 …………………………………………………………… (244)
三、疲劳断裂 …………………………………………………………… (246)
四、应力腐蚀断裂 ……………………………………………………… (247)
五、蠕变断裂 …………………………………………………………… (249)

第二节 锅炉常见事故 ……………………………………………………… (250)
一、锅炉事故与故障 …………………………………………………… (250)
二、锅炉爆炸事故 ……………………………………………………… (251)
三、锅炉重大事故 ……………………………………………………… (251)

第三节 锅炉压力容器事故调查、分析与处理 …………………………… (255)
一、锅炉压力容器事故调查程序 ……………………………………… (255)
二、锅炉压力容器事故分析方法 ……………………………………… (257)
三、事故处理的有关规定 ……………………………………………… (259)

参考文献 …………………………………………………………………… (261)

第一章 锅炉压力容器基础知识

本章学习目标

1. 了解锅炉压力容器的应用及其安全特性。
2. 了解锅炉压力容器安全监察体制,熟悉有关锅炉压力容器的法规与标准体系。
3. 熟悉锅炉压力容器的分类。
4. 掌握锅炉压力容器的结构及主要承压部件的作用。

第一节 概　　述

一、锅炉压力容器的应用

锅炉广泛应用于电力、机械、化工、轻工、纺织、交通运输等部门及日常生活中。电站锅炉是火力发电系统的主要设备之一,其特点是蒸发量大、蒸汽压力和温度高。工业锅炉应用于工业生产及供暖,此类锅炉蒸发量或供热量较小,压力、温度较低,但数量众多。此外,还有些锅炉应用于人们日常生活中和机车船舶上,通常把它们分别称为生活锅炉和机车船舶锅炉。

压力容器广泛应用于石油化工、能源、冶金、轻工、纺织、机械、航空航天、交通、采矿、医药等行业领域及日常生活中,如与压气机配套的储气罐,储运永久气体或液化气体的气瓶、槽车、储罐,提供介质反应密闭空间的聚合釜、合成塔,加热或冷却介质的蒸煮锅、冷却器,用以分离不同介质的分离器、过滤器等,都是常见的压力容器。在化学工业和石化工业中,几乎每一个工艺过程都离不开压力容器,而且压力容器是生产中的主要设备。

二、锅炉压力容器的工作特性

锅炉压力容器的工作条件恶劣,容易发生事故。

1. 爆炸特性

压力容器的工作介质往往是高压、高温(或低温)、易燃、易爆、有毒的气体或液化气体,一旦使用不当或容器存在缺陷,就有可能发生爆炸和介质泄漏事故。锅炉的汽水系统长期运行在高温和高压的恶劣工况下,因而经常出现局部缺陷或整体超压问题,造成锅炉本体或部件损坏。燃油、燃气和燃煤粉的锅炉还存在燃烧系统的爆炸问题。

2. 接触腐蚀性介质

压力容器的介质常常对其材质有较强的腐蚀性,如氧腐蚀、硫腐蚀、硫化氢腐蚀以及各种浓度的酸、碱、盐腐蚀等。锅炉金属表面一侧接触烟气、灰尘,另一侧接触水及水蒸气,也会造成磨损和腐蚀。

3. 维持连续运行

锅炉压力容器一旦投入使用,一般要求连续运行,不能随意停机,否则会影响一条生产线、一个工厂,甚至一个地区的生活和生产,有时还会造成恶劣的后果。由于不便随时停运检查,常常因缺陷扩展而导致破裂。

三、锅炉压力容器事故的危害

锅炉压力容器一旦发生爆炸和介质泄漏事故,不仅损坏设备,危害操作人员的安全,而且还会引发更为严重的灾难事件,如易燃易爆介质导致二次爆炸,有毒介质扩散污染环境,高温(或低温)介质泄漏对人员造成伤害等等。

1. 爆炸冲击波的危害

锅炉压力容器内的介质一般是具有较高压力的气体、液化气体或高温液体,承压部件一旦破裂,介质即泄压膨胀或瞬时汽(气)化,瞬间释放出很大的能量。其中,85%的能量用以产生冲击波,向周围快速传播,破坏设备、建筑物,危及人身安全。

2. 爆炸碎片的危害

锅炉压力容器破裂时,飞出的部件或爆炸碎片会击穿或撞坏其他设备或建筑,有时会直接伤人。

3. 泄漏介质的危害

压力容器爆炸或泄漏,容器内易燃易爆介质外逸,与空气混合,可能产生二次爆炸并酿成火灾。如果容器内的介质具有毒性，介质外逸还会使大面积区域遭受毒害，不仅伤害域内人员，而且破坏生态环境。锅炉发生爆炸，饱和水汽化，高温蒸汽膨胀，瞬间可造成人员伤亡。

第二节　锅炉压力容器安全监察

一、锅炉压力容器安全监察体制

1. 锅炉压力容器安全监察体制

锅炉压力容器是危险性大的特种设备，其安全问题一直受到高度重视。各国都设立专门机构，制定相应的法律、法规和标准，对其实行严格的管理。

（1）制定较为完善的法规、标准。美国机械工程师学会（ASME）制定的锅炉压力容器规范，诞生于20世纪初期，经过80多年的发展与完善，目前已成为世界上公认的权威规范。此外，美国锅炉压力容器检查管理局的检查规范，对锅炉压力容器的安装、修理、改造、运行、检验等也作了详细的规定。其他工业国家如英国、德国、法国、日本等，也都制定了较为完善的锅炉压力容器技术规范。

1960年我国颁布了第一个有关锅炉安全方面的规章——《蒸汽锅炉安全规程》。1979年以后陆续颁布了多个锅炉压力容器安全技术标准和规范。1982年2月，国务院颁布了《锅炉压力容器安全监察暂行条例》，该条例对规范锅炉压力容器安全监察工作，明确锅炉压力容器使用单位责任，降低并减少当时高发的锅炉压力容器安全事故起到了非常重要的作用。依据此条例，国务院和有关部门以后又陆续制定或修订了蒸汽锅炉、热水锅炉、压力容器、气瓶等安全技术监察规程，颁布了一系列锅炉压力容器设计、制造标准，如《钢制压力容器》（GB 150—1998）、《水管锅炉受压元件强度计算》（GB/T 9222—1988）、《锅壳锅炉受压元件强度计算》（GB/T 16508—1996）。2003年国务院颁布了《特种设备安全监察条例》。实践证明，严格依据有关法规、标准，对锅炉压力容器的设计、制造、安装、使用、检验、修理、改造等环节实行安全监察，有效地避免锅炉压力容器事故的发生。

（2）建立锅炉压力容器安全监察机构。为对锅炉压力容器实行专门的监察管理，各国均设立了专门机构，依照相关的法律及利用经济手段，实施强制性的监督管理。工业国家对锅炉压力容器安全监督管理已有100多年的历史，逐步形成了规范化的监督管理模式，对设计、制造、安装、检验、使用、修理、改造等环节提出了相应的行政管理措施。如美国加州对锅炉压力容器的监督管理措施是：设计文件经过检验师审核；制造按照 ASME 规范，取得制造许可证，制造过程中接受授权检验师的监督检验；锅炉安装接受授权检验师的监督检验；锅炉压力容器取得运行许可后，才能投入运行；制造、安装过程中的监督检验和在用锅炉的定期检验为强制检验，由监察机构的检验师或其批准的检验师负责。

我国对锅炉压力容器实行全过程的安全监察，所谓全过程，即对锅炉压力容器从设计、制造、安装、使用到检验、修理、改造等环节实行安全监察。这种监察具有强制性、体系性及责任追究性，包括监察体制、行政许可、监督检查、事故处理和责任追究等内容。

2. 锅炉压力容器安全监察的发展

从 19 世纪 70 年代开始，一些工业国家连续发生多起锅炉压力容器爆炸事故，典型的如美国 1905 年发生的某鞋厂火管锅炉爆炸事故，死亡 58 人，受伤 117 人。锅炉压力容器的安全问题逐渐引起人们的重视，许多国家先后成立了各种研究机构，从事锅炉压力容器安全的科学研究并制定有关技术规范；并设置专门机构对锅炉压力容器进行安全监察。

我国的锅炉压力容器安全监察工作始于建国初期。1955 年 4 月 25 日天津第一棉纺厂发生一起锅炉爆炸事故，造成 8 人死亡，69 人受伤，引起国务院高度重视。1955 年 7 月经国务院批准，在原劳动部设立锅炉安全检查总局，开始对锅炉、压力容器等特种设备进行专门监督管理，1963 年扩充为锅炉压力容器安全监察局。几十年来，我国锅炉压力容器等特种设备安全监察制度日臻完善，安全监察机构覆盖全国，重特大事故得到有效遏制。目前，国务院、各省（直辖市、自治区）、市（地）以及经济发达县都设立了锅炉压力容器安全监察机构和检验单位。根据《特种设备安全监察条例》的规定，国家质量监督检验检疫总局是国务院直属的特种设备安全监察管理部门，各级地方人民政府的质量技术监督局是地方政府负责特种设备安全监察管理的部门。国家质量监督检验检疫总局内设特种设备安全监察局，各省、自治区、直辖市在特种设备安全监察管理部门内设特种设备安全监察处，各地市设安全监察科，工业发达的县或县级市设安全股。各地建立锅炉压力容器检验所。

随着我国加入 WTO 和市场经济体制改革的不断深入，特种设备安全监察工作面临着新形势和新问题。为此，国家质量监督检验检疫总局特种设备安全监察局提出了特种设备安全监察的新目标和新任务，逐步建立和完善特种设备法规标准体系、动态监管体系和安全评价体系。

二、锅炉压力容器法规标准简介

完善的锅炉压力容器法规标准体系应该是"法律—行政法规—部门规章—技术规范—引用标准"五个层次。目前，我国尚无锅炉压力容器安全的专门法律，国务院颁布的行政法规即为最高层次的法律依据。

1. 法规

（1）行政法规。是指国务院制定的广泛性文件。行政法规的名称通常为条例、规定、办法等。我国特种设备方面的行政法规是《特种设备安全监察条例》，于2003年3月11日以国务院令第373号发布，2003年6月1日起施行。

（2）地方性法规。是指省、自治区、直辖市的人民代表大会及其常务委员会依照法定职权和程序制定、颁布并实施于本行政区域的规范性文件。如《江苏省特种设备安全监察条例》《淄博市承压设备安全监察条例》《深圳经济特区锅炉压力容器压力管道质量监督与安全监察条例》等。

2. 部门规章

部门规章是指国务院的部、委员会和直属机构依照法律、行政法规制定的在全国范围内实施行政管理的规范性文件，它以部门首长签署命令予以公布，并经过一定方式向社会公告。锅炉压力容器有关的部门规章主要有：

（1）《锅炉压力容器压力管道特种设备事故处理规定》（2001年9月17日国家质量监督检验检疫总局令第2号发布）。

（2）《锅炉压力容器压力管道特种设备安全监察行政处罚规定》（2001年12月29日国家质量监督检验检疫总局令第14号发布）。

（3）《锅炉压力容器制造监督管理办法》（2002年7月12日国家质量监督检验检疫总局令第22号发布）。

（4）《气瓶安全监察规定》（2003年4月24日国家质量监督检验检疫总局令第46号发布）。

（5）《特种设备作业人员监督管理办法》（2005年1月10日国家质量监督检验检疫总局令第70号发布）。

3. 技术规范

技术规范是指经过规定的编制、审定程序，由国家质量监督检验检疫总局领导授权签署、以国家质量监督检验检疫总局名义公布、技术性突出的文件，主要有三大类：监督管理规定与办法类、安全监察规程类和技术检验规则类。目前与锅炉压力容器有关的安全技术规范主要有以下几类：

(1) 监督管理规定与办法类。主要有：《锅炉压力容器压力管道焊工考试与管理规则》（国质检锅〔2002〕109号）；《压力容器压力管道设计单位资格许可与管理规则》（国质检锅〔2002〕235号）；《锅炉压力容器使用登记管理办法》（国质检锅〔2003〕207号）；《特种设备检验检测机构管理规定》（国质检锅〔2003〕249号）；《特种设备检验检测机构核准规则》（总局公告2004年第203号）等。

(2) 安全监察规程类。主要有：《压力容器安全技术监察规程》《蒸汽锅炉安全技术监察规程》《热水锅炉安全技术监察规程》《气瓶安全监察规程》《液化气体汽车罐车安全监察规程》《溶解乙炔气瓶安全监察规程》《超高压容器安全技术监察规程》《非金属压力容器安全技术监察规程》《有机热载体炉安全技术监察规程》等。

(3) 技术检验规则类。主要有：《压力容器定期检验规则》《锅炉压力容器产品安全性能质量监督检验规则》等。

4. 引用标准

指技术规范引用的有关国家及行业标准。锅炉压力容器方面的国家和行业标准主要有：《水管锅炉受压元件强度计算》《锅壳锅炉受压元件强度计算》《钢制压力容器》《工业锅炉水质》《管壳式换热器》《钢制球形储罐》《钢制塔式容器》《液化石油气汽车罐车技术条件》《液化气铁路罐车技术条件》《低温液体槽车》《医用高压氧舱》《搪玻璃设备技术条件》等。

第三节 锅炉压力容器分类

一、锅炉的分类

1. 锅炉参数系列

(1) 锅炉特性参数。描述锅炉工作特性的基本参数主要有容量、工作压力和工质温度。

蒸汽锅炉用额定蒸发量表征其容量或出力的大小。所谓额定蒸发量是指蒸汽锅炉在额定压力、温度（出口蒸汽温度与进口给水温度）和达到规定热效率的条件下，每小时产生的最大蒸汽量。锅炉铭牌上的蒸发量就是额定蒸发量，常以符号D表示，单位是t/h。

热水锅炉则用额定热功率表征其容量的大小。所谓额定热功率是指热水锅炉在额定压力、温度（出口蒸汽温度与进口给水温度）和达到规定热效率的条件下，每小时产生的最大热量。锅炉铭牌上的热功率即是额定热功率，常以符号 Q 表示，单位是 MW。

蒸汽锅炉和热水锅炉热容量的表示方法不同，在比较它们的容量时，通常认为热水锅炉 0.7 MW 的热功率相当于蒸汽锅炉 1 t/h 的蒸发量。

蒸汽锅炉的蒸汽参数以锅炉主汽阀出口处蒸汽的压力（表压）和温度表示。压力的符号为 p，单位为 MPa；温度的符号为 t，单位为℃。热水锅炉的介质参数以额定出水压力及额定进口/出口水温表示，符号与单位同上。

（2）蒸汽锅炉参数系列。我国锅炉参数系列已纳入国家标准。工业蒸汽锅炉参数系列见表 1—1。

表 1—1　　　　　　　　工业蒸汽锅炉参数系列

额定蒸发量[①] （t/h）	额定出口蒸汽压力（表压）（MPa）										
	0.4	0.7	1.0	1.25			1.6		2.5		
	额定出口蒸汽温度（℃）										
	饱和	饱和	饱和	饱和	250	350	饱和	350	饱和	350	400
0.1	△										
0.2	△										
0.5	△	△									
1	△	△	△								
2		△	△	△			△				
4			△	△			△				
6				△	△	△	△	△			
8				△	△	△	△	△			
10				△	△	△	△	△	△	△	
15				△	△	△	△	△	△	△	
20					△	△	△	△	△	△	
35							△	△	△	△	△
65										△	△

注：①额定蒸发量，对于小于 6 t/h 的饱和蒸汽锅炉指 20 ℃给水温度下的额定蒸发量；对于≥6 t/h 的饱和蒸汽锅炉或过热蒸汽锅炉是指 105 ℃给水温度下的额定蒸发量。

（3）热水锅炉参数系列。热水锅炉参数包括额定热功率、工作压力、热水温度及回水阀门进口处的水温度。我国热水锅炉参数系列见表 1—2。

表 1—2　　　　　　　　　　　　热水锅炉参数系列

额定热功率 (MW)	额定出口/进口水温度（℃）									
	95/70			115/70		130/70		150/90		180/110
	允许工作压力（表压力，MPa）									
	0.4	0.7	1.0	0.7	1.0	1.0	1.25	1.25	1.6	2.5
0.1	△									
0.2	△									
0.35	△	△								
0.7	△	△		△						
1.4	△	△		△						
2.8	△	△	△	△	△	△	△	△		
4.2		△	△	△	△	△	△	△		
7.0		△	△		△	△	△	△		
10.5						△	△	△		
14.0						△	△	△	△	
29.0								△	△	△
46.0									△	△
58.0									△	△
116.0									△	△

2. 锅炉的分类

目前国家尚无统一的分类方法，业内习惯从以下方面对锅炉进行分类。

（1）按用途分类。分为电站锅炉、工业锅炉、机车锅炉、船用锅炉等。

（2）按容量分类。分为大型锅炉（蒸发量＞100 t/h）、中型锅炉（蒸发量为 20～100 t/h）和小型锅炉（蒸发量＜20 t/h）。

（3）按压力分类。按锅炉出口工质压力分类，可以分为常压热水锅炉（锅炉水位处表压力为零）、低压锅炉（$p \leqslant 2.5$ MPa）、中压锅炉（2.5 MPa＜$p \leqslant$

3.82 MPa)、高压锅炉（3.82 MPa$<p\leqslant$9.8 MPa）、超高压锅炉（9.8 MPa$<p\leqslant$ 13.7 MPa）、亚临界锅炉（13.7 MPa$<p\leqslant$16.7 MPa）和超临界锅炉（$p>$ 22.13 MPa）。其中 p 为额定出口工质的表压力。

（4）按燃料或能源分类。分为燃煤锅炉、燃油锅炉、燃气锅炉、废热（余热）锅炉、废料锅炉、电加热锅炉、原子能锅炉等。燃料不同，锅炉的安全特性不同。例如，燃油锅炉、燃气锅炉及燃用煤粉的锅炉均存在炉膛爆炸的危险，废热（余热）锅炉受热面的金属受烟气磨损比较严重，而燃油锅炉尾部烟道受热面金属的硫腐蚀较为突出。

（5）按燃烧方式分类。分为层燃炉、沸腾炉、室燃炉。层燃炉的燃料铺在炉排上燃烧；沸腾炉又称流化床锅炉，燃料在布风板上，被由下而上送入的高速空气流托起，上下翻滚着燃烧；室燃炉的燃料被喷入炉膛，在炉膛空间呈悬浮状燃烧。

（6）按结构分类。分为锅壳锅炉（火管锅炉）、水管锅炉和水火管锅炉。

（7）按工质的流动方式分类。分为自然循环锅炉、强制循环锅炉、直流锅炉等。

二、压力容器的分类

纳入我国安全监察范围内的压力容器是同时具备下列三个条件的容器：最高工作压力 $p_w\geqslant$0.1 MPa（表压，不含液柱静压力）；内直径（非圆形截面指断面最大尺寸）$D_i\geqslant$0.15 m，且容积 $V\geqslant$0.025 m³；介质为气体、液化气体或最高工作温度高于或等于标准沸点（标准大气压对应的饱和温度）的液体。

1. 压力的来源

压力容器所承受的压力根据其来源分为两类：一类是介质在容器外通过加压或增压后，送入容器内，使容器壳体承受压力；另一类是介质送入容器后，其物理状态、密度、温度发生变化，或在容器中发生体积增大的化学反应，使容器壳体承受压力。

在容器外使介质产生或增大压力的压力源一般为气体压缩机、液体泵或蒸汽锅炉。以压缩气体为介质的压力容器，压力来自于压缩机对气体的压缩，这类容器所承受的压力大小主要取决于压缩机出口压力。以水蒸气为介质的压力容器，压力来自于蒸汽锅炉，这类容器所承受的压力大小主要取决于蒸汽锅炉出口压力，如果压力容器需要的蒸汽压力小于锅炉出口蒸汽压力，则应在容器进口管道上装设蒸汽减压装置，以满足工艺要求。这种全部靠器外压力源产生压力的压力容器，如果工作条件不发生变化，一般内部的压力不会突然增大。

依靠容器内介质聚集状态发生改变、介质密度发生变化、介质温度升高或依靠容器内发生体积增大的化学反应等来产生或增大压力的容器，容易出现异常超压的情况，危险性较大，因此，对该类压力容器的压力控制也更加严格。

2. 主要技术参数

(1) 工作压力和设计压力。工作压力也称操作压力，是指容器顶部在正常工作过程中可能产生的表压力。最高工作压力是指容器在工艺操作过程中可能出现的最大表压力（不含液柱压力）。设计压力是指在相应设计温度下用以确定容器壳壁计算壁厚及其元件尺寸的压力，其值不得低于最高工作压力。

在用压力容器可根据其壳体及主要受压元件的实测有效壁厚确定其许用压力（最大允许工作压力）。当几个受压元件计算确定的许用压力不相等时，取其中的最小值作为容器的许用压力。

(2) 设计温度。设计温度是指容器在正常操作时，在相应的设计压力下，壳壁或元件金属可能达到的最高或最低温度（壳体沿截面厚度的平均温度）。当壳壁或元件金属的温度低于$-20℃$，按最低温度确定设计温度；除此之外，设计温度一律按最高温度选取。

(3) 公称直径。公称直径是按容器零部件标准化系列而选定的壳体直径，公称直径以D_N表示。用无缝钢管制作的圆筒体，其公称直径是指它的外径；焊接的圆筒体，公称直径是指它的内径。我国圆筒形薄壁容器的公称直径已形成标准系列。

(4) 壁厚。表示容器壁厚的参数常见的有：名义壁厚、设计壁厚、计算壁厚、有效壁厚等。

名义壁厚是将设计壁厚向上圆整至钢材标注的厚度，即图样上标注的厚度。计算壁厚是按应力计算公式计算所得的厚度（不包括壁厚附加量）。设计壁厚是指计算壁厚与壁厚附加量之和。有效壁厚指名义壁厚减去壁厚附加量。

3. 压力容器的分类

压力容器的分类方法有多种。按容器的壁厚分为薄壁容器和厚壁容器；按承压方式分为内压容器和外压容器；按工作壁温分为高温容器、常温容器和低温容器；按壳体的几何形状分为球形容器、圆筒形容器、圆锥形容器等；按制造方法分为焊接容器、锻造容器、铸造容器和铆接容器；按制造材料分为钢制容器、铸铁容器、有色金属容器和非金属容器。

从安全管理和技术监督的角度，一般对压力容器作如下分类。

(1) 固定式容器。固定式容器有固定的安装和使用地点，工艺条件和使用操作人员也比较固定。固定式容器可以按其工作压力和用途进行分类。

1) 按压力分类。压力越高，容器发生爆炸事故的后果就越严重。为了便于对其进行分级管理和技术监督，我国《压力容器安全技术监察规程》将压力容器分为四个压力级别，即：低压容器（$0.1\ \text{MPa} \leqslant p < 1.6\ \text{MPa}$）、中压容器（$1.6\ \text{MPa} \leqslant p < 10\ \text{MPa}$）、高压容器（$10\ \text{MPa} \leqslant p < 100\ \text{MPa}$）和超高压容器（$p \geqslant 100\ \text{MPa}$）。其中，$p$为容器的设计压力。

2）按用途分类。根据容器在生产工艺过程中所起的作用，可以归纳为四大类，即反应容器、储存容器、换热容器和分离容器。

（2）移动式容器。移动式容器是一种储运容器，主要用于装运永久气体、液化气体和溶解气体。这类容器的特点是没有固定的使用地点和操作人员，使用环境经常变化，管理比较复杂，较容易发生事故。

移动式容器按容积大小和结构形状分为气瓶和槽（罐）车两种。气瓶是使用最为普遍的一种移动式容器，容积较小，一般都在 200 L 以下。按盛装气体的特性可分为永久气体气瓶、液化气体气瓶和溶解乙炔气瓶。槽（罐）车是安装在车架上的一种卧式储槽（罐），分为火车槽（罐）车和汽车槽（罐）车，容积较大，常达数十立方米。主要功能是运输液化气体和低温液体。

（3）综合分类。根据容器工作压力的高低、介质的危害程度以及在生产中的重要作用，将其分为三类，以此实行分级（类）监督和管理。

1）第三类压力容器（Ⅲ类）。符合下列情况之一的为第三类压力容器：高压容器；中压容器（仅限毒性程度为极度和高度危害介质）；中压储存容器（仅限易燃或毒性程度为中度危害介质，且 $pV > 10\ \text{MPa} \cdot \text{m}^3$）；中压反应容器（仅限易燃或毒性程度为中度危害介质，且 $pV \geqslant 0.5\ \text{MPa} \cdot \text{m}^3$）；低压容器（毒性程度为极度和高度危害介质，且 $pV \geqslant 0.2\ \text{MPa} \cdot \text{m}^3$）；高压、中压管壳式余热锅炉；中压搪玻璃压力容器；使用强度级别较高（抗拉强度规定值下限 $\geqslant 540\ \text{MPa}$）的材料制造的压力容器；移动式压力容器，包括铁路罐车（介质为液化气体、低温液体）、罐式汽车（介质为液化气体、低温液体或永久气体）和罐式集装箱（介质为液化气体、低温液体）等；球形储罐（容积 $\geqslant 50\ \text{m}^3$）；低温液体储存容器（容积 $> 5\ \text{m}^3$）。

2）第二类压力容器（Ⅱ类）。下列情况之一的为第二类压力容器：中压容器；低压容器（毒性程度为极度和高度危害介质）；低压反应容器和低压储存容器（易燃介质或毒性程度为中度危害介质）；低压管壳式余热锅炉；低压搪玻璃压力容器。

3）第一类压力容器（Ⅰ类）。低压容器（二类、三类压力容器包含的容器除外）。

压力容器中化学介质毒性程度和易燃介质的划分可参照有关规定,或依据下述原则:最高容许浓度<0.1 mg/m³,为极度危害毒性介质(Ⅰ级);最高容许浓度0.1~<1.0 mg/m³,为高度危害毒性介质(Ⅱ级);最高容许浓度1.0~<10 mg/m³,为中度危害毒性介质(Ⅲ级);最高容许浓度≥10 mg/m³,为轻度危害毒性介质(Ⅳ级)。

介质与空气的混合物爆炸下限<10%或爆炸上限与下限之差>20%者,为易燃介质。

第四节 锅炉的结构与型号

一、锅壳式锅炉结构

锅壳式锅炉是工业上应用得最早的一种锅炉形式。内燃式锅壳锅炉的受热面布置在锅壳内部,外燃式锅壳锅炉的受热面布置在锅壳内部和外部。受热面分为火管(烟管)及水管两种形式,烟气在管内流动放热、水在管外吸热的受热面,称为火管(烟管);水、汽或汽水混合物在管内流动吸热、烟气在管外冲刷放热的受热面,称为水管。既有火管受热面又有水管受热面的锅炉,称为水火管锅炉。

锅壳锅炉按其布置方式可分为立式和卧式两种。

1. 立式锅壳锅炉

立式锅壳锅炉的纵向中心线垂直于地平面。按其结构形式可分为立式火管锅壳锅炉、立式水管锅壳锅炉和立式无管锅壳锅炉三种类型。

(1) 立式火管锅壳锅炉。立式火管锅壳锅炉由锅壳、炉胆、火管等主要部件构成,如图1—1a所示。锅壳和炉胆夹层内为锅水空间,火管浸没在水空间内。烟气在管内流动放热,水在管外吸热。煤在固定炉排上燃烧,生成的烟气经燃烧室出口进入后烟箱,流过火管,最后汇集于前烟箱,再经烟囱排出。因其受热面的布置受到锅壳结构的限制,容量一般较小,蒸发量大多在1 t/h以下,蒸汽压力一般在1.25 MPa以下。

这种锅炉结构紧凑,整装出厂,运输安装方便,便于使用管理。但因炉膛内置,水冷程度高,炉温低,只适宜燃用较好的烟煤。

(2) 立式水管锅壳锅炉。立式水管锅壳锅炉主要由锅壳、炉胆、弯水管等主要受压元件构成,如图1—1b所示。锅壳为圆筒壳,顶部焊接有凸形封头,下部通过

U形下脚圈与炉胆相连。弯水管分两组，分别沿圆周布置在炉胆内部及锅壳外部。炉胆内部的弯水管，上部连在炉胆顶上，下部连在炉胆上；锅壳外面的弯水管，上、下两端都连在锅壳上，周围被环形烟道包围。炉排置于炉胆底部，燃料在炉排上燃烧，生成的高温烟气流经炉胆内的弯水管，从炉胆上部的烟气出口流出，分左右两路进入烟道，沿锅壳外壁各流动半圈，横向冲刷锅壳外烟箱中的水管及锅壳外壁，将热量传递给受热面内的工质，最后经烟囱排出。

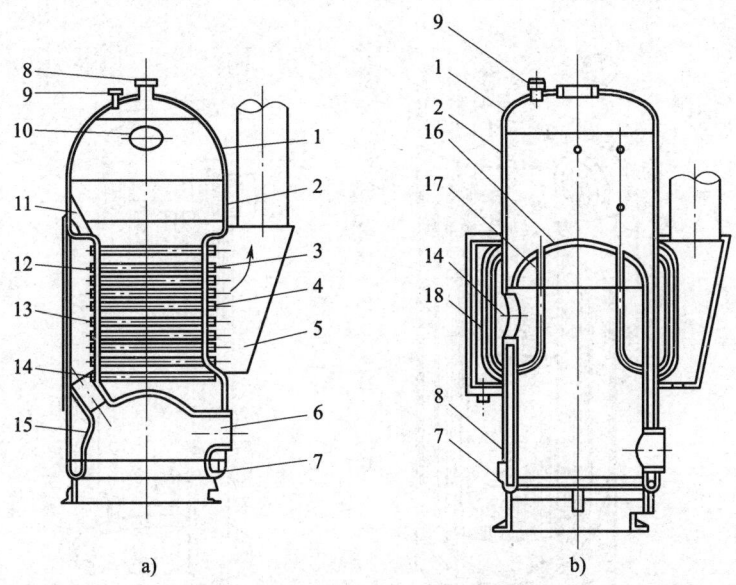

图1—1 立式水、火管锅壳锅炉结构
a) 立式横火管锅壳锅炉 b) 立式弯水管锅壳锅炉
1—锅壳封头 2—锅壳 3—前管板 4—烟（火）管 5—前烟箱 6—炉门
7—U形下脚圈 8—主汽阀座 9—压力表接口 10—人孔 11—角板撑
12—后管板 13—后烟箱 14—烟气出口 15—炉胆 16—炉胆封头
17—内弯水管 18—外弯水管（耳形弯水管）

这种锅炉结构简单紧凑、受热面大、传热情况较好，但炉胆内弯水管的布置缩小了燃烧室的容积，增加了水冷程度，使燃烧条件恶化，所以这种锅炉只能烧优质燃料。此外，炉胆内弯水管的水平段易于沉渣结垢，在水质差时，易造成弯水管堵塞损坏事故。

（3）立式无管锅壳锅炉。立式无管锅壳锅炉是一种既没有水管又没有火管的锅炉，如图1—2所示。其受热面为套筒式设计，炉胆（内筒）内表面为辐射受热面，锅壳外表面为对流受热面，锅壳与内筒之间形成汽水空间。为了增大受热面，在锅壳外表上还焊有直肋片。烟气有两个回程，第一个回程是高温烟气在炉胆内强烈旋转，并由上而下流至锅炉底部；第二个回程是烟气折返沿锅壳外表面与保温层之间的通道由下向上流动，冲刷带肋片的锅壳外表面，最后烟气通过上部出口流向烟囱。为了延长烟气在炉膛内的滞留时间，提高火焰充满度，炉膛内还布置有环形火焰滞留器，使燃料燃烧更充分。

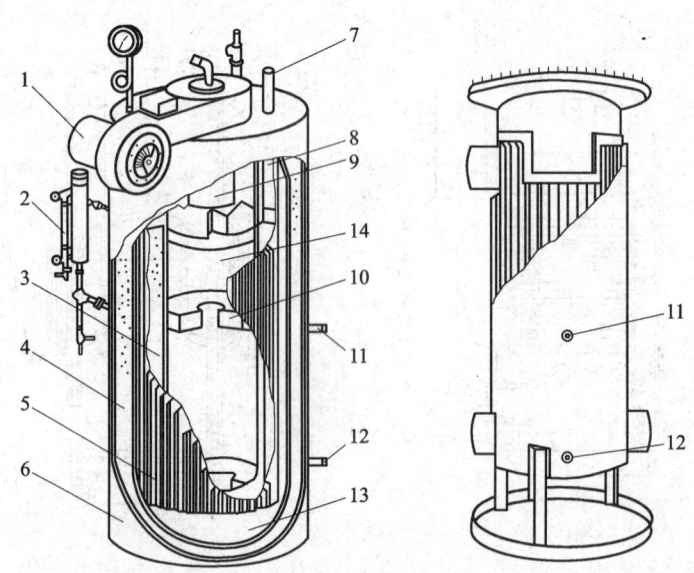

图1—2　立式无管锅壳锅炉结构
1—鼓风机　2—水位计　3—水空间　4—保温层　5—肋片　6—锅炉外保温层
7—蒸汽出口　8—蒸汽空间　9—燃烧器　10—火焰滞留器　11—进水口
12—排污口　13—烟气通道　14—燃烧室

这种锅炉结构简单，对水质要求不高，无爆管事故，锅壳和炉胆开孔也较少。采用肋片作为受热面积，提高了热效率。

上述三种立式锅壳锅炉的下脚圈（即锅壳与炉胆相连接的部位），受力情况比较复杂，且容易沉积水渣，严重时会影响炉胆下部的正常传热；由于外部接近地面，易受腐蚀，因而下脚圈是立式锅壳锅炉较易损坏的部位。

2. 卧式锅壳锅炉

卧式锅壳锅炉主要有卧式内燃和卧式外燃两种类型，其容量比立式锅壳锅炉大。

(1) 卧式内燃锅壳锅炉。这种锅炉主要由锅壳、炉胆、前后管板、烟管等主要部件组成，烟管与锅壳等长。炉胆有两种：一种是炉胆和锅壳等长，炉胆后部没有烟管；另一种是炉胆短于锅壳，炉胆后部有短烟管。图 1—3 所示为炉胆与锅壳等长的卧式内燃链条炉排锅壳锅炉结构。烟气在锅壳内呈三个回程流动，即由炉胆至后烟箱，折入两侧烟管返回到前烟箱，再入两组上部烟管至锅壳后部排入烟囱。

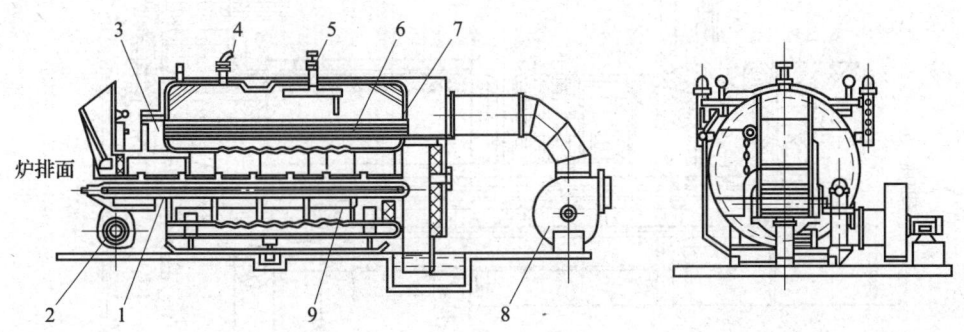

图 1—3　卧式内燃链条炉排锅壳锅炉结构
1—链条炉排　2—送风机　3—前烟箱　4—安全阀　5—主汽阀　6—烟管
7—锅壳　8—引风机　9—火筒

这种锅炉结构紧凑，整体出厂，运输安装方便。但对煤质要求较高；后管板内外温差大，使胀接的烟管在胀口处易造成泄漏或产生裂纹；烟管外结水垢时不易清除。小型燃油、燃气锅炉常采用此种形式。

(2) 卧式外燃锅壳锅炉。这种锅炉又称为水火管锅壳锅炉，如图 1—4 所示为卧式外燃、链条炉排锅壳锅炉结构。其主要部件有：锅壳、烟管、两侧水冷壁系统（水冷壁管、下降管、集箱）、后排水冷壁系统及燃烧装置。锅壳偏置，底部设置护底砖衬，使其不直接受炉膛内火焰辐射。烟气通常有三个回程：高温烟气进入对流管束烟道，自炉后向炉前流动，横向冲刷对流管束，然后在前烟箱内折转，经锅壳内的单回程烟管管束自前向后流动，最后经外置的铸铁省煤器、除尘器、引风机，由烟囱排出。

这种锅炉一般整体出厂，安装方便，只需接通辅机电源、烟囱管道和水汽管道，即可投入运行。

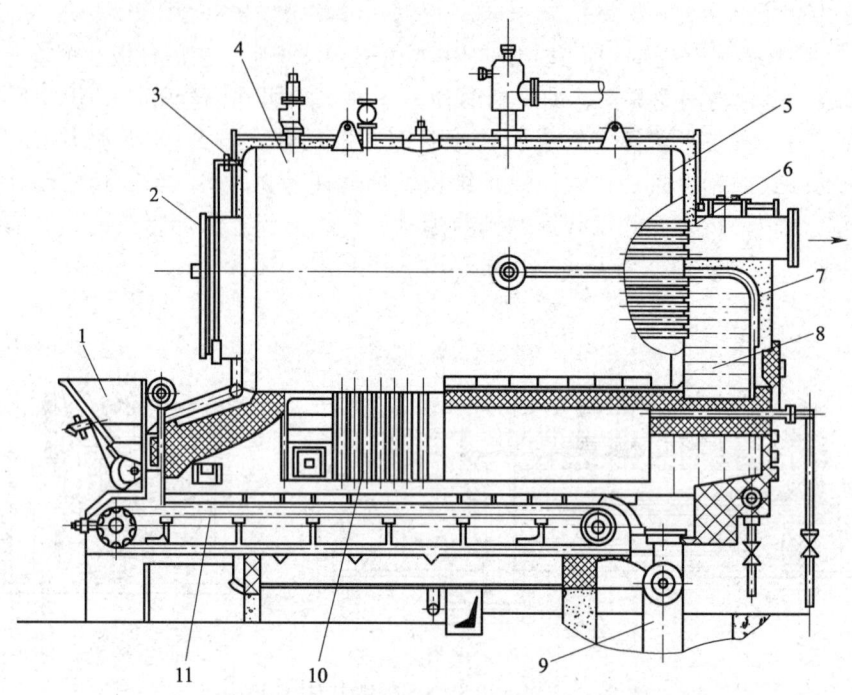

图1—4 卧式外燃链条炉排锅壳锅炉结构
1—煤斗 2—前烟箱 3—前管板 4—锅壳 5—后管板 6—烟管 7—后棚管
8—后燃烧室 9—出渣机 10—水冷壁管 11—链条炉排

3. 锅壳锅炉的结构特点

锅壳式锅炉的结构特点是:"锅"和"炉"包在一个壳体内,炉膛矮小,水冷程度大,燃烧条件差;受热面小,蒸发量低,热效率低;壳体开孔多,形状不规则;系统比较简单,便于运输安装、运行管理及检查维修,对水质要求也比较低。

二、水管锅炉结构

水管锅炉的炉膛置于锅筒之外,水的预热、汽化及蒸汽的过热在不同的受热面中完成。以容纳水汽的管子置于炉膛、烟道中作受热面,锅筒一般不受热,传热性能及安全性能较锅壳式锅炉显著改善。

1. 水管锅炉的主要部件

水管锅炉包括水汽系统和燃烧系统两大部分。水汽系统主要有锅筒、集箱、水冷壁、对流管束、省煤器、过热器等；燃烧系统主要有燃烧装置、炉膛和烟道、空气预热器等。在此介绍水汽系统的主要部件及空气预热器的结构和功能。

(1) 锅筒。锅筒是水汽系统中容积最大的部件，它容纳一定的水量，使锅炉维持一定的水位。锅筒上连接着蒸发受热面管子，构成循环回路，水在这些管子中一边循环流动，一边受热汽化，锅筒则是循环流动的起、止点。由蒸发受热面流回锅筒的汽水混合物，在锅筒中进行汽水分离，蒸汽进入导汽管流至过热器或用汽设备，水则进入蒸发受热面系统继续进行循环流动。

锅筒一般是卷焊结构，由钢板卷制焊接的圆筒体，两端焊上凸形封头。筒体上有很多开孔以连接各种管子。锅筒内部装有配水装置、汽水分离装置、加药装置和排污装置等。锅炉的主要安全附件，如安全阀、压力表、水位表等，安装在锅筒外部。

(2) 水冷壁。炉膛内贴墙布置的立置单排并列管叫水冷壁。水冷壁布置在炉膛四周，把火焰与炉墙分开。水汽在水冷壁管子内不断流动，吸收火焰的辐射热而汽化，并使炉墙的温度不致太高。水冷壁的形状因炉膛形状而异，上端有的直接连接到锅筒上，有的通过集箱连接到锅筒上；下端连接到下集箱上。下集箱与锅筒间连接有下降管以构成循环回路，使水在水冷壁系统内不断循环流动，即水由上锅筒经下降管流入下集箱，然后进入各水冷壁管内上升流动，在流动中吸热而产生蒸汽，汽水混合物流回上锅筒。

水冷壁有光管水冷壁与鳍片管水冷壁（膜式壁）两种。光管水冷壁相邻的管子间有一定间隙，互不接触；鳍片管水冷壁相邻的管子间用鳍片连接在一起，使之形成一个连续的金属壁面，完全隔绝了火焰与炉墙的接触。

(3) 对流管束。布置在炉膛出口之外烟道中的管群叫对流管束。从炉膛流出的高温烟气经过烟道时，横向冲刷管束，主要以对流换热的方式将热量传给管束，使管束内的水不断汽化。管束两端分别焊接或胀接到上、下锅筒上，水在受热不同的管子中循环流动。

对流管束是低压水管锅炉的主要受热面之一。随着蒸汽压力的提高，水的汽化潜热减小，生产同样蒸汽所需的蒸发受热面减少，可以少要或不要对流管束，仅用水冷壁即可满足生产蒸汽的需要，因此中压以上锅炉没有对流管束。

(4) 省煤器。省煤器是利用尾部烟道中烟气的余热来预热锅炉给水的装置。进入锅炉尾部烟道的烟气，温度仍然较高，在尾部烟道中布置省煤器，可使经过省煤器的给水吸收一部分烟气余热，从而降低排烟温度，提高锅炉效率。常用的省煤器有铸铁式省煤器和钢管式省煤器两种。

铸铁式省煤器由带肋片的铸铁直管和连接弯头组成，肋片有圆形和方形两种，如图1—5所示。这种省煤器耐腐蚀、耐磨损，但不能承受较大的振动和冲击。若省煤器中产生蒸汽，出现汽、水两相状态，就有可能出现水击，使省煤器强烈振动而损坏。因此，铸铁式省煤器出口给水温度要比锅水的饱和温度低40~50℃，为非沸腾式省煤器。它与锅炉之间有阀门控制，也叫可分式省煤器。

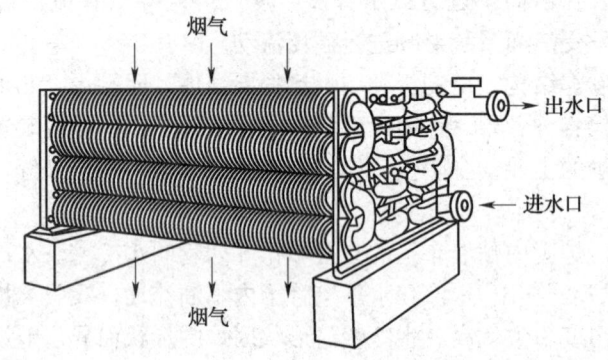

图1—5　铸铁式省煤器

钢管式省煤器由蛇形管组成，如图1—6所示。这种省煤器能承受高压和水击，但耐腐蚀性较差，多用在除氧完善的中、高压锅炉中。经过省煤器的给水中会有10%~20%产生蒸汽，故为沸腾式省煤器。省煤器出口与锅炉之间无任何阀门，与锅炉连成一个整体，也叫不可分式省煤器。

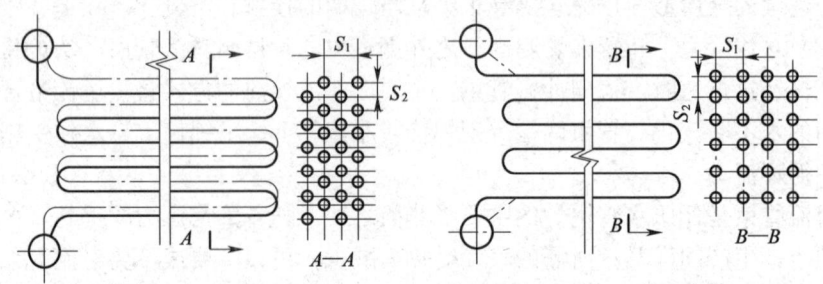

图1—6　钢管式省煤器

（5）过热器。过热器的作用是将导出锅筒的饱和蒸汽继续加热，使之具有一定的过热度，即超过饱和温度一定值，以满足生产工艺的需要。小型锅炉的过热器一般布置在炉膛出口的高温烟道内，两端分别连接在过热器进口及出口集箱上。进口集箱用管道与锅筒相连,出口集箱用管道与分汽缸或主汽阀相连。

过热器由蛇形管束组成,有立式和卧式两种,如图1—7所示。过热器内部流通和加热的全部是蒸汽,由于蒸汽的温度较高且对流换热能力较低,因而过热器钢材的工作温度较高。

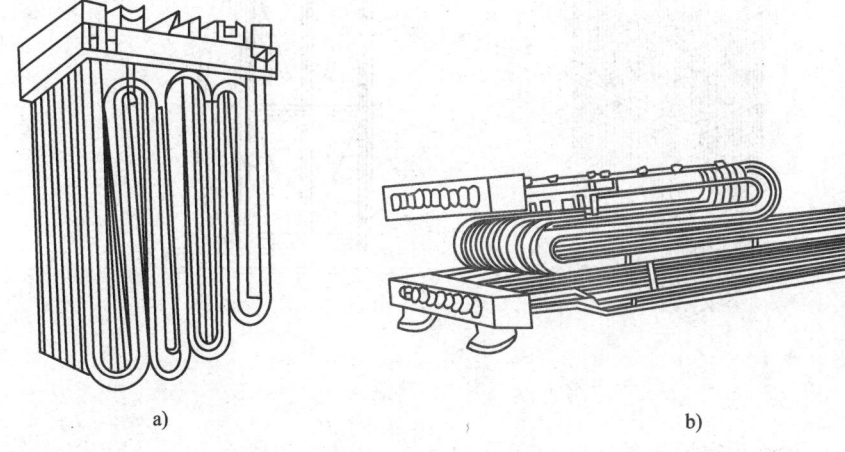

图1—7 过热器
a) 立式过热器 b) 卧式过热器

(6) 集箱。集箱也叫联箱,它是连接受热面管子的箱体,用来分配和汇集工质,以减少锅筒的开孔。集箱由无缝钢管加工而成,两端一般焊接平封头(端盖),箱体上开很多孔,用以焊接或胀接管子。除对流管束直接连接到锅筒上外,其他受热面管子一般连接到集箱上。例如省煤器管及过热器管的两端都连接到集箱上;水冷壁的下端连接到集箱上,上端可以直接接到上锅筒上,也可以连接到集箱上,再由集箱引出少数管子(汽水引出管)接到上锅筒上。

(7) 空气预热器。它是烟气与空气之间进行热交换的装置,属于燃烧系统。空气预热器布置在尾部烟道中,利用烟气的余热加热空气,然后将被加热的空气送入炉膛,以保证燃烧稳定和充分,提高锅炉的热效率。

常见的空气预热器有管式和回转式两种。小型锅炉的空气预热器是管式的,其结构如图1—8所示,即由许多直的钢管连接到管板上,组成管箱,再由若干管箱组成空气预热器。烟气从管内自上而下流过,空气则由管外横向掠过管束,二者通过管壁进行换热。

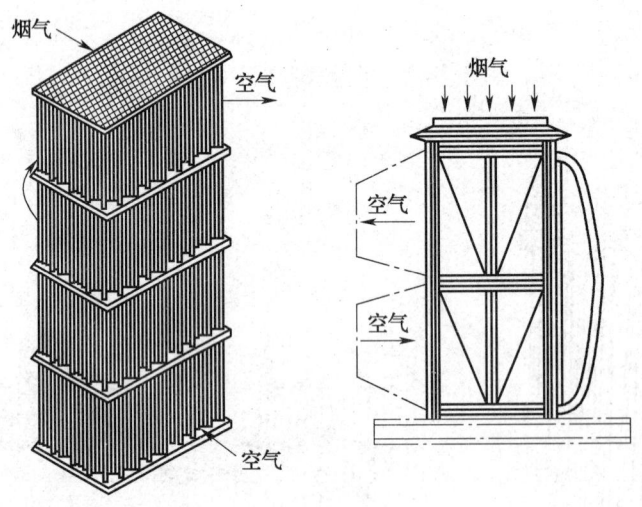

图1—8 空气预热器

2. 常见水管锅炉结构型式

锅筒的数目和布置方式是水管锅炉的主要特征,下面介绍几种典型的工业水管锅炉结构型式。

(1) 单锅筒纵置式水管锅炉。这种型式锅炉(DZL型)的锅筒位于炉膛中央上部,沿锅炉(炉排)的纵向中心线布置。由于外形很像英文字母"A",故又称为"A"形锅炉或"人"字形锅炉,如图1—9所示。炉膛四周布置水冷壁,上端与锅筒相连,下端分别与前、后、左、右集箱相接;下降管由锅筒经炉墙外引至下集箱。对流烟道位于炉膛左右两侧,右侧对流烟道的前部布置蒸汽过热器,其余均设置蒸发受热面管束,管束上端与锅筒相连,下端分别与纵置的大直径集箱相接。

燃烧设备为抛煤机及链条炉排,锅炉运行时,抛煤机将煤块抛在炉膛后部的链条炉排上,链条炉排由后向前运动,燃尽的灰渣被带到炉前的灰斗中。燃烧产生的高温烟气在炉膛内自后向前流动,流至炉前,分左右两股进入对流烟道,由前向后流动,横向冲刷对流管束,流至锅炉后部,左右两股烟气分别向上汇合于锅炉顶部,再折转90°向下,依次冲刷铸铁省煤器和空气预热器,后经除尘器、引风机、烟囱排出。

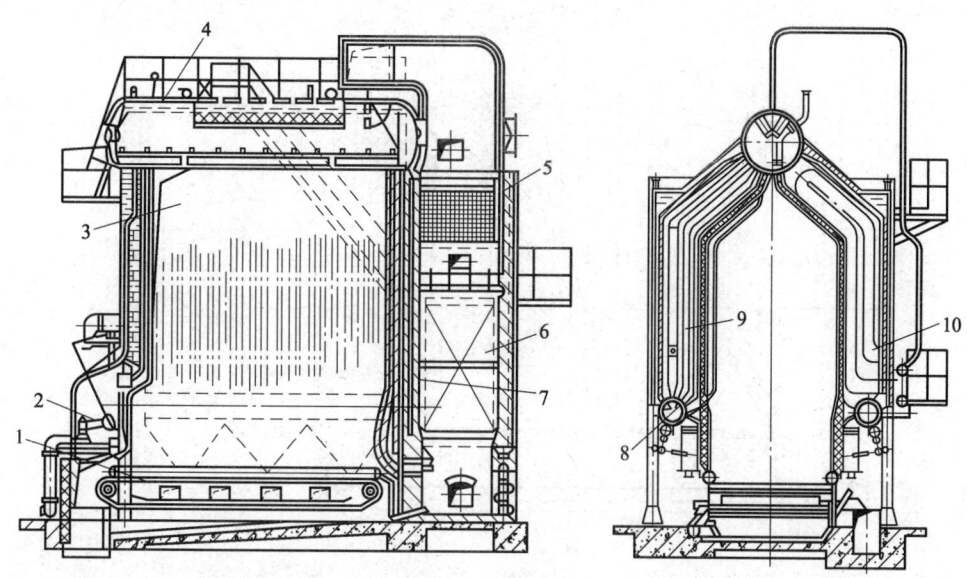

图 1—9 单锅筒纵置式水管锅炉（DZL 型）
1—炉排 2—煤斗 3—水冷壁 4—锅筒 5—省煤器 6—空气预热器
7—炉墙 8—集箱 9—对流管束 10—过热器

（2）单锅筒横置式水管锅炉。锅筒的轴线垂直于锅炉（炉排）的纵向中心线，炉膛四周布有水冷壁管，前、后水冷壁管的上端直接与锅筒连接，下端分别与前、后集箱连接；左、右水冷壁管的上端分别与上集箱连接，上集箱再与锅筒连接，下端分别与下集箱连接。锅筒内的锅水经过下降管（布置在炉膛外）进入下集箱，然后分配到各水冷壁管内，构成循环回路。对流管束布置在烟道内，上端通过集箱与锅筒相连，下端汇集到集箱上，通过连接管与锅筒下端的集箱（该集箱通过下降管与锅筒连接）相连。

炉膛内设有前拱、中拱和长后拱，以辅助燃烧。图 1—10 所示为单锅筒横置式水管锅炉（DHL 型）。

（3）双锅筒纵置式水管锅炉。这种锅炉上、下两个锅筒平行布置，其轴线与锅炉（炉排）的纵向中心线相互平行。根据对流管束及烟道相对于炉膛的位置，可分为"D"形锅炉和"O"形锅炉。

1)"D"形锅炉。锅炉对流管束及烟道与炉膛平行布置，锅炉的一侧为炉膛及水冷壁，另一侧为烟道及对流管束。从炉前看，整个锅炉呈"D"形。

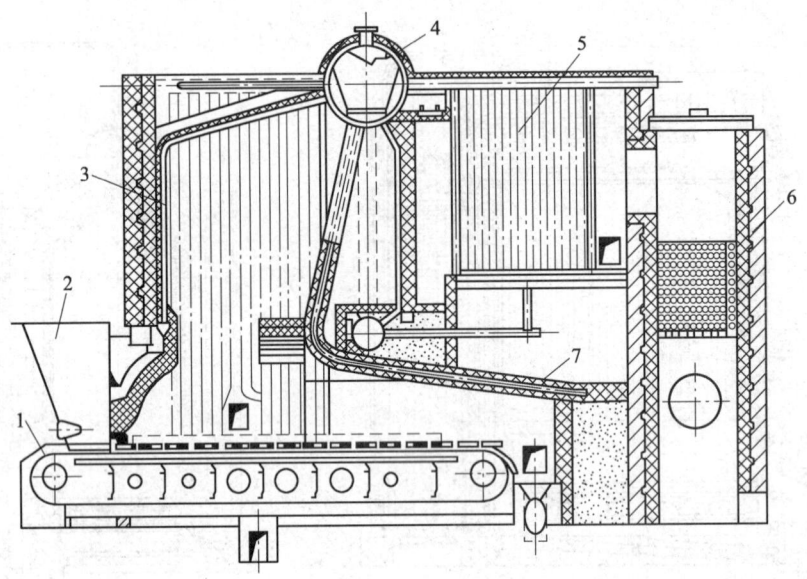

图 1—10　单锅筒横置式水管锅炉（DHL 型）
1—炉排　2—煤斗　3—水冷壁　4—锅筒　5—对流管束
6—省煤器　7—后拱

"D"形锅炉的主要部件有上下锅筒、对流管束、水冷壁系统（水冷壁、下降管、集箱）、省煤器等，有的锅炉还有过热器。一般情况下，上、下锅筒直径、长度相同，也有的上锅筒直径稍大于下锅筒。两锅筒之间连接有对流管束。对流管束由弯制成形的无缝钢管组成，布置于烟道中。炉膛四周布置有水冷壁，各侧水冷壁分别配有下降管及下集箱，构成水循环系统。省煤器布置在尾部烟道中。图 1—11 所示为双锅筒纵置式"D"形水管锅炉（SZL 型）。

这种锅炉结构紧凑，长度方向不受限制，水循环可靠。但对水质要求较高，有时燃烧调整较困难，易产生出力不足、结渣等问题。

2）"O"形锅炉。如图 1—12 所示为双锅筒纵置式"O"形水管锅炉（SZL 型），炉膛在前，对流管束在后，从炉前看，居中的纵置双锅筒及其间的对流管束呈现出英文字母"O"的形状。锅炉的上锅筒有长和短两种形式。上锅筒较长时，可延伸至整个锅炉的前后长度，两侧水冷壁上端与上锅筒连接，形成双坡形炉顶；上锅筒较短时，炉膛两侧设置上集箱，再由汽水引出管将上集箱和上锅筒相连接，两侧水冷壁管在炉膛顶部弯曲后交叉进入对侧的上集箱。

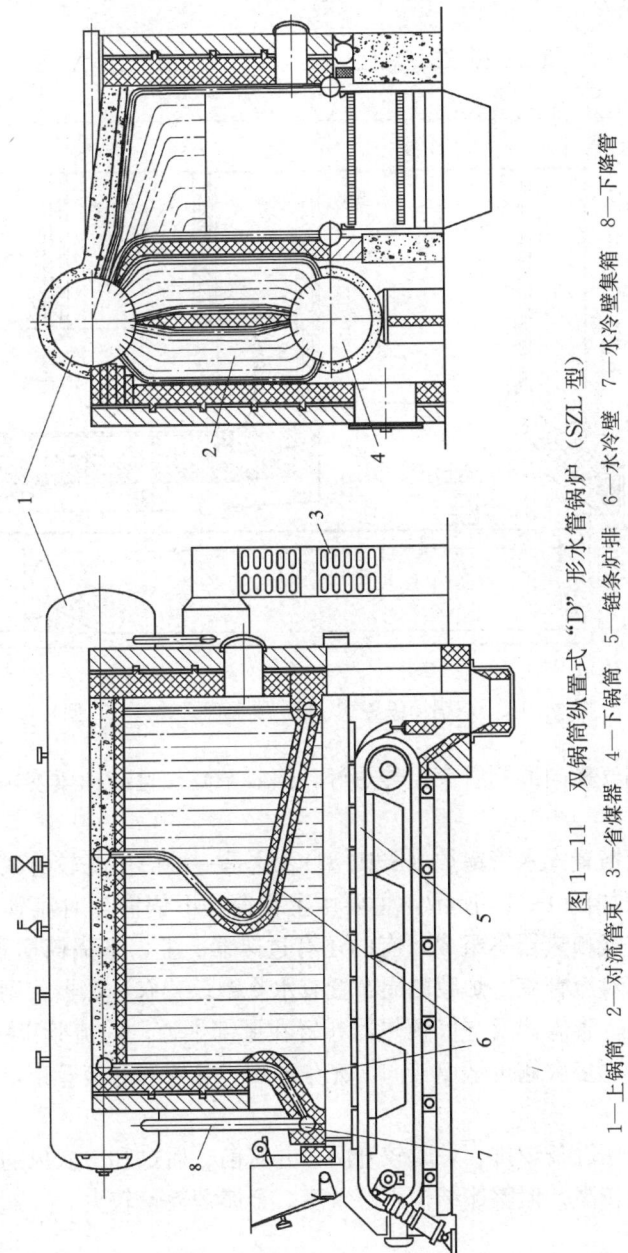

图1—11 双锅筒纵置式"D"形水管锅炉（SZL型）
1—上锅筒 2—对流管束 3—省煤器 4—下锅筒 5—链条炉排 6—水冷壁 7—水冷壁集箱 8—下降管

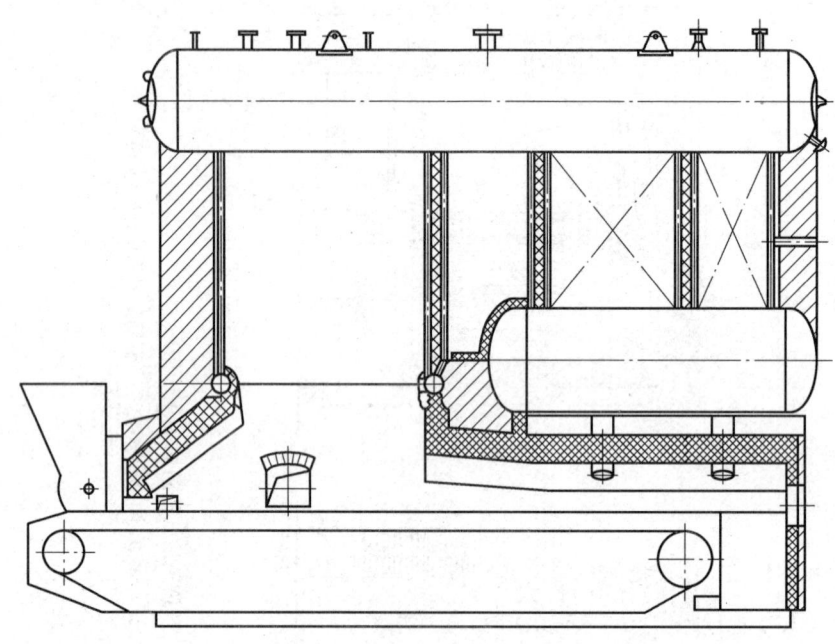

图 1—12　双锅筒纵置式"O"形水管锅炉（SZL 型）

这种锅炉烟气横向冲刷管束，传热好，热效率高；且结构紧凑，水容积大，水循环可靠。

（4）双锅筒横置式水管锅炉（SHL 型）。这是一种历史比较悠久、应用十分广泛的锅炉。结构如图 1—13 所示，主要由上锅筒、下锅筒、对流管束、水冷壁系统、省煤器、空气预热器等组成，有的还有过热器。上、下锅筒横置于炉膛后部，两锅筒间连接有对流管束。炉膛四周布置有水冷壁；若有过热器，则布置在炉膛出口对流管束前部。省煤器及空气预热器布置在尾部烟道。对流管束中设有折烟墙，烟气离开炉膛后，多次遇折烟墙转向，充分冲刷过热器和对流管束，最后进入尾部烟道。

这种锅炉采用链条炉排，炉膛较开阔，并有前、后拱和二次风的配置，燃烧情况较好，热效率较高；但整体结构不够紧凑，金属消耗量较大。

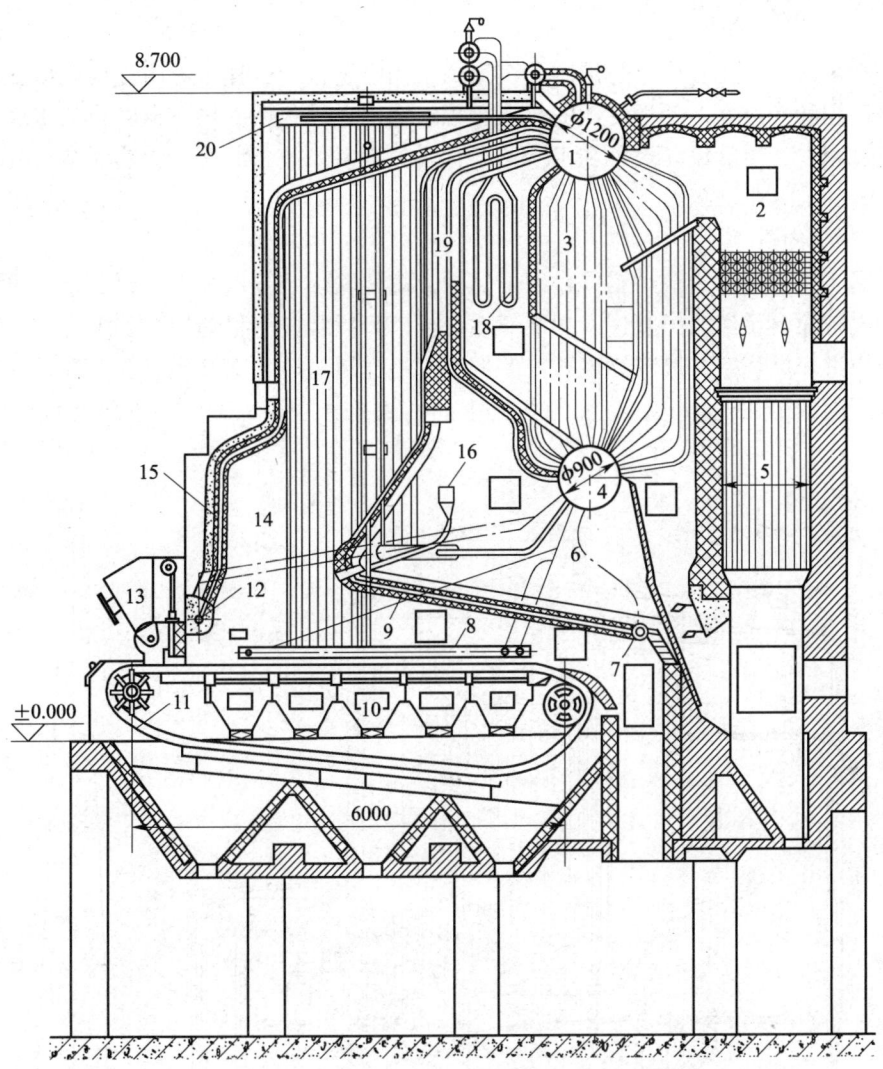

图1—13 双锅筒横置式水管锅炉（SHL型）
1—上锅筒 2—省煤器 3—对流管束 4—下锅筒 5—空气预热器 6—下降管 7—后墙水冷壁下集箱
8—侧墙水冷壁下集箱 9—后墙水冷壁 10—风仓 11—链条炉排 12—前墙水冷壁下集箱
13—炉前煤斗 14—炉膛 15—前墙水冷壁 16—二次风管 17—侧墙水冷壁
18—蒸汽过热器 19—凝渣管 20—侧墙水冷壁上集箱

三、锅炉工作过程

锅炉的工作过程可分为炉内和锅内两个同时进行的过程。炉内过程包括燃料的燃烧过程和受热面外部烟气侧的传热过程;锅内过程包括受热面金属与工质之间的传热过程,工质的流动过程和工质的热化学过程(如盐分沉淀、受热面结垢和腐蚀等)。

1. 炉内过程

图 1—14 所示为锅炉工作过程的简图。煤经输煤装置送入锅炉原煤仓,原煤仓中的煤依靠自重经溜煤管进入炉前煤斗,再落到缓缓向前移动的链条炉排上,经过煤闸门进入燃烧室。燃料燃烧所需要的空气经送风机压入空气预热器,升温后进入炉排下面的分段送风仓,进而与炉排上面的煤充分混合,发生强烈的燃烧反应,

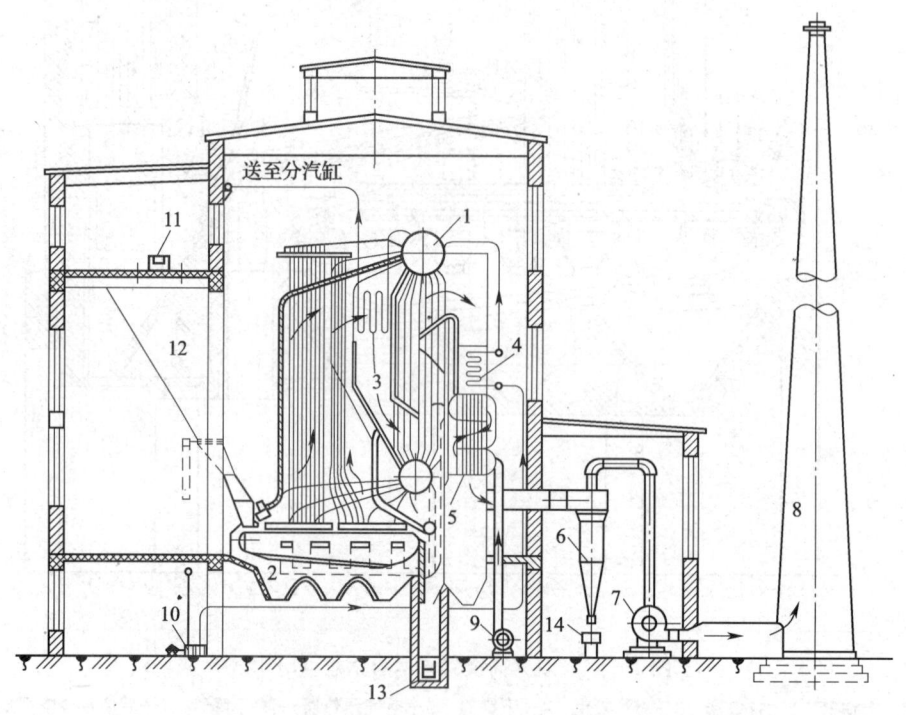

图 1—14　锅炉工作过程简图
1—锅筒　2—链条炉排　3—过热器　4—省煤器　5—空气预热器　6—除尘器
7—引风机　8—烟囱　9—送风机　10—给水泵　11—带式输送机
12—原煤仓　13—除渣机　14—灰斗

产生的高温烟气以辐射换热的方式向燃烧室四周的水冷壁传递热量。然后，高温烟气经炉膛出口，冲刷蒸汽过热器，再沿着隔火墙（折烟墙）横向冲刷对流管束，以对流换热的方式将热量传递给对流受热面管束内的汽水混合物。最后，烟气进入尾部烟道，冲刷省煤器，以对流换热方式将热量传递给管内工质——水，随后烟气进入空气预热器管内，以对流换热方式将热量传递给管外流动的工质——空气。至此，烟气温度已降到经济排烟温度，离开锅炉本体，经过除尘器、引风机、烟道、烟囱排入大气。燃烧生成的灰渣经除灰渣装置送入渣场。

2. 锅内过程

经过水处理并符合锅炉水质要求的给水，由给水泵经给水管道送入省煤器，水在省煤器中吸收尾部烟道内烟气的热量，预热后进入上锅筒，并由下降管经水冷壁下集箱流入水冷壁，水在水冷壁中吸收炉内高温辐射热后，形成水汽混合物，流入上锅筒；与此同时，在上、下锅筒之间的对流管束中，吸热弱的管束为下降管，受热强的管束为上升管，上锅筒内的水经过下降管流入下锅筒，并由上升管流入上锅筒。汽水混合物在上锅筒内经过汽水分离后，饱和蒸汽由锅筒上部送入过热器，蒸汽在过热器内与管外高温烟气进行对流换热，形成过热蒸汽，并经气温调节装置达到额定温度。品质合格的蒸汽汇合到过热器出口集箱，经主蒸汽阀进入分汽缸，送往各用户。

四、工业锅炉型号

1. 工业锅炉型号表示方法

《工业锅炉产品型号编制方法》（JB/T 1626—2002）规定，工业锅炉型号由三部分组成，各部分之间用短横线相连。蒸汽锅炉和热水锅炉的型号表示方法如图1—15所示。

型号的第一部分表示锅炉本体形式、燃烧设备形式（或燃烧方式）及锅炉容量，共分三段。第一段用两个汉语拼音字母代表工业锅炉本体形式，见表1—3；第二段用一个大写汉语拼音字母代表燃烧设备或燃烧方式，见表1—4；第三段用阿拉伯数字表示蒸汽锅炉额定蒸发量（t/h）或热水锅炉额定热功率（MW）。

型号的第二部分表示介质参数。蒸汽锅炉分两段，中间以斜线相连，第一段用阿拉伯数字表示额定蒸汽压力（MPa）；第二段用阿拉伯数字表示过热蒸汽温度（℃）；蒸汽温度为饱和温度时，无第二段。热水锅炉分三段，中间用斜线相连，第一段用阿拉伯数字表示额定出水压力（MPa）；第二段和第三段分别用阿拉伯数字表示额定出水温度和额定进水温度（℃）。

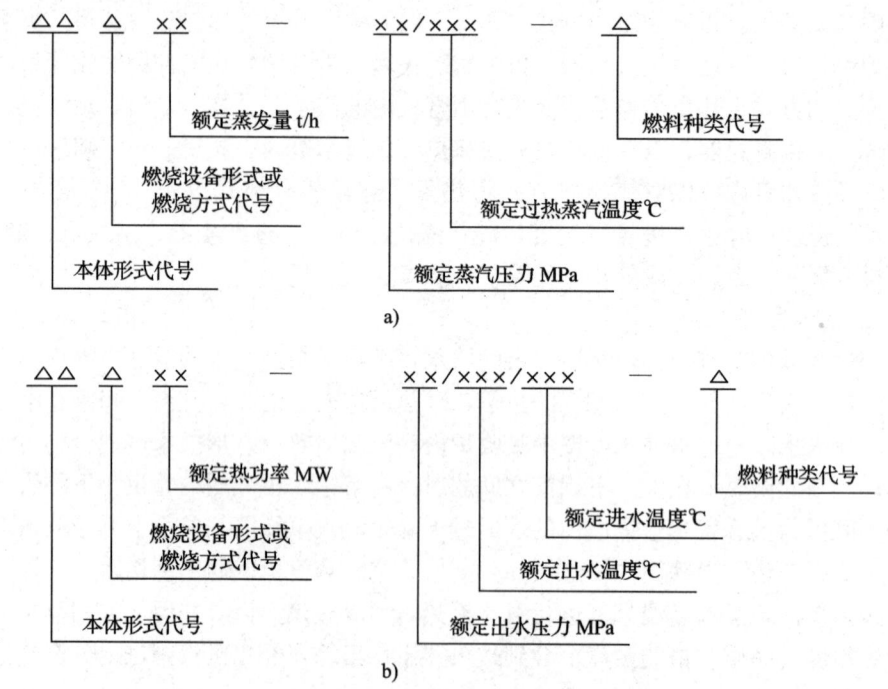

图 1—15 工业锅炉产品型号组成示意图
a) 蒸汽锅炉 b) 热水锅炉

表 1—3 工业锅炉本体形式代号

锅壳锅炉		水管锅炉	
锅炉总体形式	代号	锅炉总体形式	代号
立式水管	LS	单锅筒立式	DL
立式火管	LH	单锅筒纵置式	DZ
立式无管	LW	单锅筒横置式	DH
卧式外燃	WW	双锅筒纵置式	SZ
卧式内燃	WN	双锅筒横置式	SH
		强制循环式	QX

注:水火管混合,以锅炉主要受热面形式采用锅壳锅炉和水管锅炉本体形式代号,但在锅炉名称中应写明"水火管"字样。

表1—4　　　　　　　　　　燃烧设备形式或燃烧方式代号

燃烧设备	代号	燃烧设备	代号
固定炉排	C	下饲炉排	A
固定双层炉排	C	抛煤机	P
链条炉排	L	鼓泡流化床燃烧	F
往复炉排	W	循环流化床燃烧	X
滚动炉排	D	室燃炉	S

注：抽板顶升采用下饲炉排代号。

  型号的第三部分表示燃料种类，用汉语拼音大写字母代表燃料品种，同时用罗马字母代表同一燃料品种的不同类别，见表1—5。如同时使用几种燃料，主要燃料放在前面，中间以顿号隔开。

表1—5　　　　　　　　　　　燃料种类代号

燃料种类	代号	燃料种类	代号	燃料种类	代号
Ⅱ类无烟煤	WⅡ	褐煤	H	稻壳	D
Ⅲ类无烟煤	WⅢ	贫煤	P	甘蔗渣	G
Ⅰ类烟煤	AⅠ	型煤	X	油	Y
Ⅱ类烟煤	AⅡ	水煤浆	J	气	Q
Ⅲ类烟煤	AⅢ	木柴	M		

  常压热水锅炉在锅炉型号表示方法中，只需在第一部分本体形式代号之前加上常压锅炉代号C，并取消工作压力，其他表示方法不变。

  2. 汽水两用工业锅炉产品型号表示方法

  对于蒸汽和热水两用锅炉，以锅炉主要功能来编制产品型号，但在锅炉名称上应写明"汽水两用"字样。

  3. 型号举例

  WNS0.7—0.7/95/70—Y表示卧式内燃室燃炉，额定热功率为0.7 MW，额定工作压力为0.7 MPa，出水温度为95℃，回水温度为70℃，燃料为油的热水锅炉。

SHL20－2.5/400－AⅢ表示双锅筒横置链条炉排蒸汽锅炉，额定蒸发量为20 t/h，额定蒸汽压力为2.5 MPa，过热蒸汽温度为400℃，燃料为Ⅲ类烟煤。

DZL2—1.25—AⅡ表示单锅筒纵置链条炉排蒸汽锅炉，额定蒸发量为2 t/h，额定蒸汽压力为1.25 MPa，饱和温度，燃料为Ⅱ类烟煤的锅炉。

QXW2.8－1.25/95/10－AⅡ表示强制循环往复炉排，额定热功率为2.8 MW，额定出水压力为1.25 MPa，额定出水温度为95℃，额定进水温度为70℃，燃用Ⅱ类烟煤的热水锅炉。

对于国外进口的锅炉，各国型号不一样，没有统一规定，可根据其产品样本、图样资料、产品质量证明书等识别。

第五节　压力容器基本结构

压力容器由壳体、封头（端盖）、连接件、密封元件、支座和接管等组成。连接件是容器中起连接作用的部件，如端盖与壳体的连接、接管与外部管道的连接等，都需要连接件。密封元件是可拆连接结构中起密封作用的元件，用于两个法兰或封头与壳体的密封面之间，借助螺栓等紧固件的压紧力起到密封作用。支座的作用是支撑、固定容器，其结构形式主要取决于容器的质量、安装方式和其他动载荷等，塔式容器一般采用裙式支座，卧式容器通常采用鞍式支座，球形容器多采用柱式支座。

一、中、低压容器的结构

石油、化工生产中大量采用的中、低压容器，均属于薄壁容器（其外径与内径之比≤1.2）。内压薄壁容器的结构形式较多，最常见的是球形容器和圆筒形容器。

1. 球形容器

球形容器的本体是一个球壳，直径一般比较大，难以整体压制成形，大多是由许多块按一定尺寸预先压制成形的球面板组焊而成，其结构如图1—16所示。这些球面板的形状不完全相同，但板厚一般相同。只有一些特大型球形储罐，球体下部的壳板会比上部的壳板稍微厚一些。

从受力情况来看，在内压力作用下，球形壳体的应力是圆筒形壳体的1/2，如果容器的直径、制造材料和工作压力相同，则球形容器所需要的壁厚仅为圆筒形容器的1/2。从壳体的表面积来看，球形壳体的表面积要比容积相同的圆筒形壳体小

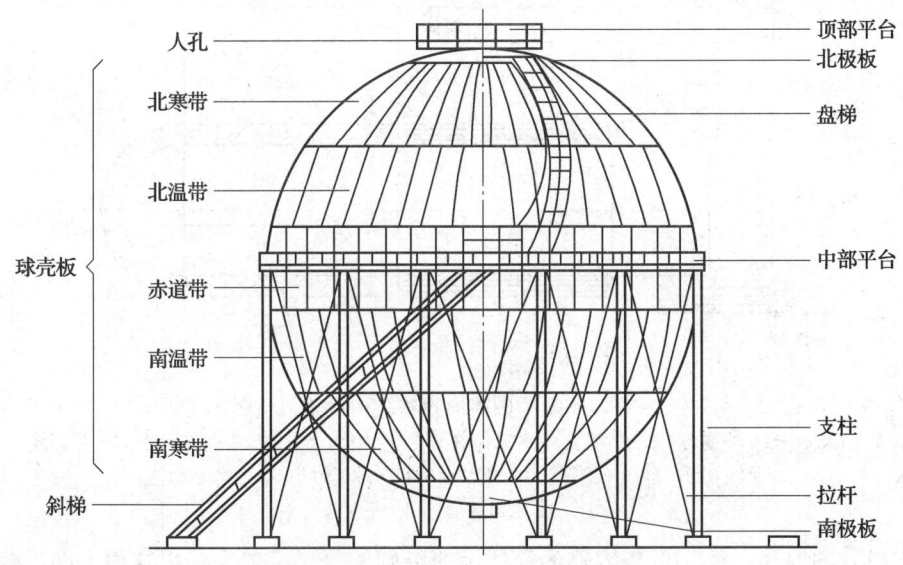

图 1—16 柱式支撑球罐的结构示意图

10%～30%（视圆筒形壳体高度与直径之比而定）。因而，制造同样容积的容器，球形容器要比圆筒形容器节省钢材。但球形容器不便于在内部安装附件，且介质在内部相互作用和流动也不畅，因而不宜作为反应容器或换热容器，仅用作储存容器。

由于球壳表面积相对较小，当需要与周围环境隔热时，还可以节省隔热材料或减少热的散失。所以球形容器最适宜作液化气体储罐。目前大型液化气体储罐多采用球形容器。此外，有些用蒸汽直接加热的容器，为了减少热损失，也采用球形容器，如造纸工业中用于蒸煮纸浆的蒸球等。

与圆筒形容器相比，球形容器制造比较困难。由于球形储罐体积大，需现场组装焊接，组装施焊环境恶劣，且不能进行焊后整体热处理，因而焊接质量较难保证。

2. 圆筒形容器

圆筒形容器由圆筒体和两端的封头（端盖）组成，如图 1—17 所示。圆筒形容器广泛用作反应、换热和分离容器。与球形容器相比，它结构简单，焊缝较少，便于在内部装设工艺附件，也易于工作介质在内部流动和传热。

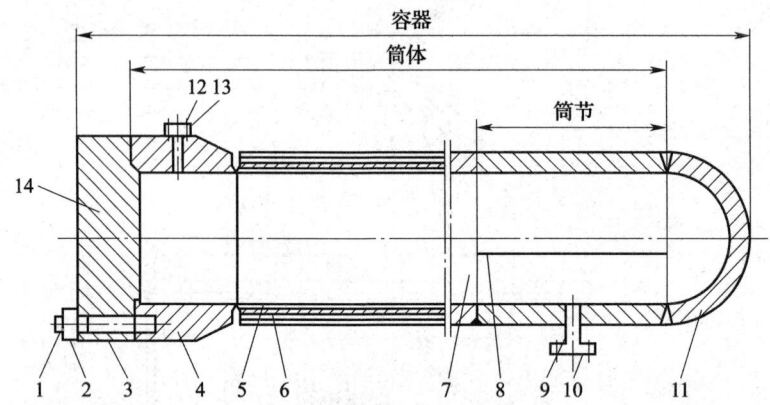

图 1—17　圆筒形容器结构示意图

1—主螺栓　2—主螺母　3—平端盖　4—筒体端部　5—内筒　6—层板层（或带层）7—环焊缝
8—纵焊缝　9—接管　10—管法兰　11—球形封头　12—管道螺栓
13—管道螺母　14—平封头

（1）圆筒体。中、低压容器的筒体为薄壁圆筒壳，一般为卷焊结构，即用钢板卷成圆筒后焊接而成。直径小的圆筒体只有一条纵焊缝；直径大的可以有两条甚至多条纵焊缝。当容器长度较短时，在一个圆筒壳两端连接上封头（端盖），即构成一个封闭的空间，这样的圆筒体只有两条环焊缝。当容器较长时，先卷焊出一段筒节，再由两个或两个以上的筒节组焊至所需长度，这样的圆筒体就有多条环焊缝。

（2）封头。与筒体焊接连接的不可拆的端部结构称为封头，与筒体法兰连接的可拆的端部结构称为端盖。通常所说的封头包含了封头和端盖两种连接形式。封头按其形状分为三类，即凸形封头、锥形封头和平板封头。平板封头除用做人孔及手孔的盖板以外，很少采用；凸形封头是广泛采用的封头形式；锥形封头则只用于某些特殊用途的容器。

1）凸形封头。常见的凸形封头有半球形封头、椭球形封头、无折边球形封头和碟形封头等。

半球形封头是一个空心半球体，由于它的深度大，整体压制成形较为困难，所以一般是由几块大小相同的梯形球面板和顶部中心的一块球面板（球冠）组焊而成。中心球面板的作用是把梯形球面板之间的焊缝隔开一定距离。由于加工制造比较困难，只有压力较高、直径较大或有其他特殊需要的储罐才采用半球形封头。

椭球形封头是中、低压容器使用最为普遍的封头形式，它由半椭球体和圆筒体两部分组成。椭球长短轴之比越大，封头深度越小。标准椭球形封头的长、短轴之比为 2，即封头深度（不包括直边部分）为其直径的 1/4。

无折边球形封头是一块深度很小的球面壳体（球缺）。这种封头结构简单，制造容易。但由于它与筒体连接处结构不连续，存在很高的局部应力，一般只用于直径较小、压力很低的容器上。

碟形封头又称带折边的球形封头，它由几何形状不同的三部分组成。中央是一个球面体，与筒体连接的是一段圆筒体，球面体与圆筒体由过渡圆弧所连接。过渡圆弧使球面体与圆筒体在连接处能够平缓过渡，减小了连接处的局部应力。

2) 锥形封头。锥形封头有无折边和带折边两种结构形式。无折边锥形封头由于锥体与筒体直接连接，结构形状不连续，在连接处附近产生较大的局部应力，因此只有一些直径较小、压力较低的容器采用，并进行局部加强。带折边的锥形封头由圆锥体、过渡圆弧和圆筒体三部分组成。标准带折边锥形封头的半锥角有 30°和 45°两种，过渡圆弧曲率半径与筒体直径之比值为 0.15。

3) 平封头。平板结构简单，制造方便，但受力状况最差。中、低压容器只用平板作人孔和手孔的盖板。高压容器，除整体锻造式直接在筒体端部锻造出凸形封头以及采用冲压成形的半球形封头外，多采用平封头和平端盖。

二、高压容器的结构

设计压力在 10～100 MPa 之间的容器称为高压容器。高压容器的结构形式、材料选用、制造工艺、端盖与法兰、密封结构等与中、低压容器有着很大不同。

1. 高压容器结构特点

高压容器直径越大，壁厚也越大，这就需要大的锻件、厚的钢板，相应地需要大型轧机和大型加工机械，此外还给焊接缺陷的控制、残余应力的消除等带来许多不利因素。又因为介质对端盖的作用与直径的平方成正比，直径越大密封就越困难。因此，高压容器往往比较细长，长径比达 12～15。

2. 高压容器筒体的结构

(1) 单层式筒体。单层式筒体有整体锻造式、单层卷焊式、单层瓦片式、无缝钢管式等。

1) 整体锻造式。这是最早采用的筒体形式，其结构如图 1—18a 所示。整个筒体没有焊缝，由于受到锻造能力的限制，整体锻造容器的内径一般在 1.5 m 以下，长度不超过 12 m。随着焊接技术发展，出现了将若干锻造筒节焊接起来的锻—焊式高压容器。锻造容器的质量较好，特别适合于焊接性能较差的高强钢。

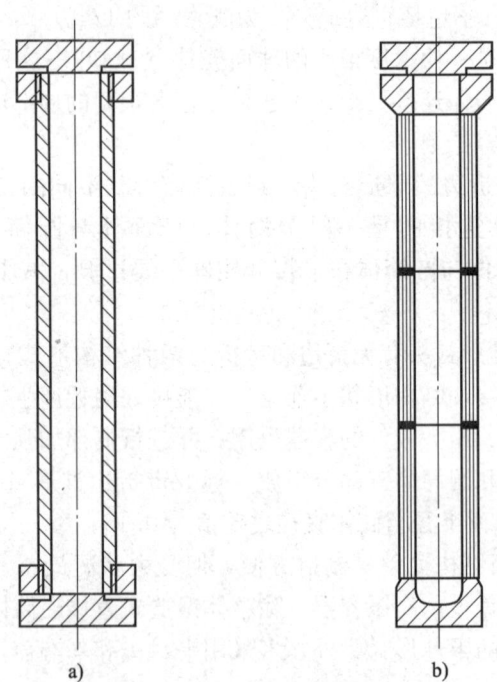

图 1—18 厚壁筒体的结构形式
a) 整体锻造式 b) 多层板包扎式

2) 单层卷焊式。卷板机将加热后的厚板卷成圆筒，再纵缝焊接成筒节，然后由几个筒节再组焊成高压容器。由于制造工序少，故生产效率高，但钢板厚度受卷板机能力的限制。

3) 单层瓦片式。将厚板加热后压制成半个圆筒节或小于半个圆筒节的"瓦片"，然后用焊接纵缝的方法拼成一个圆筒节，再组焊成筒体，此时每一筒节上必有两条或两条以上的纵焊缝。

4) 无缝钢管式。一些小型高压容器采用厚壁无缝钢管制造，其效率高，周期短，但容器的直径一般不超过 500 mm。

从安全角度来看，单层厚壁容器存在着一些问题。由于壳壁是单层的，当壳壁金属存在裂纹等缺陷且缺陷附近的局部应力达到一定程度时，裂纹将沿着壳壁扩展，最后导致整个壳体的破坏；同样的材料，厚板不如薄板的抗脆性能好；壳体承受内压时，壳壁上所产生的应力沿壁厚方向的分布是不均匀的，壁厚越厚，内外壁的应力差也就越大。从制造角度来看，纵向或环向深厚焊缝中缺陷的检测与消除难度大；所需壁厚往往受到材料来源和加工条件的限制。

(2) 多层式筒体。常见的多层式筒体有多层板包扎式、多层热套式、多层绕板式等。

1) 多层板包扎式。筒节由薄壁圆筒作为内筒（厚 12～25 mm），在外面包扎焊上多层薄钢板（厚约 6～12 mm），直至所需的厚度，见图 1—18b。每层钢板先卷压成两块半圆形，然后一层一层包扎并进行纵缝焊接，层板间的纵缝相互错开，使其分布在圆筒的各个方位。整个筒体由若干段筒节和端部法兰组焊而成。

2) 多层热套式。采用中等厚度钢板（20～50 mm）卷焊成直径不同且有过盈配合的圆筒体，然后将筒体加热后进行套合制成筒节，再对若干段筒节和端部法兰进行组焊。由于筒节中的每一层圆筒与其外面圆筒之间都是过盈配合，因而在层间产生预应力，可以改善筒体在承受内压时应力分布不均匀的状况。

热套式厚壁筒体结构在我国已被采用，曾制造大型的合成塔。由于采用的是中厚板，层数少（一般 2～3 层），生产效率高，且焊缝质量易保证。

3) 多层绕板式。这种筒体也是由若干段筒节组焊而成。筒节由内筒、绕板层和外筒三部分组成。内筒是用稍厚的钢板（10～40 mm）卷焊而成的。绕板层用带状钢板（厚约 3～5 mm）缠绕而成，绕板时用压力辊对内筒和绕板层施加压力。外筒是两块半圆形壳体，用机械方法紧包在绕板层外面，然后焊接纵缝。这种筒体的优点是纵缝较少，但由于带状钢板宽度有限，筒节的长度一般不超过 2.2 m，所以筒体环焊缝较多。

(3) 无深环焊缝的层板包扎式。上述各种多层容器均先制成筒节，筒节与筒节之间需采用环缝焊接。由于环缝的两侧均有多层板，焊接工艺复杂，焊接残余应力大，且探伤检测难度大，因此焊接质量难以保证。为解决深环焊缝的问题，近年来开发了一种无深环焊缝的层板包扎式高压容器。它是将内筒首先拼接到所需的长度，两端焊上封头或法兰，然后在整个筒体长度上逐层包扎层板，直至包扎到所需厚度。包扎时各层的环焊缝相互错开，并将层板的纵焊缝也错开一个角度，如图 1—19 所示。这种结构的高压容器避免了深环焊缝，焊缝质量较易保证，又简化了工艺，但需要大型的包扎机。

(4) 绕带式筒体。这种筒体是由一个卷焊而成的内筒和在其外面缠绕的多层钢带构成，它具有多层绕板和无深环焊缝层板包扎筒体的共同优点，钢带可以直接沿筒体的整个长度缠绕，不需要由多段筒节组焊，因而避免了多层绕板筒体深而窄的环焊缝，如图 1—20 所示。但其制造工艺复杂，生产效率低。

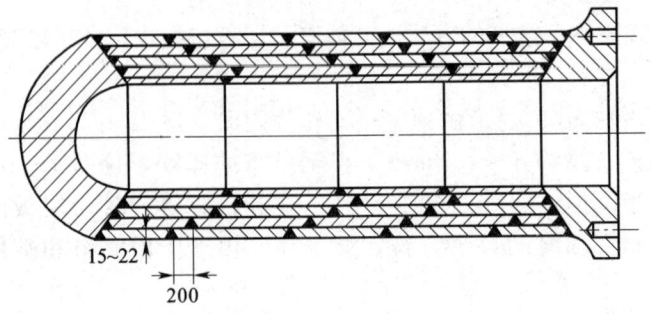

图 1—19 无深环焊缝的多层包扎式高压容器

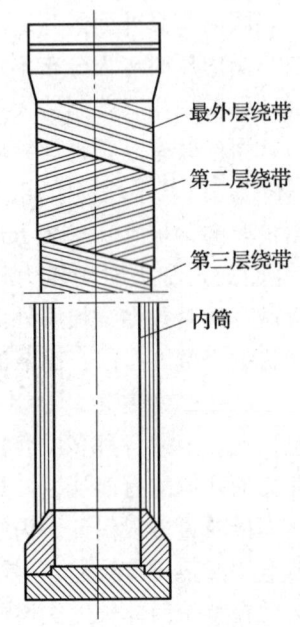

图 1—20 绕带式筒体

本 章 小 结

  锅炉压力容器是危险性大、易造成严重事故的特种设备，对这类设备必须严格监管。本章介绍了锅炉压力容器的工作特点、事故危害性，锅炉压力容器的安全监察体制和有关的法规标准，锅炉压力容器的种类和结构。熟习锅炉压力容器的结构，特别是主要承压部件的功能、作用，对把握锅炉压力容器的安全问题意义重大。

复习思考题

1. 查阅三起锅炉压力容器典型事故案例。
2. 什么是作为特种设备的压力容器？按照安全监管的重要程度，如何对压力容器进行分类？
3. 锅壳式锅炉有哪些种类？其主要特点是什么？
4. 简述水管锅炉主要部件的结构和功能。
5. 简述锅炉的工作过程。
6. 压力容器的基本结构是什么？厚壁容器与薄壁容器在结构形式上有何不同？

第二章 锅炉的工作原理

本章学习目标

1. 了解锅炉的传热及各项热损失。
2. 掌握锅炉水循环的概念、水循环的影响因素以及水循环对锅炉安全运行的影响，着重掌握防止水循环故障的措施。
3. 了解锅炉水质对锅炉安全的影响，熟悉水质标准和常用水处理方法。

第一节 锅炉中的传热与热平衡

一、锅炉中的传热

1. 锅炉中的传热方式

热量传递方式有传导、对流、辐射三种。锅炉中的传热是三种传热方式的复合，属于复杂换热。

(1) 炉膛内的换热。炉膛是燃料燃烧的场所，火焰温度很高，火焰、高温烟气与受热面表面之间的换热主要是辐射和对流换热，以辐射换热为主；热量由受热面火焰侧传递到内壁，属于传导换热；金属内壁与水汽工质间的换热是对流换热。因而从火焰到工质的热量传递经过辐射、传导、对流三种方式。锅炉正常工作时，金属壁的导热性能良好，内壁与汽水之间的对流换热也很强烈，因此火焰与工质间换热量的大小主要取决于辐射换热。

炉膛内火焰的辐射包括高温烟气辐射和固体颗粒辐射两部分。高温烟气辐射是烟气中CO_2、SO_2和水蒸气等气体的辐射。高温烟气的温度越高，气体含量越多，烟气层厚度越厚，其热辐射也就越强烈。固体颗粒的大小及多少也直接影响火焰的辐射能力。另外，金属壁面与火焰之间可见程度越大，火焰辐射热落到金属壁面上的份额也越大；金属壁面被灰污程度越小，温度越低，金属壁面吸收火焰的辐射热越多。

（2）烟道内的换热。烟道内烟气与其中的受热面外壁之间主要是对流换热，也有一部分辐射换热。随着烟气降温，辐射换热所占份额越来越小。热量通过金属壁向介质传递，依靠传导换热和对流换热。当受热面的两侧金属壁面分别积灰和结垢时，导热热阻显著增加，热效率降低。

2. 传热与安全

锅炉的传热与锅炉的安全密切相关。炉膛内高温烟气的温度在 900℃ 以上，受热面内的水汽温度不超过 370℃。传热正常进行时，炉膛内的受热面金属壁温高出工质温度不多，远低于烟气温度，即金属壁温的升高是有限度的。如果传热出现障碍，比如缺水、沉积水垢、水循环故障、水汽流动减慢或停止等，会使受热面金属壁温剧烈升高。当受热面金属的温度超过其能够承受的温度时，金属强度就会大大降低，进而造成受热面爆炸，如爆管等。因此，锅炉运行中必须保证受热面正常传热及可靠冷却，防止金属超温。

二、锅炉热平衡

热平衡是指在正常运行状态下，锅炉输入热量、输出热量及各种热损失之间的平衡关系。分析锅炉的热平衡，可以确定锅炉的热效率、燃料消耗量和各种热损失，进而掌握或预测锅炉结构及运行管理的完善程度，提高锅炉的经济性及运行可靠性。

1. 热平衡方程

锅炉热平衡以 1 kg 固体、液体或 1 m³ 气体燃料为单位进行计算。对于 1 kg 固体燃料，热平衡方程式为：

$$Q_r = Q_1 + Q_2 + Q_3 + Q_4 + Q_5 + Q_6$$

式中　Q_r——1 kg 燃料燃烧放出的热量，kJ/kg；

　　　Q_1——锅炉有效利用热量，即工质吸收热量，kJ/kg；

　　　Q_2——排烟热损失，kJ/kg；

　　　Q_3——可燃性气体不完全燃烧热损失，kJ/kg；

　　　Q_4——固体不完全燃烧热损失，kJ/kg；

　　　Q_5——锅炉散热损失，kJ/kg；

Q_6——灰渣物理热量，kJ/kg。

上式等号两边同时除以 Q_r，用质量百分比的关系表示，则为：

$$q_1 + q_2 + q_3 + q_4 + q_5 + q_6 = 100\%$$

式中　q_1——锅炉热效率；

　　　q_2——排烟热损失；

　　　q_3——气体不完全燃烧热损失；

　　　q_4——固体不完全燃烧热损失；

　　　q_5——散热损失；

　　　q_6——灰渣物理热损失。

2. 锅炉的各项热损失

（1）排烟热损失 q_2。烟气离开锅炉本体时的温度高于周围环境温度，随烟气带出的热量即为排烟热损失。影响排烟热损失的主要因素是排烟温度和排烟量。

（2）气体不完全燃烧热损失 q_3。燃料中的 CO、H_2、CH_4 等可燃气体随烟气排出，形成了气体不完全燃烧热损失。该热损失的大小与炉膛结构、燃料种类、过量空气系数及运行操作水平等因素有关，通常不超过2%。

（3）固体不完全燃烧热损失 q_4。这项损失包括灰渣损失、漏煤损失和飞灰损失三部分。灰渣损失是指未参加燃烧或未燃尽的炭粒与灰渣一起落入灰斗所造成的损失；漏煤损失是燃料经炉排落入灰坑所造成的损失；飞灰损失是未燃尽的细微炭粒随烟气排出所造成的损失。固体不完全燃烧热损失是燃煤锅炉的一项主要热损失，其大小与燃料特性、燃烧方式、炉膛结构及运行情况有关。燃油、燃气锅炉燃烧正常时，该项热损失可忽略。

（4）散热损失 q_5。锅炉运行时，通过炉墙、构架、管道、门孔等向周围空间散失的热量构成散热损失。其大小主要与锅炉散热表面积、水冷壁和炉墙结构、保温材料性能和厚度、周围空气温度和流动状况等因素有关。

（5）灰渣物理热损失 q_6。燃用固体燃料的锅炉，排出灰渣的温度一般在600～800℃以上，所带出的热量构成此项热损失。对于层燃炉和沸腾炉，这项热损失较大。影响灰渣物理热损失的因素有：燃料中的灰分含量、燃烧方式、灰渣占总灰量的比例、燃料的发热量和除灰方式等。

第二节 锅炉水循环

一、水循环的概念

锅炉水循环是指水和汽水混合物在锅炉蒸发受热面中的循环流动,分为自然循环和强制循环两种。依靠水和汽水混合物的密度差维持的循环叫自然循环,自然循环是最常见的锅炉水循环方式;依靠回路中水泵的动力维持的循环叫强制循环。锅炉水循环的正常与否直接影响着锅炉运行的安全可靠性。如果水循环不良,受热面金属就得不到可靠的冷却,会因过热而破裂。

自然循环回路由锅筒、下降管、集箱和上升管组成,形成一个连通器,其循环原理见图 2—1 所示。下降管布置在炉膛外面,不受热。上升管布置在炉膛内部,直接受热。上升管中部分水受热汽化,汽水混合物的密度比下降管中水的密度小,上升管与下降管中的工质因密度差而产生了流动压头。流动压头推动上升管中的汽水混合物向上运动,流入锅筒进行汽水分离,锅筒内的水流入下降管,经下集箱流入上升管,如此循环流动。工质在循环回路中的流动,要克服回路中的流动阻力。在稳定流动时,流动压头和回路中的阻力相平衡。流动压头 Δp 可用下式计算。

$$\Delta p = (\rho_x - \rho_s)gh$$

式中 Δp——循环回路流动压头,Pa;

h——循环回路高度,严格讲应是上升管含汽段的高度,m;

g——重力加速度,m/s^2;

ρ_x——下降管内水的密度,kg/m^3;

ρ_s——上升管中汽水混合物的密度,kg/m^3。

在自然循环的水管锅炉中,下降管少,上升管(水冷壁管)多。一根或几根下降管与一组并列的上升管组成一个循环回路,一台锅炉往往有几个甚至几十个循环回路。

对自然循环概念的理解要注意以下三个问题:

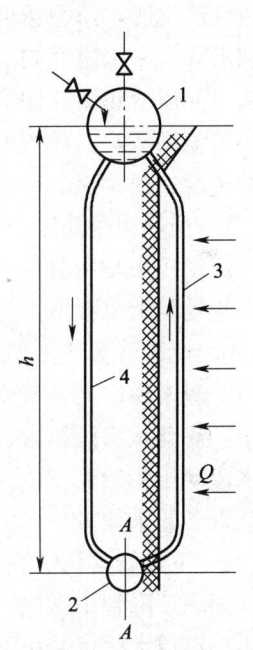

图 2—1 自然循环回路示意图
1—上锅筒 2—下集箱
3—上升管 4—下降管

第一,自然循环是指工质在蒸发受热面内的循环流动,而工质在省煤器、过热器中的流动是一次性的流动,省煤器中流动的动力是给水泵的压头,过热器中流动的动力是锅筒的蒸汽压力。

第二,锅炉工作压力不是循环流动的直接动力。自然循环回路中的流动动力是非常有限的,流速远低于工质在省煤器、过热器中受迫流动的流速。

第三,自然循环锅炉的蒸发受热面系统都存在着自然循环,但有的无明确的循环回路。例如:锅壳锅炉的锅壳内的水没有明显的循环回路;水管锅炉的对流管束中有循环回路,但上升管与下降管是不确定的,通常靠近炉膛出口受热较强的管子是上升管,而远离炉膛出口受热弱的管子是下降管。

二、影响自然循环的因素

1. 工作压力

工作压力虽然不是自然循环的直接动力,但对流动压头有一定影响。水蒸气的热力性质表明,压力越低,饱和水与饱和蒸汽的密度差就越大,上升管中汽水混合物和下降管中水之间的密度差也就越大,相同的回路高度上就可以形成较大的流动压头。而压力越高,饱和汽、液两相的密度差就越小,同样的回路高度上就会形成较小的流动压头。在水的临界压力(22.064 MPa)下,饱和水与饱和蒸汽具有相同的密度,根本无法形成自然循环。因此,低压锅炉较易建立和维持自然循环。

2. 循环回路高度

流动压头与回路高度成正比,回路越高,流动压头就越大。但随着循环回路增高,流动阻力也会增大。

3. 上升管受热强弱

一般来说,上升管受热越强,管内产生的蒸汽量就越多,汽水混合物的密度就越小,流动压头则越大。对共用同一根下降管的并列上升管来说,受热强的上升管中水流动压头较大,流入到该管子的水量较多;受热弱的管中流动压头较小,流入到该管子的水量较少,由此造成了水循环故障。

4. 下降管含汽情况

如果下降管中含汽,下降管与上升管中工质的密度差就会降低,流动压头就要减小。造成水冷壁系统下降管含汽的主要原因是:锅筒中的蒸汽被水带入下降管;下降管受热产生蒸汽。

5. 循环回路的阻力特性

流动压头主要是用于克服循环回路中的阻力。影响循环回路阻力特性的因素有管径大小、回路长度、管内结垢情况及回路结构等。如果管径过小而管子过长，则回路阻力系数就较大，循环流速就较小；反之，同样的运动压头就可以获得较大的循环流速。

三、常见的水循环故障

自然循环的蒸汽锅炉，当锅内水循环工况异常时，会产生停滞、倒流和汽水分层等故障，进而危及锅炉的安全运行，因此，保证正常可靠的水循环是锅炉安全运行的基本要求。

1. 停滞和倒流

同一循环回路中，并联的各上升管受热不均时，受热弱的上升管中的汽水混合物的密度大于受热强的上升管中汽水混合物的密度，使得受热弱的上升管中的流动压头较小，甚至不能维持最低的循环流速，使汽水混合物处于停止不动的状态，这种现象称为停滞。出现停滞时，上升管内进水量很少，虽然受热较弱，但由于冷却条件差，往往导致管壁超温破裂。特别是弯管段，因易积存蒸汽，更易发生爆管事故。

当并联的各上升管受热严重不均时，受热最弱的上升管中流动压头过小，受热最强的上升管中汽水混合物的流速过大，产生抽吸作用，致使受热最弱的上升管中的汽水混合物朝着反向下降流动，这种现象称为倒流。发生倒流的管子内的汽水混合物如果均匀地向下流动，可能还不会发生事故；但当气泡上升速度与水向下流动速度相等时，蒸汽就会滞留在管内某一部位，形成"汽塞"，造成这部分管段过热。倒流往往和停滞同时发生，与倒流管相邻的可能就是停滞管。

停滞和倒流产生的原因是，同一回路并联的上升管中某些管子受热弱。受热不均主要是由于锅炉结构设计不合理，如在设计中没有充分考虑炉膛中火焰温度分布的不均匀性，而把靠近炉膛四角的上升管与炉膛中间的上升管放在同一循环回路中，靠近炉膛四角的上升管即可能产生停滞。再有就是运行管理中的问题，如水冷壁结渣、积灰或炉墙脱落、开裂等，都会减弱上升管的吸热。

防止停滞和倒流的措施有：

(1) 结构方面措施。

1) 保证回路有一定高度。经验得出，低压小型锅炉，水循环回路的高度应控制在：当工作压力 $p \leqslant 0.8$ MPa 时，$h \geqslant 2$ m；当工作压力 $p = 1.3$ MPa 时，$h \geqslant 4$ m；当工作压力 $p = 1.6$ MPa 时，$h \geqslant 8$ m。中压以上的水循环回路高度，通过水循环计算确定。

2) 水循环系统合理分组，保证同一回路中上升管吸热均匀。对于中、大型锅炉，通常将沿同一炉墙布置的上升管分成若干组，各组分别有独立的下集箱及下降管，形成独立的循环回路，每组管道位置比较靠近，吸热比较均匀。

3) 保证下降管和汽水引出管有适当的流通截面积。下降管与汽水引出管的数量及总流通截面积一般比上升管小，但不能小得太多，如果下降管与汽水引出管流通截面过小、流阻过大，上升管内介质流速将会很低。一般要求下降管总流通截面积不小于上升管总流通截面积的 25%，汽水引出管总流通截面积不小于上升管总流通截面积的 35%。

4) 下集箱上的下降管、上升管及排污管的管口应互相错开，较均匀地向各上升管供水。

(2) 运行方面的措施。

1) 保持炉膛内的燃烧和火焰分布均匀，以减小各上升管间的吸热不均。

2) 防止水冷壁管积灰或结渣。

3) 防止炉墙开裂、保温层脱落。

4) 防止对流管束的挡火墙或隔烟墙损坏而造成烟气短路。

5) 正确进行排污操作，尽量减小排污对水循环的干扰。

2. 汽水分层

汽水分层是指水平布置或倾斜度较小的上升管中，汽水混合物流速过低，出现汽在上、水在下的分层流动现象。汽水分层流动时，管子下部有水冷却不致超温，管子上部没有水膜冷却，可能导致超温爆管。由于汽、水两相分界面不稳定，分界面处的金属壁温波动较大，因而还会导致金属疲劳破坏。同时，由于分界面周围金属壁面长时间接触盐浓度较高的水，也会产生碱腐蚀。

防止汽水分层的措施：上升管或汽水引出管与水平面的夹角不得小于 15°。

3. 下降管带汽

锅炉正常运行时，下降管是不允许出现蒸汽的。否则，水向下流动，气泡向上浮动，两者互相顶撞，既增加了流动阻力，也减少了循环流量，甚至形成汽塞。产生下降管带汽的原因有：下降管阻力较大，产生较大的压降，使下降管入口处水压降低而发生汽化；下降管管口离锅筒水位面太近，形成漩涡斗而将蒸汽吸入下降管；下降管受热；上升管出口与下降管入口距离太近而又无良好的隔离装置。

防止下降管带汽的措施有：

(1) 下降管、上升管在上锅筒的接管位置要适当。下降管通常接在锅筒水空间的最低或较低位置，管口距锅筒最低水位的距离应大于下降管通径的 4 倍。

(2) 上升管引入锅筒的位置应高于下降管,二者距离大于 250 mm,否则,应在上升管与下降管管口间加隔板。

(3) 下降管应尽量竖直向下,避免水平管段和锐角弯头。

(4) 防止下降管的保温层或绝热层脱落,避免下降管受热。

中、低压锅炉的循环流速较低,较易出现停滞、倒流等现象,受热弱的管子往往安全性差。而高压以上锅炉一般循环流速较高而循环倍率较低,较少产生停滞、倒流现象,但因上升管内蒸汽含量较大,水膜较薄,可能会出现管壁结垢、传热恶化等情况,此时安全性差的往往是受热强的水冷壁管。

第三节 锅炉水处理

工业锅炉原水(水源)是天然水,包括地表水和地下水。原水中含有悬浮物、胶体状杂质、气体溶解物(如 O_2、CO_2)和固体溶解物(如 Ca^{2+}、Mg^{2+}、HCO_3^-)等杂质。这样的水用做锅炉工作介质,会造成结垢、腐蚀、污染蒸汽等危害。因此,锅炉的给水需经适当处理才能进入锅炉。

锅炉运行中锅筒内容纳的水叫锅水,也叫炉水。由于水在锅炉中不断蒸发浓缩,锅水杂质的浓度往往会高于给水。为防止结垢和腐蚀,需往锅水中加入碱性药物,使锅水呈碱性。因此,锅水与给水有着显著区别,二者有不同的水质控制要求。

一、锅炉水质指标及水处理要求

1. 水质指标

(1) 悬浮物。指在规定的试验条件下,将水过滤分离得到的不溶于水的物质的含量,单位为 mg/L。

(2) 硬度(YD)。指水中能够形成水垢或水渣的钙、镁盐的总含量,包括暂时硬度和永久硬度。暂时硬度指重碳酸盐硬度,即 $Ca(HCO_3)_2$、$Mg(HCO_3)_2$ 硬度,可以在加热煮沸过程中,生成 $CaCO_3$、$MgCO_3$ 沉淀。永久硬度指非碳酸盐硬度,包括钙、镁的硫酸盐和氯化物等。暂时硬度和永久硬度常简称暂硬和永硬。硬度的单位为 mmol/L,即每升水中含有钙离子、镁离子的毫摩尔数或钙盐、镁盐的毫摩尔数。

(3) 碱度(JD)。指水中氢氧根离子(OH^-)、碳酸根离子(CO_3^{2-})、重碳酸根离子(HCO_3^-)的总含量,又称总碱度,单位为 mmol/L。由碱直接水解出

OH^- 者叫氢氧根碱度；由 CO_3^{2-}、HCO_3^- 水解出 OH^- 者叫碳酸根碱度及重碳酸根碱度。

水中暂硬是钙、镁的重碳酸盐，在水中也水解出 OH^-，因此暂硬也构成碱度，叫暂硬碱度。暂硬碱度是碳酸盐碱度及重碳酸盐碱度的一部分。钠与负离子构成的碱度，如 NaOH，$NaHCO_3$，Na_2CO_3，Na_3PO_4 等，叫钠盐碱度。钠盐碱度与永硬在水中不能共存，当钠盐碱度与永硬相遇时，即会发生如下反应：

$$CaSO_4 + Na_2CO_3 = CaCO_3 \downarrow + Na_2SO_4$$

钠盐碱度有消除永硬的能力，因而也被称为"负硬"。

水中硬度与碱度有以下几种组合情况：

1) 总硬度＞总碱度。此时水中有永硬及暂硬，无钠盐碱度，总碱度＝暂硬。这样的水叫永硬水。

2) 总硬度＝总碱度。此时水中既无永硬，也无钠盐碱度，只有暂硬及暂硬构成的碱度，即暂硬＝总碱度。这样的水叫暂硬水。

3) 总硬度＜总碱度。此时水中没有永硬而有钠盐碱度，总硬度＝暂硬，总碱度＝暂硬＋钠盐碱度。这样的水叫负硬水或碱水。

永硬水、暂硬水、负硬水的性质及处理方法有很大的区别。

(4) 溶解固形物。指过滤掉悬浮物的水在蒸发、干燥后所剩的残渣，是用来表示水中含盐量的近似指标。含盐量指溶于水中全部盐类的总含量，单位为 mg/L。

(5) pH 值。指水中氢离子含量（mol/L）的负对数。表示水呈酸性、碱性或中性。目前我国工业锅炉的水质标准规定：锅炉给水的 pH≥7，锅水的 pH＝10～12。

(6) 溶解氧含量。指单位容积水中溶解氧的含量，单位为 mg/L。水中的溶解氧能腐蚀锅炉金属和给水管道。

(7) 含油量。指单位容积水中溶解油的含量，单位为 mg/L。

(8) 相对碱度。指锅水中所含氢氧根碱度与锅水总含盐量的比值。

2. 水处理要求

额定出口压力≤2.5 MPa 的蒸汽锅炉的给水和锅水、热水锅炉的补给水和循环水的质量，应符合现行国家标准《工业锅炉水质》的规定。额定出口压力＞2.5 MPa 的蒸汽锅炉给水和锅水的质量，应符合锅炉产品相关标准和用户对蒸汽的质量要求。

额定蒸发量≤2 t/h，并且额定蒸汽压力≤1.0 MPa 的蒸汽锅炉和汽水两用锅炉（如对汽、水质量无特殊要求）可以单纯采用锅内加药处理。额定蒸发量≥6 t/h的锅炉，给水应除氧；额定蒸发量＜6 t/h 的锅炉如发现局部腐蚀时，给水应采取除氧措施。供汽轮机用汽的锅炉,给水含氧量应≤0.05 mg/L。

承压热水锅炉给水应进行锅外水处理,对于额定功率≤4.2 MW非管架式承压的热水锅炉和常压热水锅炉,可采用锅内加药处理,但必须对锅炉的结垢、腐蚀和水质加强监督,认真做好加药工作。额定功率≥4.2 MW的承压热水锅炉给水应除氧,额定功率<4.2 MW的承压热水锅炉和常压热水锅炉给水应尽量除氧。

余热锅炉及电热锅炉的水质指标应符合同类型、同参数锅炉的要求。

二、常用水处理方法

锅炉水处理分为锅外水处理和锅内加药水处理。

1. 锅外水处理

锅外水处理是对进入锅炉之前的给水进行的各种处理,包括沉淀、过滤、凝聚等净化处理及软化处理。消除或降低水中钙离子、镁离子含量的过程称为软化处理,包括沉淀软化和离子交换软化两种。

(1) 沉淀软化。沉淀软化是把天然水中的 Ca^{2+}、Mg^{2+} 转变为难溶于水的化合物,使其沉淀析出,达到降低水的硬度的目的。有两种方法:一种是热力软化法,即将水加热至沸腾,使水中的 $Ca(HCO_3)_2$、$Mg(HCO_3)_2$ 分解成难溶于水的 $CaCO_3$ 和 $Mg(OH)_2$,这种方法可除去水中大部分暂硬,但无法消除永硬,并且由于加热软化后的水温很高,使进一步的离子交换软化处理难以进行,所以,该方法已很少使用;另一种是化学软化法,即向水中添加化学药品,使 Ca^{2+}、Mg^{2+} 转化为沉淀物,这种方法的应用比较广泛。

1) 石灰沉淀软化。该方法是将石灰浆加到待处理的水中,很大程度上消除了水中的暂硬及水中的 CO_2,把镁盐永硬转化为钙盐永硬,但不能消除永硬。化学反应方程式如下:

$$CO_2 + Ca(OH)_2 = CaCO_3 \downarrow + H_2O$$
$$Ca(HCO_3)_2 + Ca(OH)_2 = 2CaCO_3 \downarrow + 2H_2O$$
$$Mg(HCO_3)_2 + 2Ca(OH)_2 = 2CaCO_3 \downarrow + Mg(OH)_2 \downarrow + 2H_2O$$
$$MgSO_4 + Ca(OH)_2 = Mg(OH)_2 \downarrow + CaSO_4$$
$$MgCl_2 + Ca(OH)_2 = Mg(OH)_2 \downarrow + CaCl_2$$

2) 石灰—纯碱软化。该方法是在水中加入石灰浆的同时,加入适量的纯碱(Na_2CO_3),以消除水中的钙盐永硬。这种方法的效果与水温有关,水温越高,效果越好。若将水加热至70~80℃,可把水中残留硬度降至0.3~0.4 mmol/L。化学反应方程式如下:

$$CaSO_4+Na_2CO_3=CaCO_3\downarrow+Na_2SO_4$$
$$CaCl_2+Na_2CO_3=CaCO_3\downarrow+2NaCl$$

（2）离子交换软化。利用不溶于水的离子交换剂将水中 Ca^{2+}、Mg^{2+} 置换出来而使水软化的方法称为离子交换软化。最常用的有钠离子（Na^+）交换软化和氢离子（H^+）交换软化，即用 Na^+、H^+ 置换水中的 Ca^{2+} 和 Mg^{2+}。

离子交换软化过程中用自己的离子把水中的 Ca^{2+}、Mg^{2+} 置换出来的物质为离子交换剂，它是一种复杂的化合物，其阳离子部分为 Na^+ 或 H^+，阴离子的成分及结构很复杂，通常以 R^- 表示。故交换剂可写为 NaR 和 HR，目前应用最广泛的交换剂是离子交换树脂。

1）钠离子交换软化。进行钠离子交换软化时，水中的 Ca^{2+}，Mg^{2+} 进入交换剂，Na^+ 进入水中，形成溶解于水的钠盐。化学反应方程式如下：

$$Ca(HCO_3)_2+2NaR=CaR_2+2NaHCO_3$$
$$CaSO_4+2NaR=CaR_2+Na_2SO_4$$
$$CaCl_2+2NaR=CaR_2+2NaCl$$
$$Mg(HCO_3)_2+2NaR=MgR_2+2NaHCO_3$$
$$MgSO_4+2NaR=MgR_2+Na_2SO_4$$
$$MgCl_2+2NaR=MgR_2+2NaCl$$

这种方法能较彻底地将水软化，但软化后的水含盐量增加，水中碱度保持不变。这样，对于高含盐量和高碱度的水质，不宜单纯采用钠离子交换软化，而必须采用氢—钠离子交换软化，以除盐。

交换剂使用一段后，所吸附的 Ca^{2+}，Mg^{2+} 会达到饱和而失去继续软化水的能力，可与食盐水（NaCl）发生反应实现再生或还原。化学反应方程式如下：

$$CaR_2+2NaCl=2NaR+CaCl_2$$
$$MgR_2+2NaCl=2NaR+MgCl_2$$

2）氢离子交换软化。水流经氢离子交换剂时，发生如下反应：

$$Ca(HCO_3)_2+2HR=CaR_2+2H_2O+2CO_2\uparrow$$
$$CaSO_4+2HR=CaR_2+H_2SO_4$$
$$CaCl_2+2HR=CaR_2+2HCl$$
$$Mg(HCO_3)_2+2HR=MgR_2+2H_2O+2CO_2\uparrow$$
$$MgSO_4+2HR=MgR_2+H_2SO_4$$
$$MgCl_2+2HR=MgR_2+2HCl$$

这种方法可以降低水的硬度、碱度和含盐量，但交换后的水呈酸性，不能直接用做锅炉给水。因而氢离子交换软化无法单独使用,只能与其他水处理方法配合使用,比如将氢离子交换及钠离子交换配合使用,利用氢离子交换后水的酸性去适当中和、减轻钠离子交换后的碱性。

氢离子交换剂使用一段时间失效后,可以用稀硫酸使之再生。化学反应方程式如下:

$$CaR_2 + H_2SO_4 = 2HR + CaSO_4$$
$$MgR_2 + H_2SO_4 = 2HR + MgSO_4$$

2. 锅内加药水处理

锅内加药水处理是指向锅筒内加入碱性或胶质药剂,使之与锅水中的钙盐、镁盐生成松散的水渣,再通过排污除去的水处理方法,也叫炉内水处理。一些水容量大、结构简单、便于排污及除垢的低压小型锅炉,可以采用锅内加药水处理。给水经过锅外水处理的锅炉,由于蒸发浓缩,锅水中杂质的浓度增加,也需要进行锅内加药水处理,作为锅外水处理的补充。

锅内加药水处理向锅内加入的是校正剂或防垢剂。校正剂常用的有 Na_2CO_3、$NaOH$、$Na_3PO_4 \cdot 12H_2O$ 等;防垢剂常用的有栲胶等。

(1) 碳酸钠 (Na_2CO_3)。锅水中加入 Na_2CO_3 的作用是:维持锅水一定的碱度,防止金属腐蚀;使锅水中有较多的 CO_3^{2-},以生成泥渣状的 $CaCO_3$,避免形成坚硬的 $CaSO_4$ 水垢。化学反应方程式如下:

$$Ca^{2+} + CO_3^{2-} = CaCO_3 \downarrow \text{(水渣)}$$
$$CO_3^{2-} + H_2O = 2OH^- + CO_2 \uparrow$$
$$Mg^{2+} + 2OH^- = Mg(OH)_2 \downarrow \text{(水渣)}$$

Na_2CO_3 在锅水中水解的程度随压力升高而增大,锅炉工作压力为 1.5 MPa 时,Na_2CO_3 的水解度达 60%,Na_2CO_3 的过分水解增大了锅水的碱性,降低了它的防垢效果,且增大了碱性腐蚀的危险,因而 Na_2CO_3 只用于工作压力低于 1.5 MPa 的锅炉。

(2) 氢氧化钠 ($NaOH$)。$NaOH$ 为强碱,能消除锅水中的镁盐硬度和钙盐暂硬,使钙、镁盐沉淀呈水渣状;也有防止腐蚀的作用。但只适用于镁盐硬度较高而碱度较低的水。化学反应方程式如下:

$$Mg^{2+} + 2OH^- = Mg(OH)_2 \downarrow \text{(水渣)}$$
$$Ca(HCO_3)_2 + 2NaOH = CaCO_3 \downarrow \text{(水渣)} + Na_2CO_3 + 2H_2O$$

(3) 磷酸三钠 ($Na_3PO_4 \cdot 12H_2O$)。Na_3PO_4 能除去水中的 Ca^{2+}、Mg^{2+},形成胶状沉淀;还能与金属表面作用,生成磷酸盐保护膜,防止金属的腐蚀。化学反应方程式如下：
$$3Ca^{2+} + 2PO_4^{3-} = Ca_3(PO_4)_2 \downarrow$$
$$3Mg^{2+} + 2PO_4^{3-} = Mg_3(PO_4)_2 \downarrow$$

在碱性沸水中，Ca^{2+}会形成碱式磷酸钙，呈松软的水渣状。化学反应方程式如下：
$$10Ca^{2+} + 6PO_4^{3-} + 2OH^- = Ca_{10}(OH)_2(PO_4)_6 \downarrow$$

（4）栲胶。栲胶是一种有机胶体物质，在水中呈胶体状态，主要成分是单宁。其作用是：在金属表面形成隔绝层，减弱金属表面与形成水垢的盐之间的静电吸引；吸附水中异性高价离子而凝聚沉淀；在碱性溶液中，有机胶体能与氧结合，有防腐蚀作用。因此用栲胶作防垢药剂，能防止结垢并减轻金属腐蚀。

三、给水除氧

锅炉给水中溶解有氧、氮和二氧化碳等气体，其中危害最大的是氧气，对锅炉受热面钢材产生化学和电化学腐蚀，尤其是水温较高时，腐蚀速度加快，因此必须采取措施予以消除。给水除氧的方法有热力除氧、化学除氧和解析除氧等。

1. 热力除氧

气体溶解定律表明，水温越高，气体在水中的溶解度越小；水面上某种气体的分压力越小，该气体在水中的溶解度也越小。热力除氧就是利用气体溶解定律，用蒸汽把水加热至沸点，水中的氧气因溶解度减小而逸出。热力除氧不仅能除氧，也能除去水中的二氧化碳、硫化氢、氨气等气体，效果稳定可靠；除氧后水中含盐量不会增加。但需有汽源且耗汽较多；除氧后水温较高。

热力除氧是锅炉给水除氧最常用的方式，其设备是除氧器，由脱气塔和储水箱组成，如图2—2所示。根据除氧器压力的不同，可分为大气式除氧器、真空式除氧器和高压除氧器。

大气式除氧器是在微正压的情况下，将待除氧水加热至沸腾，从而达到除氧目的。除氧器内的压力通常为 0.02～0.025 MPa，通入蒸汽后把水加热到该压力下的沸点 104～105℃。水均匀喷淋，使蒸汽与水充分接触。工业锅炉给水多用大气式热力除氧。

真空式除氧器是利用低温水在真空状态下沸腾达到除氧的目的。除氧器内绝对压力为 0.06～0.09 MPa，可以不用蒸汽作为热能，除氧水温度较低。真空式除氧器适用于热水锅炉。

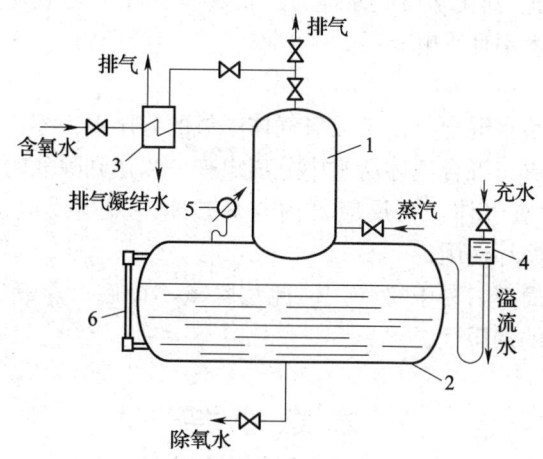

图 2—2 热力除氧器系统示意图
1—脱水塔 2—储水箱 3—排气冷却器 4—安全水封 5—压力表 6—水位计

高压除氧器的工作压力一般为 0.343~0.748 MPa，利用蒸汽将水定压加热到沸点，从而除去给水中的氧气。一般用于高参数电站锅炉的给水除氧。

2. 化学除氧

化学除氧是通过氧化反应消耗水中溶解氧而使水中含氧量降低的除氧方法。化学除氧常见有钢屑除氧和药剂除氧。

(1) 钢屑除氧。含氧水通过钢屑除氧器，给水中溶解的氧与钢屑接触，使钢屑氧化，其化学反应方程式为：

$$3Fe + 2O_2 = Fe_3O_4$$

通常所用钢屑是碳素钢的切屑。由于钢屑表面的油污、铁锈等影响除氧效果，还会污染水质，因此必须选用洁净的钢屑。钢屑除氧设备简单，操作方便，投入少，适用于小型锅炉给水除氧。

(2) 药剂除氧。向锅炉给水中加入亚硫酸钠、联氨（N_2H_4）、氢氧化亚铁等还原剂，使之与溶解氧化合，以消除水中溶解的氧。

1) 亚硫酸钠除氧法。将 Na_2SO_3 配制成 2%~10% 的水溶液，加到锅炉给水中。其化学反应原理为：亚硫酸钠与氧发生反应生成硫酸钠（Na_2SO_4），硫酸钠性质稳定，不易结垢及腐蚀金属。

亚硫酸钠除氧装置简单，使用、维护方便。但药剂价格较贵，须隔绝空气保存；除氧水中含盐量增加，易恶化蒸汽品质，需增加排污。

2) 联氨除氧法。其化学反应原理为：联氨（N_2H_4）与氧发生反应生成氮气和水，生成物对水质无不良影响。

3. 解析除氧

将无氧气体与给水混合，由于无氧气体中氧的分压力为零，水中的氧就大量地扩散到气体中去，再将混合气体从水中分离出来，以达到除氧的目的。原本无氧的气体吸氧后成为含氧气体，在反应器内与灼热木炭发生反应，又成为无氧气体（CO_2+N_2），如此循环使用。

解析除氧装置简单，易于操作。但此法除氧不彻底；除氧后水中 CO_2 含量增加，其使用有一定的局限性。

本 章 小 结

锅炉是一种能量转换设备，它利用燃料燃烧释放的热能或工业生产中的其他热能，加热锅水，使之具有一定的温度和压力，因此，锅炉的工作过程可分为燃料燃烧和水被加热两个环节。由于锅炉工作的基本原理和工作过程是理解和掌握锅炉安全技术和安全管理不可或缺的基础知识，故本章围绕锅炉的工作过程，介绍了锅炉传热、水循环以及锅炉水处理等这些直接影响锅炉安全运行的问题。

复习思考题

1. 自然循环锅炉常见的水循环故障有哪些？产生的原因及危害是什么？如何控制？
2. 锅炉给水为什么要进行处理？常用的水处理方法是什么？
3. 锅炉给水为什么要进行除氧？常用的除氧方法有哪些？

第三章　锅炉压力容器应力分析

本章学习目标

1. 掌握无力矩理论、典型回转薄壳的应力分布规律。
2. 掌握圆平板应力分布规律和内压厚壁筒体应力分布规律。
3. 熟习薄壁壳体边缘应力分布规律。
4. 了解开孔的安全问题。

第一节　受内压薄壁壳体的应力分析

一、无力矩理论及基本方程

1. 无力矩理论

锅炉压力容器的承压结构多数是旋转壳体，是某一母线沿对称轴旋转360°形成的曲面，在垂直于对称轴的截面上的投影是圆形。当容器内外表面的距离与壳体的回转直径相比很小时，可以将其看成是旋转薄壳。设计上一般认为，壁厚δ与壳体内径之比小于1/10，即外径与内径之比小于等于1.2（$K \leqslant 1.2$）的壳体属于旋转薄壳。

为了分析求解旋转薄壳中的应力，我们假设壳体是完全弹性的，作为弹性壳体应符合弹性理论的一些基本假设，即材料是连续的、均匀的和各向同性的。此外，对于旋转薄壳通常采用以下假设使问题的求解得到进一步简化。

（1）小位移假设。壳体受力以后，各点的位移都远小于壁厚，即为小位移假设。根据这个假设，在考虑变形后的受力平衡状态时可以用变形前的尺寸代替变形后的尺寸，而变形分析中的高阶微量可以忽略不计，使微分方程简化成线性方程。

(2) 直法线假设。壳体在变形前垂直于中间面的直线段，在变形后仍保持为直线，并垂直于变形后的中间面。联系到小位移假设，变形后的法向线段长度保持不变。根据这个假设，壳体沿厚度各点的法向位移均相同，变形前后的壳体厚度保持不变。

(3) 不挤压假设。壳体各层纤维在变形前后互不挤压。根据这个假设，壳体法向的应力与壳体截面的其他应力分量相比是可以忽略的微小量，其结果就使薄壁壳体的应力分析简化成为平面应力问题。

以上假设构成了无力矩理论的基础，它可以表述为：当壳体壁厚与直径相比很小时，认为壳体很薄几乎像气球充气后的薄膜一样，只能承受拉应力或压应力，不能承受弯曲应力，且认为壳体内的应力沿壁厚是均匀分布的。

无力矩理论简化了壳体应力分析过程，实践证明，无力矩理论的计算结果可以满足薄壁容器设计的工程精度需要。严格来说，任何回转壳体都具有一定壁厚，承压后应力沿壁厚并非均匀分布，壳体中因曲率变化也有一定的弯矩及弯曲应力，当壳体较厚且需精确分析时，应采用厚壁理论即有矩理论。

2. 回转壳体的几何概念

以任意直线或平面曲线作为母线，绕其同平面内的轴线旋转一周即形成旋转曲面。锅炉压力容器中的很多承压结构都是旋转曲面，如以半圆形曲线作为母线绕其直径旋转一周即形成球面；以某一象限内的椭圆线绕其长轴或短轴旋转一周即形成椭球封头曲面；以直线作为母线绕其同平面内的平行线旋转一周即形成圆柱面；如果直线母线与其同平面内的直线相交，旋转一周后得到的是圆锥面。

真实的容器壳体可以认为是由距离很近且各点法向距离相等的两个曲面构成的，即容器的内外表面，两曲面的垂直距离叫壳体的厚度，平分壳体厚度的曲面叫壳体的中间面。以这些旋转曲面作为中间面的壳体统称为旋转壳体。对于薄壁壳体，可以用中间面来表示壳体的几何特性。

为了使分析的问题具有一般性，现以任意形状的母线形成旋转壳体，如图3—1所示。OA 为旋转轴，形成中间面的平面曲线 ADB 称为母线，母线绕旋转轴旋转一周形成了旋转壳体。当母线绕旋转轴旋转到任意一个位置时，例如 AEC 线称为经线，显然经线与母线的形状是完全相同的。经线与旋转轴所在的平面称为经线平面，如 $AECO$ 平面。经线的位置可以由母线平面为基准，绕旋转轴的角度 θ 来确定。经过经线上的任意一点 E 垂直于中间面的直线称为法线，由几何关系可知，法线的延长线一定与旋转轴 OA 相交，交点为 O_2。将法线段 EO_2 绕旋转轴旋转一周，得到一个与旋转壳体正交的圆锥体，圆锥体与旋转壳体的交线为一个圆，如图

中的 DEF，这个圆称为纬线，纬线的位置可以由中间面的法线与旋转轴的夹角 φ 来确定，即与旋转壳体正交圆锥体的半顶角。

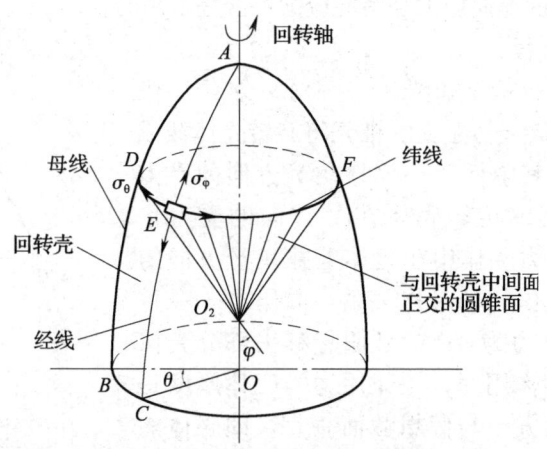

图 3—1　回转壳体的中间面

除了要确定经线和纬线的位置外，在壳体应力分析时还要确定经线和纬线的形状，经线和纬线在某一点的形状用其在该点的曲率半径表示，曲率半径是曲线曲率的倒数，客观上表达了曲线的形状。经线曲率半径（ρ_φ）又称为第一曲率半径；纬线曲率半径（ρ_θ）又称为第二曲率半径，第二曲率半径等于与旋转壳体正交圆锥的斜高。图 3—1 中 E 点的两个曲率半径如图 3—2 所示。

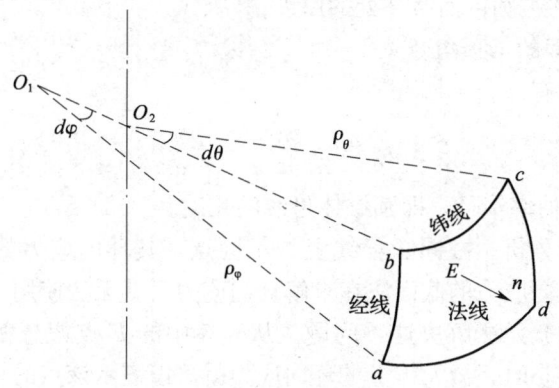

图 3—2　回转壳体中的几何关系

旋转壳体承受内压后，其经线和纬线方向都会发生伸长变形，因而，在壳体的经向和纬向都存在应力，经向应力用 σ_φ 表示，纬向应力也称为周向应力或环向应力，用 σ_θ 表示。

由于轴对称的关系，在同一纬线上各点的经向应力 σ_φ 均相等，纬向应力亦如此。但不同纬线上的经向应力和纬向应力可能是不同的。

3. 薄膜应力方程

（1）经向应力分析。如图 3—3 所示，求经向应力时，假想用与旋转壳体正交的锥壳将旋转壳体截成上下两部分，考虑其中任意一部分在 Y 方向的受力平衡。有两种力影响旋转壳体在 Y 方向的受力平衡，一是壳体内压力 p 作用在壳体上并在 Y 方向的投影，由于旋转壳体的轴对称关系，内压力 p 在垂直 Y 方向的投影合力为 0；二是假想移去部分壳体对保留分析壳体的作用力，该作用力沿壳体厚度是均匀分布的，力的方向与假想截面垂直，即壳体的经线方向，用应力表示，记为 σ_φ，沿 Y 方向列出平衡方程则有：

$$p\pi r^2 - \sigma_\varphi 2\pi r\delta \sin \varphi = 0$$

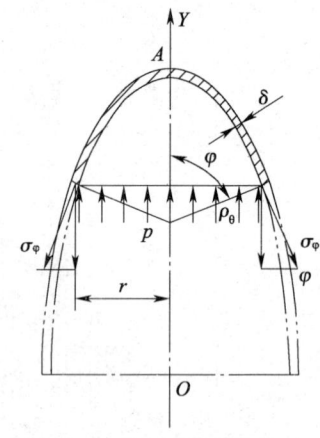

图 3—3　回转壳体的径向应力

式中　　p——壳体内压力；

r——壳体中间面距轴线的垂直距离；

σ_φ——经向应力；

δ——壳体在被圆锥面截开处的厚度；

φ——圆锥面的半顶角。

解出经向应力有：

$$\sigma_\varphi = \frac{pr}{2\delta \sin \varphi} = \frac{p\rho_\theta}{2\delta} \tag{3—1}$$

式中　　ρ_θ——第二曲率半径，即圆锥体母线的长度。

（2）环向应力分析。在同一经线上的不同点，其环向应力的数值可能是不同的，因此，求解经向应力的截面法在求解环向应力时就无法使用了。我们可以采用材料力学中使用的微元法解决这一问题。从壳体中的 E 点假想截出一个小的微元体，当微元体足够小时，微元体上的环向应力就可以表示该点的环向应力。

微元体由下列三对截面截得：一是壳体的内外表面；二是两个相邻的包括壳体经线和轴线的经线平面（截面1、截面2）；三是两个相邻且与壳体正交的圆锥面（截面3、截面4），如图 3—4a 所示。

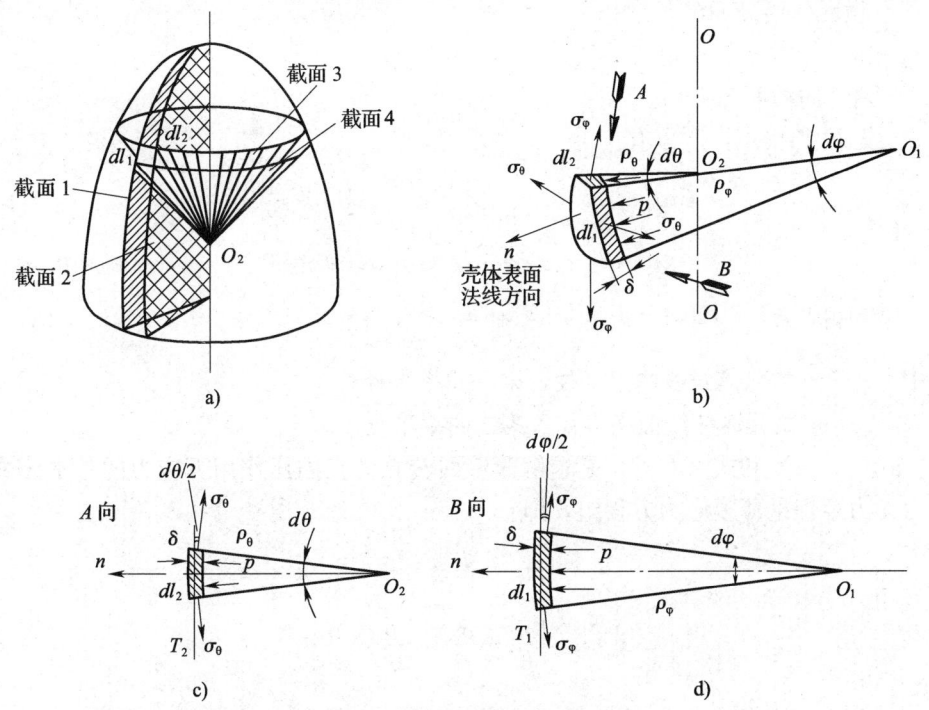

图 3—4 微元体应力分析

将微元体用假想的截面截出放大后如图 3—4b 所示，此时，微元体仍将处于平衡状态，即微元体上各分力在法线方向的投影之和等于零。

经分析可知，微元体上的外力共有以下几种：一是作用在壳体内表面的压力 p 在法线方向的投影；二是作用在垂直于经线平面内的应力 σ_φ 在法线方向的投影；三是作用在垂直于纬线平面内的应力 σ_θ 在法线方向的投影。

为了分析问题方便，将微元体沿 A、B 两个方向分别投影，如图 3—4c 和图 3—4d 所示，沿法线 n 方向列力平衡方程如下：

$$pdl_1 dl_2 - 2\sigma_\varphi \delta dl_2 \sin\left(\frac{1}{2}d\varphi\right) - 2\sigma_\theta \delta dl_1 \sin\left(\frac{1}{2}d\theta\right) = 0$$

式中　σ_φ——微元体上的经向应力，作用在上、下两个周（纬）向圆锥截面上；

σ_θ——微元体上的环向应力，作用在相邻两个经向截面上；

δ——壳体厚度；

dl_1——微元体沿经线的长度；

dl_2——微元体沿环向的长度；

$d\varphi$——两圆锥截面的夹角；

$d\theta$——两经向截面的夹角。

因 $d\varphi$ 及 $d\theta$ 都很小，所以有：

$$\sin\left(\frac{1}{2}d\varphi\right) \approx \frac{1}{2}d\varphi, \quad \sin\left(\frac{1}{2}d\theta\right) \approx \frac{1}{2}d\theta$$

即

$$pdl_1 dl_2 - \sigma_\varphi \delta dl_2 d\varphi - \sigma_\theta \delta dl_1 d\theta = 0$$

整理得：

$$\frac{\sigma_\varphi}{\rho_\varphi} + \frac{\sigma_\theta}{\rho_\theta} = \frac{p}{\delta} \tag{3—2}$$

式中 ρ_φ——微元体经线曲率半径，第一曲率半径；

ρ_θ——微元体纬线曲率半径，第二曲率半径。

式（3—1）和式（3—2）是求解薄壁回转壳体在内压作用下应力的基本公式，称为无力矩理论薄膜应力方程组，即：

$$\begin{cases} \sigma_\varphi = \dfrac{p\rho_\theta}{2\delta} \\ \dfrac{\sigma_\varphi}{\rho_\varphi} + \dfrac{\sigma_\theta}{\rho_\theta} = \dfrac{p}{\delta} \end{cases}$$

二、无力矩理论在旋转薄壳中的应用

在介绍求解无力矩理论基本方程时，回转壳体的母线形状没有作特殊要求，因此从该理论推导出的薄膜应力方程具有一般适用性，在锅炉压力容器中常用壳体的母线形状是几种典型的母线特例，下面分别说明如下：

1. 圆筒体

当一条直线围绕与之平行的轴线旋转一周时，就构成了圆筒体的中间面。因此，圆筒体的母线为一条直线，即经线曲率半径 $\rho_\varphi = \infty$；与筒体正交的锥体退化成一个平面，可以理解为锥顶仍然在筒体的轴线上，因此圆筒体的纬线曲率半径 ρ_θ 等于筒体中间面的半径 R。将 ρ_φ 和 ρ_θ 的值代入薄膜应力方程组得：

$$\frac{\sigma_\varphi}{\infty} + \frac{\sigma_\theta}{R} = \frac{p}{\delta}$$

将上式整理为：

$$\sigma_\theta = \frac{pR}{\delta} \tag{3—3}$$

另一方程为：

$$\sigma_\varphi = \frac{p\rho_\theta}{2\delta} = \frac{pR}{2\delta} \tag{3—4}$$

比较式（3—3）和式（3—4）可知，在薄壁圆筒壳体中，其环向应力及经向应力（轴向应力）与内压、圆筒半径成正比，与壁厚成反比；且环向应力在数值上是经向应力的两倍。

2. 圆锥壳

与圆筒体类似，圆锥壳的母线也是一条直线，但该直线与轴线的交角为 α，母线绕轴线旋转一周后形成了圆锥壳的中间面，母线与轴线的交角 α 成为圆锥壳的半顶角。因此，圆锥壳的经线曲率半径 $\rho_\varphi = \infty$；与圆锥壳正交的锥体顶点仍然在圆锥壳的轴线上，在圆锥壳设计中常采用锥壳上某点到轴线的距离 r 表示锥壳上的位置，这样锥壳和纬线曲率半径 ρ_θ 与 r 的关系如图 3—5 所示，可以表示为：

$$\rho_\theta = \frac{r}{\cos\alpha}$$

将圆锥体的经线曲率半径 ρ_φ 和纬线曲率半径 ρ_θ 的值代入薄膜应力方程组得：

$$\sigma_\theta = \frac{p\rho_\theta}{\delta} = \frac{pr}{\delta\cos\alpha} \tag{3—5}$$

$$\sigma_\varphi = \frac{p\rho_\theta}{2\delta} = \frac{pr}{2\delta\cos\alpha} \tag{3—6}$$

可以看出，圆锥壳上不同点的应力是不同的，从锥顶到锥底，应力随 r 的增大而增大。锥底的环向应力和经向应力达到最大应力；在圆锥壳任意一点，其环向应力是经向应力的 2 倍。圆锥壳的半顶角对其应力有显著影响，半顶角越大，圆锥壳体中的应力越大。

3. 球壳

在锅炉压力容器中使用的球形容器包括球形储罐和球形封头，它们的中间面是一条半圆线或四分之一圆线绕半径旋转一周形成的。由球壳的对称关系可知，球壳的经线曲率半径 ρ_φ 和纬线曲率半径 ρ_θ 都等于球壳的半径 R，即：

$$\rho_\varphi = \rho_\theta = R$$

将球壳的经线曲率半径 ρ_φ 和纬线曲率半径 ρ_θ 的值代入薄膜应力方程组得：

$$\sigma_\varphi = \frac{pR}{2\delta}$$

$$\frac{\sigma_\varphi}{R} + \frac{\sigma_\theta}{R} = \frac{p}{\delta}$$

即：

$$\sigma_\theta = \sigma_\varphi = \frac{pR}{2\delta} \tag{3—7}$$

由式（3—7）可看出球壳上任意一点的环向应力与经向应力相等，如果球壳与圆筒壳直径及壁厚相同，且承受同样的内压，则球壳中的最大应力是圆筒体中最大应力的二分之一。

4. 椭球壳

椭球壳的母线为一条椭圆线。通过前面的计算可知，要求解椭球壳上的应力，必须求出椭球壳经线曲率半径和纬线曲率半径。由于椭圆线的特点，使得求解经线曲率半径和纬线曲率半径比求解圆筒体、圆锥壳和球壳时要复杂。

设椭圆的长轴为 $2a$，椭圆的短轴为 $2b$，在图 3—6 所示的坐标系内，椭圆的方程为：

$$\frac{x^2}{a^2} + \frac{y^2}{b^2} = 1$$

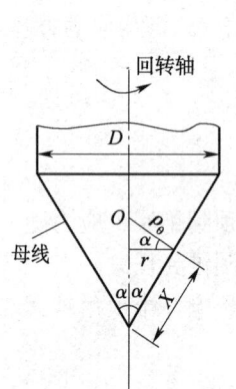
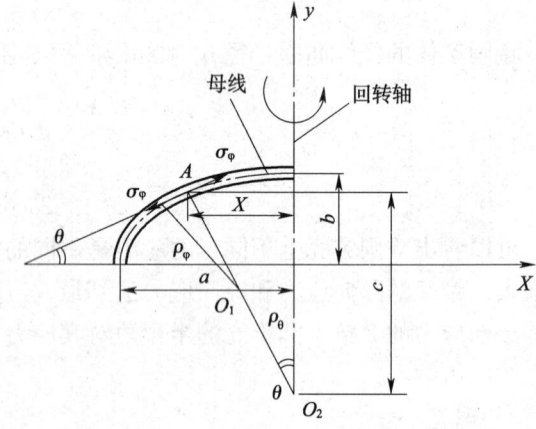

图 3—5　圆锥壳的几何关系　　　　图 3—6　椭球壳的几何关系

连续曲线的曲率半径可以通过该曲线的一阶导数和二阶导数求出，如果曲线方程为 $y=f(x)$，则在曲线上任意一点 A 的曲率半径为：

$$\rho = \left| \frac{[1+(y')^2]^{\frac{3}{2}}}{y''} \right|$$

由椭圆方程可知：

$$y' = -\frac{b^2 x}{a^2 y} = -\frac{bx}{a\sqrt{(a^2-x^2)}}, \quad y'' = -\frac{b^4}{a^2 y^3} = -\frac{ab}{\sqrt{(a^2-x^2)^3}}$$

椭球壳经线上某点的曲率半径为：

$$\rho_\varphi = \rho = \frac{1}{a^4 b}[a^4 - x^2(a^2-b^2)]^{\frac{3}{2}}$$

椭球壳上某一点纬线曲率半径的长度等于在该点与椭球壳正交锥壳母线的长度，如图3—6所示。

$$\rho_\theta = \sqrt{x^2+c^2} = \sqrt{x^2+\left(\frac{x}{\tan\theta}\right)^2}$$

由上式可知，x 是确定椭球壳位置的变量，要求出 ρ_θ 关键是求出 $\tan\theta$，而 θ 角等于椭球壳上该点的切线与 x 轴的夹角。$\tan\theta$ 等于曲线在该点的斜率，同时等于曲线在该点的一阶导数：

$$\tan\theta = \frac{dy}{dx} = y'$$

所以，

$$\rho_\theta = \sqrt{x^2+\left(\frac{x}{y'}\right)^2} = \frac{1}{b}[a^4 - x^2(a^2-b^2)]^{\frac{1}{2}}$$

将 ρ_φ、ρ_θ 之值代入薄膜应力方程组，即可求得椭球壳上任意点的应力：

$$\sigma_\varphi = \frac{p\rho_\theta}{2\delta} = \frac{p}{2\delta} \cdot \frac{1}{b}[a^4 - x^2(a^2-b^2)]^{\frac{1}{2}} \tag{3—8}$$

$$\sigma_\theta = \frac{\rho_\theta}{2\delta}\left(2-\frac{\rho_\theta}{\rho_\varphi}\right) = \frac{p}{2\delta} \cdot \frac{1}{b}[a^4-x^2(a^2-b^2)]^{\frac{1}{2}} \cdot \left[2-\frac{a^4}{a^4-x^2(a^2-b^2)}\right] \tag{3—9}$$

$$\sigma_\theta = \sigma_\varphi\left[2-\frac{a^4}{a^4-x^2(a^2-b^2)}\right] \tag{3—10}$$

以 x 为变量在图3—6所示的坐标系内依次画出椭球壳各点的经向应力和环向应力，因椭球壳是对称于 Y 轴的，所以可以只画出 Y 轴一侧的应力分布，首先考查椭球壳上两个特殊点的应力值，即椭球壳极点和赤道上的应力值。

椭球壳的极点是椭球壳与坐标轴 Y 的交点，在该点 $x=0$；代入式（3—8）和式（3—9）可得：

$$\sigma_\varphi = \frac{p}{2\delta} \cdot \frac{1}{b}[a^4-x^2(a^2-b^2)]^{\frac{1}{2}}\bigg|_{x=0} = \frac{p}{2\delta} \cdot \frac{a^2}{b} = \frac{pa}{2\delta} \cdot \frac{a}{b}$$

$$\sigma_\theta = \sigma_\varphi\left[2-\frac{a^4}{a^4-x^2(a^2-b^2)}\right]\bigg|_{x=0} = \frac{pa}{2\delta} \cdot \frac{a}{b}[2-1] = \frac{pa}{2\delta} \cdot \frac{a}{b}$$

所以，$\sigma_\theta = \sigma_\varphi$

即在椭球壳的极点上，环向应力与经向应力大小相等，其值与椭球长短轴的比值有关，即与椭球壳的形状有关。椭球长短轴的比值越大，极点处的应力数值也越大。

椭球壳的赤道是椭球壳长轴所在平面与椭球壳相交得到的交线,在赤道上 $x=a$,将 $x=a$ 代入式(3—8)和式(3—9)可得:

$$\sigma_\varphi = \frac{p}{2\delta} \cdot \frac{1}{b}[a^4 - x^2(a^2-b^2)]^{\frac{1}{2}}\Big|_{x=a} = \frac{p}{2\delta} \cdot \frac{ab}{b} = \frac{pa}{2\delta}$$

当椭球壳与圆筒体相连接时,椭球壳的长半轴 a 与圆筒体的半径 R 相等,因此在连接处椭球壳与圆筒体的经向应力始终相等,与圆筒体的大小和椭球壳的形状无关。

$$\sigma_\theta = \sigma_\varphi\left[2 - \frac{a^4}{a^4 - x^2(a^2-b^2)}\right]\Big|_{x=a} = \frac{pa}{2\delta} \cdot \frac{a}{b}\left[2 - \left(\frac{a}{b}\right)^2\right]$$

由上式可知,σ_θ 的大小和正负取决于椭球长短半轴的比值:

如果 $\left[2-\left(\frac{a}{b}\right)^2\right]>0$,即 $\frac{a}{b}<\sqrt{2}$,σ_θ 为正值;

如果 $\left[2-\left(\frac{a}{b}\right)^2\right]=0$,即 $\frac{a}{b}=\sqrt{2}$,σ_θ 为 0;

如果 $\left[2-\left(\frac{a}{b}\right)^2\right]<0$,即 $\frac{a}{b}>\sqrt{2}$,σ_θ 为负值。

当 $\frac{a}{b}>\sqrt{2}$ 时,在椭球壳赤道上环向应力出现负值,即赤道线上的环向应力为压缩应力。由此可见,椭球壳上的环向应力和经向应力的大小和方向均受到椭球壳长短半轴之比 $\frac{a}{b}$ 的影响,且 $\frac{a}{b}$ 越大,即椭球壳深度越小,应力分布越不均匀,但如果深度过大又为椭球壳的加工制造带来困难,综合考虑椭球壳的受力状态和加工质量两方面的因素,将 $\frac{a}{b}=2$ 的椭球封头定义为标准椭球封头,标准椭球封头上的应力分布规律见图 3—7 所示。

将标准椭球封头与半径等于其长半轴 a 的圆筒壳比较,如果二者有相同的壁厚并承受同样内压,则封头赤道上的环向应力与圆筒壳上的环向应力大小相等,方向相反;封头赤道上的经向应力与圆筒壳上的经向应力大小相等,方向相同;封头极点处应力(环向及经向)的大小及方向都与圆筒壳上的环向应力相同。因而标准椭球封头可以与同厚度圆筒壳衔接匹配,所得到的容器受力比较均匀。

当椭球封头与圆筒体相连以后,椭球封头赤道处的环向应力 σ_θ 将有所缓和,在连接处附近将会出现边缘应力,边缘应力与薄膜应力叠加后改善了椭球壳周向压应力过大的状况,如图 3—8 所示。

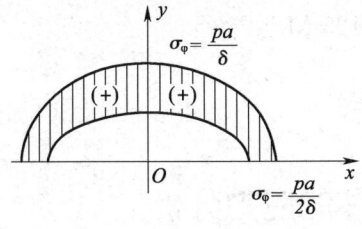
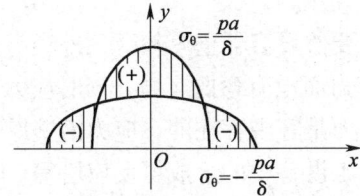
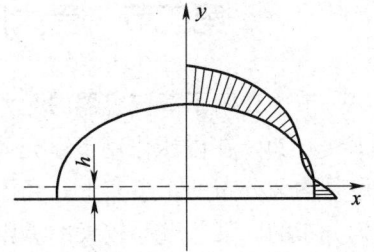

图 3—7　标准椭球封头应力分布规律　　　图 3—8　边缘应力与薄膜应力的叠加

【例 3—1】　列管式换热器的顶部为半球形封头，中间为圆筒体，底部为标准椭球封头。三部分壳体的平均直径均为 500 mm，各部分的壳体厚度均为 8 mm。流经壳程的一次水压力为 $p_1=4.6$ MPa，流经管程的二次水压力为 $p_2=4$ MPa。试计算换热器各部分壳体的应力。

【解】

1. 半球形封头的应力

根据式（3—7）可知，球形封头中的环向应力和经向应力相等，即：

$$\sigma_\theta = \sigma_\varphi = \frac{pR}{2\delta} = \frac{4 \times 250}{2 \times 8} = 62.5 \text{ MPa}$$

2. 筒体的应力

根据式（3—3）和式（3—4）可知，圆筒体上的环向应力和经向应力分别为：

$$\sigma_\theta = \frac{pR}{\delta} = \frac{4.6 \times 250}{8} = 143.75 \text{ MPa}$$

$$\sigma_\varphi = \frac{pR}{2\delta} = \frac{4.6 \times 250}{2 \times 8} = 71.875 \text{ MPa}$$

3. 椭球封头的应力

本换热器采用的是标准椭球封头，可根据图 3—7 确定椭球封头顶点和赤道上的应力。

顶（极）点上的应力：$\sigma_\theta = \sigma_\varphi = \dfrac{pa}{\delta} = \dfrac{4 \times 250}{8} = 125$ MPa

赤道上的应力：$\sigma_\theta = -\dfrac{pa}{\delta} = -\dfrac{4 \times 250}{8} = -125 \text{ MPa}$

$$\sigma_\varphi = \dfrac{pa}{2\delta} = \dfrac{4 \times 250}{2 \times 8} = 62.5 \text{ MPa}$$

第二节　受内压厚壁壳体的应力分析

第一节中介绍了薄壁容器的无力矩理论，主要假设容器壁厚较薄（外径与内径之比 $K \leqslant 1.2$），在内压作用下，壳体内只有正应力而没有弯曲应力，同时应力沿壳体壁厚是均匀分布的。事实上，壳体内的弯曲应力是客观存在的，应力沿壁厚也不是均匀分布的。某些壁厚较大的承压设备，如化工设备中的合成氨反应塔等，若仍按薄壁容器设计计算，将带来较大的误差。

一、厚壁壳体的应力特点

可以将厚壁圆筒看成是由许多相互套接在一起的薄壁圆筒组成。对于独立的薄圆筒而言，承受内压后，它的变形是自由的。但是，对于组成厚壁圆筒的各薄壁圆筒而言，它的变形既受到里层材料的约束，又受到外层材料的限制，不再是自由的了。这样，每个薄壁圆筒的内外侧都受到由于变形受约束和限制而引起的压力的作用，而且由里往外，各层材料变形所受到的约束和限制不一样，因而每个薄圆筒所受的内外侧压力也不一样。于是，由此而产生的环向应力在各层也不相同。也就是说，在厚壁圆筒中，环向应力沿壁厚方向（或径向）分布是不均匀的。这是厚壁容器应力和变形的第一个特点。

厚壁容器应力变形的第二个特点是：由于各层材料变形的相互约束和限制，在径向也产生了应力，叫做"径向应力"，用 σ_r 表示。这也是薄壁容器所没有的。与上述道理相同，径向应力 σ_r 沿壁厚方向分布也是不均匀的。

和薄壁容器相似的是，如果厚壁圆筒两端是封闭的，则在轴线方向也将产生轴向应力，仍用 σ_φ 表示。除了端部与封头连接处附近区域由于两部分变形必须协调而产生弯曲应力外，在离开两端稍远处，轴向应力 σ_φ 沿壁厚方向分布是均匀的。

综上所述，当承受内压或外压后，厚壁容器中将产生三个应力分量：即环向应力 σ_θ，沿壁厚方向非均匀分布；轴（经）向应力 σ_φ，沿壁厚方向均匀分布；径向应力 σ_r，沿壁厚方向非均匀分布。

在厚壁容器中，由于应力沿壁厚非均匀分布，且分布规律又是未知的，因此，采用截面法及单一的微元体平衡法无法确定某一点应力的大小，而必须从平衡、几何、物理三个方面加以分析。

另外，值得注意的是，厚壁圆筒在结构上是轴对称的，如果所受的内压和外压也是轴对称的，那么，由此产生的应力和变形也一定是轴对称的，即筒体横截面变形前后都是圆形的。这类轴对称的应力和变形均可在柱坐标系中描述，筒体中的任意一点可用三个坐标（r, θ, z）表示，如图3—9所示。这样，其应力分量σ_θ和σ_r将只是各点到中心距离r的函数，而与纵坐标z和角坐标θ无关，从而使问题得到简化。

二、轴向应力分析

厚壁圆筒两端封闭承受内压时，在远离端部的横截面中，其轴向应力可用截面法求得。如图3—10所示，假定将圆筒体横截为两部分，考虑其中一部分轴向力的平衡，则有：

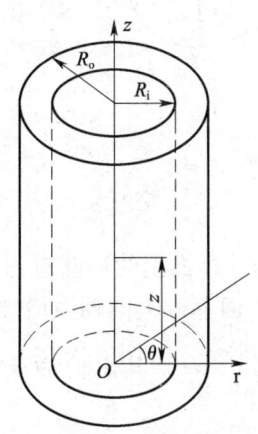

图3—9　厚壁筒体结构

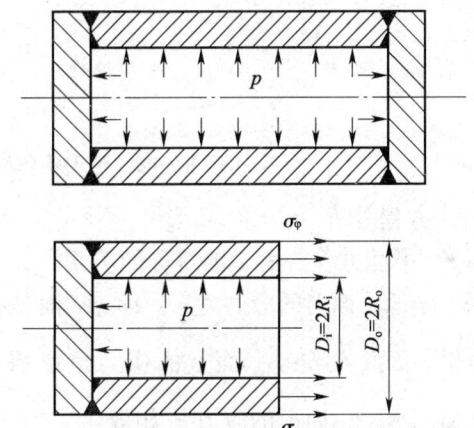

图3—10　厚壁筒体环向应力

$$\sigma_\varphi \pi(R_o^2 - R_i^2) - p\pi R_i^2 = 0$$

$$\sigma_\varphi = \frac{R_i^2}{R_o^2 - R_i^2} p = \frac{p}{K^2 - 1} \tag{3—11}$$

式中　σ_φ——轴向应力，MPa；

R_o、R_i——厚壁圆筒体的外半径及内半径；

K——厚壁圆筒体外半径与内半径之比，$K = R_o/R_i$；

p——内压，MPa。

三、径向应力与环向应力分析

为了分析厚壁筒体上任意一点的应力状态,从图 3—9 所示的厚壁筒体中取出一个扇形的微元体,如图 3—11 所示。微元体由三对分割面构成,其中 aa_1d_1d 和 bb_1c_1c 是一对相距 dr 的圆筒体面;aa_1b_1b 和 dd_1c_1c 是一对通过筒体轴线夹角为 $d\theta$ 的一对平面;$abcd$ 和 $a_1b_1c_1d_1$ 是一对与筒体轴线垂直的平面,取两个平面之间的距离为 1。

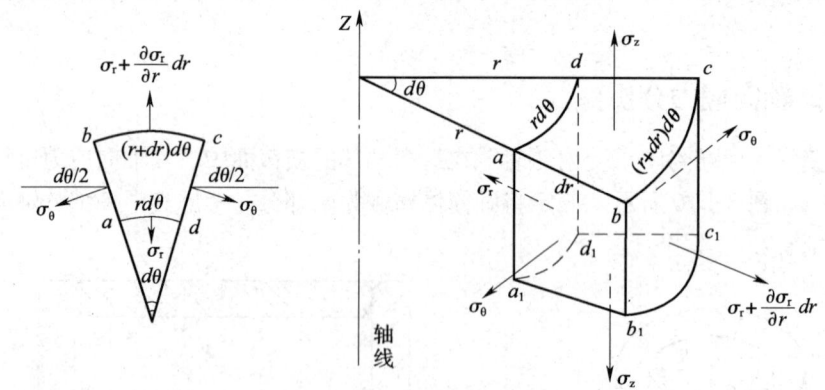

图 3—11　厚壁筒体微元体应力分析

1. 方程分析

(1) 平衡方程。由于轴对称的关系,aa_1b_1b 和 dd_1c_1c 面上的环向应力 σ_θ 大小相等;aa_1d_1d 面上的应力为 σ_r,bb_1c_1c 面是在 aa_1d_1d 面基础上向轴线增加了一个 dr 增量,因此在 bb_1c_1c 面上的应力也取得一个增量 $\frac{\partial \sigma_r}{\partial r}dr$,其总值为 $\sigma_r + \frac{\partial \sigma_r}{\partial r}dr$。$abcd$ 和 $a_1b_1c_1d_1$ 面上的应力 σ_z 相等。

考虑微元体的平衡,四个侧面上的应力在径向投影之和等于零:

$$\left(\sigma_r + \frac{\partial \sigma_r}{\partial r}dr\right)(r+dr)d\theta - \sigma_r r d\theta - 2\sigma_\theta dr \sin\frac{d\theta}{2} = 0$$

整理并略去高阶无穷小量,且:$\sin\frac{d\theta}{2} \approx \frac{d\theta}{2}$,则:

$$\sigma_r + r\frac{\partial \sigma_r}{\partial r} - \sigma_\theta = 0$$

(2) 几何方程。在内压作用下,壳体上的各点都将发生位移,微元体也会产生变形,用 ε_θ、ε_r、ε_z 分别表示微元体任意一点环向、径向和轴向的应变。微元体各面的位移情况如图 3—12 所示。

若坐标为 r 的圆柱面 ad 径向位移为 u，坐标为 $(r+dr)$ 的圆柱面 bc 径向位移为 $u+\dfrac{\partial u}{\partial r}dr$，则微元体的径向应变为：

$$\varepsilon_r = \frac{\left(u+\dfrac{\partial u}{\partial r}dr\right)-u}{dr} = \frac{\partial u}{\partial r} \quad (3\text{—}12)$$

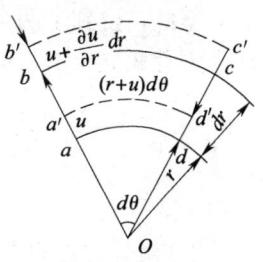

图 3—12　厚壁圆筒中微元体的位移

微元体的环向应变为：

$$\varepsilon_\theta = \frac{(r+u)d\theta - rd\theta}{rd\theta} = \frac{u}{r} \quad (3\text{—}13)$$

由式（3—13）对 r 求导得出

$$\frac{\partial \varepsilon_\theta}{\partial r} = \frac{1}{r} \cdot \frac{\partial u}{\partial r} - \frac{u}{r^2} = \frac{1}{r}\left(\frac{\partial u}{\partial r} - \frac{u}{r}\right)$$

结合式（3—12）和式（3—13）导出微元体的几何方程

$$\frac{\partial \varepsilon_\theta}{\partial r} = \frac{1}{r}(\varepsilon_r - \varepsilon_\theta) \quad (3\text{—}14)$$

(3) 物理方程。根据广义虎克定律可以列出微元体应力与变形之间的物理方程，物理方程也称为变形协调方程，方程如下：

$$\varepsilon_r = \frac{1}{E}[\sigma_r - \mu(\sigma_\theta + \sigma_\varphi)] \quad (3\text{—}15a)$$

$$\varepsilon_\theta = \frac{1}{E}[\sigma_\theta - \mu(\sigma_\varphi + \sigma_r)] \quad (3\text{—}15b)$$

式中　E——材料的弹性模量；

μ——材料的泊松比。

将式（3—15b）两端对 r 求导数，因 σ_φ 在壁厚上均匀分布，即 σ_φ 与 r 无关，得：

$$\frac{\partial \varepsilon_\theta}{\partial r} = \frac{1}{E}\left(\frac{\partial \sigma_\theta}{\partial r} - \mu \frac{\partial \sigma_r}{\partial r}\right) \quad (3\text{—}16)$$

将式（3—15a）和式（3—15b）代入几何方程式（3—14）的右侧，得：

$$\frac{1}{r}(\varepsilon_r - \varepsilon_\theta) = \frac{1+\mu}{rE}(\sigma_r - \sigma_\theta) \quad (3\text{—}17)$$

将式（3—16）和式（3—17）代入式（3—14），得：

$$\frac{\partial \sigma_\theta}{\partial r} - \mu \frac{\partial \sigma_r}{\partial r} = \frac{1+\mu}{r}(\sigma_r - \sigma_\theta) \quad (3\text{—}18)$$

至此，得到了两个包含 σ_θ 和 σ_r 的方程，如式（3—19）、式（3—20）所示，将两个方程联立求解，就可以求出应力 σ_θ 和 σ_r。

$$\sigma_r + r\frac{\partial \sigma_r}{\partial r} - \sigma_\theta = 0 \tag{3—19}$$

$$\frac{\partial \sigma_\theta}{\partial r} - \mu \frac{\partial \sigma_r}{\partial r} = \frac{1+\mu}{r}(\sigma_r - \sigma_\theta) \tag{3—20}$$

2. 微分方程的求解

将式（3—19）和式（3—20）分别改写成如下形式

$$\sigma_\theta = \sigma_r + r\frac{\partial \sigma_r}{\partial r} \tag{3—21}$$

$$\frac{\partial \sigma_\theta}{\partial r} = \mu \frac{\partial \sigma_r}{\partial r} + \frac{1+\mu}{r}(\sigma_r - \sigma_\theta) \tag{3—22}$$

式（3—19）两端对 r 求导数，得：

$$\frac{\partial \sigma_r}{\partial r} + \frac{\partial \sigma_r}{\partial r} + r\frac{\partial^2 \sigma_r}{\partial r^2} - \frac{\partial \sigma_\theta}{\partial r} = 0 \tag{3—23}$$

将式（3—21）、式（3—22）分别代入式（3—23），约去与 σ_θ 有关的各项后，得：

$$\frac{\partial^2 \sigma_r}{\partial r^2} + \frac{3}{r} \cdot \frac{\partial \sigma_r}{\partial r} = 0 \tag{3—24}$$

式（3—24）为不显式包含 σ_r 的一元二阶微分方程，可采用置换法将其降为一阶微分方程，设

$\frac{\partial \sigma_r}{\partial r} = P(r)$，则

$\frac{\partial^2 \sigma_r}{\partial r^2} + \frac{3}{r} \cdot \frac{\partial \sigma_r}{\partial r} = 0$ 可以写为：$\frac{\partial P}{\partial r} + \frac{3}{r}P = 0$，整理后两端分别积分得：

$$\int \frac{1}{P}dP = -3\int \frac{1}{r}dr + \ln C$$

$\ln P = \ln(r^{-3}C)$，得 $P = Cr^{-3}$

所以：$\frac{\partial \sigma_r}{\partial r} = Cr^{-3}$，整理后两端分别积分得：

$$\sigma_r = -\frac{1}{2}Cr^{-2} + C_1$$

令

$$-\frac{1}{2}C = C_2$$

$$\sigma_r = C_1 + C_2 \frac{1}{r^2} \tag{3—25}$$

将式（3—25）代入式（3—11）后，经整理得到

$$\sigma_\theta = C_1 + C_2 \frac{1}{r^2} + C \frac{1}{r^2} = C_1 + \frac{C_2 + C}{r^2}$$

令 $C_3 = C_2 + C$，则 $\sigma_\theta = C_1 + \frac{C_3}{r^2}$

因 $-\frac{1}{2} C = C_2$，$C_3 = C_2 + C$，所以 $C_3 = -C_2$

因此，
$$\sigma_\theta = C_1 - C_2 \frac{1}{r^2} \tag{3—26}$$

3. 边界条件的确定

前面已解出厚壁筒体的径向应力表达式（3—25）和环向应力的表达式（3—26），要想使用这些表达式，还必须根据筒体的受力条件确定表达式中的积分常数 C_1 和 C_2。

对于筒体上的径向应力 σ_r，在筒体的内表面，即 $r = R_i$ 处，径向应力的大小等于筒体承受的内压力，且为压应力，故：

$$r = R_i \text{ 时 } \sigma_{ri} = -p$$

在筒体的外表面，即 $r = R_o$ 处，因筒体与大气接触，表压力为零，故：

$$r = R_o \text{ 时 } \sigma_{ri} = 0$$

将上述两个边界条件代入式（3—25），可以解得：

$$C_1 = \frac{R_i^2}{R_o^2 - R_i^2} p$$

$$C_2 = -\frac{R_o^2 R_i^2}{R_o^2 - R_i^2} p$$

将常数 C_1 和 C_2 代入式（3—25）和式（3—26），结合轴向应力计算表达式（3—11），得到厚壁筒体应力计算公式如下：

$$\left. \begin{array}{l} \sigma_r = \dfrac{R_i^2 p}{R_o^2 - R_i^2} \left(1 - \dfrac{R_o^2}{r^2}\right) = \dfrac{p}{K^2 - 1} \left(1 - \dfrac{R_o^2}{r^2}\right) \\[2mm] \sigma_\theta = \dfrac{R_i^2 p}{R_o^2 - R_i^2} \left(1 + \dfrac{R_o^2}{r^2}\right) = \dfrac{p}{K^2 - 1} \left(1 + \dfrac{R_o^2}{r^2}\right) \\[2mm] \sigma_\varphi = \dfrac{R_i^2}{R_o^2 - R_i^2} p = \dfrac{p}{K^2 - 1} \end{array} \right\} \tag{3—27}$$

经分析可知，应力最大点在圆筒体内壁上：

$$\sigma_{ri} = -p$$

$$\sigma_{\theta i} = \frac{K^2+1}{K^2-1}p$$

$$\sigma_{\varphi i} = \frac{1}{K^2-1}p$$

应力最小的点在圆筒外壁上:

$$\sigma_{ro} = 0$$

$$\sigma_{\theta o} = \frac{2}{K^2-1}p$$

$$\sigma_{\varphi o} = \frac{1}{K^2-1}p$$

其应力沿壁厚的分布如图 3—13 所示。

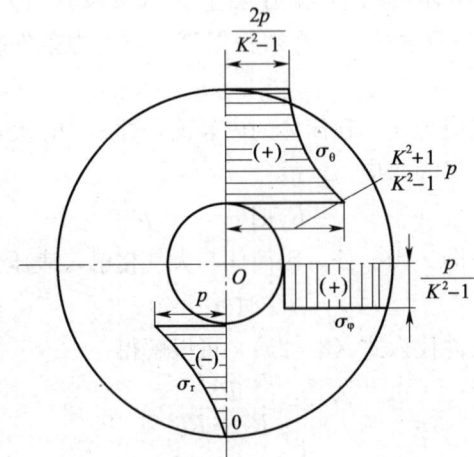

图 3—13 受内压厚壁圆筒应力分布

四、厚壁与薄壁圆筒应力公式的比较

在推导厚壁圆筒应力计算公式时，其假设附加条件远少于薄壁筒体应力分析时的无力矩理论，因此，厚壁筒体应力计算公式比薄壁筒体应力计算公式更精确，即厚壁筒体计算公式同时适用于薄壁筒体的应力计算。但采用无力矩理论计算薄壁容器应力时，得到的近似结果的精度可以满足工程设计要求。

为了进一步了解无力矩理论的适用范围及精度数值，我们分析一下厚壁筒体和薄壁筒体环向应力的差异。

$$\varepsilon = \frac{厚壁筒体环向应力 - 薄壁筒体环向应力}{厚壁筒体环向应力} \tag{3—28}$$

厚壁筒体环向应力的最大值出现在厚壁筒体的内壁表面上，计算公式为：

$$\sigma_{\theta i} = \frac{K^2+1}{K^2-1}p \quad (3\text{—}29)$$

薄壁筒体的环向应力计算公式为：

$$\sigma_{\theta b} = \frac{pR}{\delta}$$

因为 $R = \frac{R_i + R_o}{2}$，$\delta = R_o - R_i$，故薄壁筒体的环向应力计算公式可以写为：

$$\sigma_{\theta b} = \frac{pR}{\delta} = \frac{p(R_o + R_i)}{2(R_o - R_i)} = \frac{K+1}{2(K-1)}p \quad (3\text{—}30)$$

将式（3—29）和式（3—30）代入式（3—28）中，经整理得到：

$$\varepsilon = \frac{\sigma_{\theta i} - \sigma_{\theta b}}{\sigma_{\theta i}} = \frac{\dfrac{K^2+1}{K^2-1}p - \dfrac{K+1}{2(K-1)}p}{\dfrac{K^2+1}{K^2-1}p} = \frac{(K-1)^2}{2(K^2+1)} \quad (3\text{—}31)$$

由式（3—31）可知，薄壁筒体环向应力与厚壁筒体环向应力之间的误差仅与代表壳体相对厚度的 K 值有关，K 趋近于 1 时（壳体近似于薄膜），误差趋近于 0；K 趋近于无穷大时（无限壁厚壳体），误差趋近于 50%。选取锅炉压力容器中常见的 K 值代入公式（3—31），将计算结果列于表 3—1 中。

表 3—1　　薄壁筒体环向应力与厚壁筒体环向应力的误差

K	1.0	1.1	1.2	1.3	1.4	1.5	1.6	2.0
ε (%)	0	0.226	0.82	1.673	2.703	3.846	5.056	10

可以看出，在 $K=1.2$ 时，用薄膜应力理论计算得到的环向应力与用厚壁筒体精确分析得到的环向应力相比，误差不到 1%，即可以满足工程设计精度要求又简化了计算过程。因此，当 $K \leqslant 1.2$ 时，可以用薄膜应力理论进行薄壁容器设计。

【例 3—2】　一厚壁圆筒，外直径 $D_o = 300$ mm，内直径 $D_i = 200$ mm，承受的内压 $p = 30$ MPa，操作温度为 250℃，材料为 16MnR 钢板。16MnR 在 250℃时，屈服强度 $R_{eL} = 225$ MPa，抗拉强度 $R_m = 450$ MPa，相应的安全系数分别为 $n_s = 1.6$，$n_b = 2.7$。试按第三强度理论校核该厚壁筒体是否安全。

【解】

1. 确定许用应力

按屈服强度和抗拉强度分别计算许用应力，取两者较小值：

$$[\sigma]_s = \frac{屈服强度\,R_{eL}}{n_s} = \frac{225}{1.6} = 140.625 \text{ MPa}$$

$$[\sigma]_b = \frac{抗拉强度 R_m}{n_b} = \frac{450}{2.7} = 166.667 \text{ MPa}$$

所以，$[\sigma] = \min([\sigma]_s, [\sigma]_b) = 140.625$ MPa

2. 计算应力

$$K = D_o/D_i = 300/200 = 1.5$$

因 $K>1.2$，因此该筒体为厚壁筒体。承受内压的厚壁筒体应力最大点在圆筒体内壁上：

$$\sigma_{ri} = -p$$

$$\sigma_{\theta i} = \frac{K^2+1}{K^2-1}p$$

$$\sigma_{\varphi i} = \frac{1}{K^2-1}p$$

因此，$\sigma_1 = \sigma_{\theta i} = \frac{K^2+1}{K^2-1}p$，$\sigma_3 = \sigma_{ri} = -p$

按照第三强度理论，当量应力为 σ_d，有

$$\sigma_d = \sigma_1 - \sigma_3 = \frac{K^2+1}{K^2-1}p - (-p) = \frac{2K^2}{K^2-1}p = \frac{2 \times 1.5^2}{1.5^2-1} \times 30 = 108 \text{ MPa}$$

3. 强度校核

按第三强度理论，当量应力 $\sigma_d < [\sigma]$，故本厚壁筒体可以安全工作。

第三节 平板的应力分析

一、圆平板的应力特点

锅炉压力容器中，除前面讨论的球壳、圆筒体等旋转薄壳外，还有一类平板结构，如人孔或手孔的盖板、管板、法兰等，这类结构的应力分析可以采用弹性力学中的薄板理论。

所谓薄板是指板的厚度 δ 与板的最小尺寸 b 的比值相当小的平板，其范围为：$0.01 < \frac{\delta}{b} < 0.2$。圆形薄平板的厚度 δ 与其直径的比值即在这个范围内。为了分析圆平板的应力和变形，将圆平板置于图 3—14 所示的坐标系下。圆平板在承受垂直于板平面的载荷时，将产生弯曲变形，它的内力包括弯矩和剪力。当载荷均匀分布时，圆平板的内力及变形都对称于 z 轴。

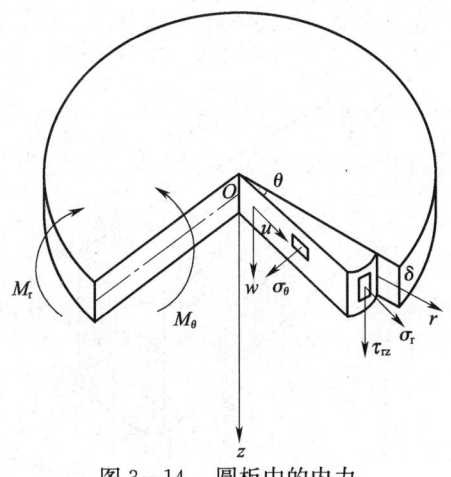

图 3—14 圆板中的内力

二、方程分析和挠度分析

1. 方程分析

为了分析平板的应力和变形，从图 3—14 所示的平板上，以夹角为 $d\theta$ 的两个径向平面及半径分别为 r 和 $r+dr$ 的两个同心圆截面，切出一个与板同厚的微元体，如图 3—15 所示。

在 aa_1d_1d 面上，有弯矩 M_r 和剪力 Q_r，从 aa_1d_1d 面到 bb_1c_1c 面微元体取得长度增量 dr，弯矩 M_r 和剪力 Q_r 也分别取得增量 $\frac{\partial M_r}{\partial r}dr$ 和 $\frac{\partial Q_r}{\partial r}dr$；在 aa_1b_1b 和 dd_1c_1c 两个面上只存在弯矩 M_θ，由于轴对称，两个面上的弯矩 M_θ 相等，且仅是 r 的函数，与角度 θ 无关，剪力在轴对称条件下为 0。

求解微元体的应力和变形，必须从力的平衡方程、几何方程和物理方程三个方面联合分析。经推导求得应力 σ_r、σ_θ 与板的挠度 $w(r)$ 之间的关系：

$$\sigma_r = -\frac{Ez}{1-\mu^2}\left(\frac{\partial^2 w}{\partial r^2} + \frac{\mu}{r}\cdot\frac{\partial w}{\partial r}\right)$$

$$\sigma_\theta = -\frac{Ez}{1-\mu^2}\left(\frac{1}{r}\cdot\frac{\partial w}{\partial r} + \mu\frac{\partial^2 w}{\partial r^2}\right)$$

式中　E——材料的弹性模量；

μ——材料的泊松比。

2. 挠度分析

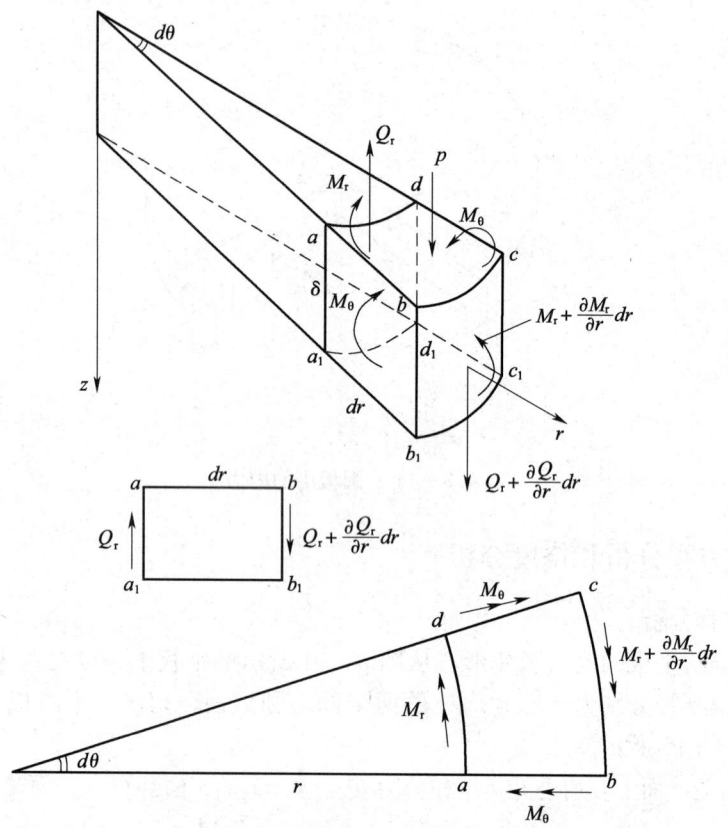

图 3—15 圆板中的微元体

圆平板中 σ_r 和 σ_θ 沿平板厚度方向成线性分布。从平板上取出 1 个单位宽度的平板，平板上的弯矩 M_r 和 M_θ 是由应力 σ_r 和 σ_θ 构成的。根据弯矩和应力之间的关系，并引入材料力学梁弯曲的抗弯刚度概念，推导出圆平板在均布载荷作用下的挠度微分方程：

$$\frac{\partial^4 w}{\partial r^4} + \frac{2}{r} \cdot \frac{\partial^3 w}{\partial r^3} - \frac{1}{r^2} \cdot \frac{\partial^2 w}{\partial r^2} + \frac{1}{r^3} \cdot \frac{\partial w}{\partial r} = \frac{p}{D}$$

式中　D——圆平板的抗弯刚度；

p——作用在圆板上的均布载荷。

$$D = \frac{EJ^3}{12(1-\mu^2)}$$

微分方程为线性非齐次方程，它的通解等于它所对应的齐次方程的通解加上该非齐次方程的一个任意解。对应的齐次方程为：

$$\frac{\partial^4 w}{\partial r^4} + \frac{2}{r} \cdot \frac{\partial^3 w}{\partial r^3} - \frac{1}{r^2} \cdot \frac{\partial^2 w}{\partial r^2} + \frac{1}{r^3} \cdot \frac{\partial w}{\partial r} = 0$$

这个齐次方程的特解为：

$$w_1 = 1, \quad w_2 = r^2, \quad w_3 = \ln r, \quad w_4 = r^2 \ln r$$

于是，齐次方程的通解为：

$$w^{齐} = C_1 w_1 + C_2 w_2 + C_3 w_3 + C_4 w_4$$

$$w^{齐} = C_1 + C_2 r^2 + C_3 \ln r + C_4 r^2 \ln r$$

而非齐次方程的一个特解可以判断出为：$w^* = \dfrac{pr^4}{64D}$

于是，圆平板挠度曲线微分方程的通解为：$w(r) = w^{齐} + w^*$

$$w(r) = C_1 + C_2 r^2 + C_3 \ln r + C_4 r^2 \ln r + \frac{pr^4}{64D} \tag{3—32}$$

这样就确定了圆平板在均布载荷作用下求任意点挠度的曲线方程。其中，C_1、C_2、C_3 和 C_4 为积分常数。对于在正常载荷作用下的实心圆平板，在板的中心 $r=0$ 处，其挠度为有限值，但当 $r=0$ 时，$\ln r = -\infty$，导致式（3—32）中的第三、第四项趋近于 $-\infty$，使板中心的挠度趋近于 $-\infty$，这显然与实际情况不符，因此，一定存在：

$$C_3 = C_4 = 0$$

这样，实心圆平板的挠度曲线方程可以简化为：

$$w(r) = C_1 + C_2 r^2 + \frac{pr^4}{64D} \tag{3—33}$$

其中，C_1 和 C_2 可以由实心圆平板的边界支撑条件确定。

三、周边固支圆平板的应力分析

如果与圆平板连接的筒体具有足够的刚度，圆平板在周边上的位移和转动都将受到完全限制，即圆平板在周边上的挠度和转角均为零。故边界条件可以写为：

$$w(r)_{r=R} = 0$$

$$\left(\frac{\partial w}{\partial r}\right)_{r=R} = 0$$

将以上条件代入式（3—33）得：

$$\left.\begin{array}{l} C_1 + C_2 R^2 + \dfrac{pR^4}{64D} = 0 \\ 2C_2 R + \dfrac{pR^3}{16D} = 0 \end{array}\right\} \tag{3—34}$$

将式（3—34）联立求解后得：

$$C_1 = \frac{pR^4}{64D}$$
$$C_2 = -\frac{pR^2}{32D}$$
(3—35)

将式（3—35）代回到式（3—33）中，得到周边固支圆平板的挠度曲线方程：

$$w(r) = \frac{p}{64D}(R^2 - r^2)^2 \quad (3\text{—}36)$$

最大挠度出现在板的中心，为：

$$w_{\max} = \frac{pR^4}{64D}$$

相应的弯矩方程为：

$$M_r = \frac{pR^2}{16}\left[(1+\mu) - (3+\mu)\frac{r^2}{R^2}\right] \quad (3\text{—}37)$$

$$M_\theta = \frac{pR^2}{16}\left[(1+\mu) - (1+3\mu)\frac{r^2}{R^2}\right] \quad (3\text{—}38)$$

圆平板上、下表面（$z=\delta/2$）处任意点的径向弯曲应力及环向弯曲应力分别为：

$$\sigma_r = \frac{3}{8}\frac{p}{\delta^2}[(1+\mu)R^2 - (3+\mu)r^2] \quad (3\text{—}39)$$

$$\sigma_\theta = \frac{3}{8}\frac{p}{\delta^2}[(1+\mu)R^2 - (1+3\mu)r^2] \quad (3\text{—}40)$$

最大弯曲应力为圆平板边缘表面的径向弯曲应力，即：

$$\sigma_{\max} = \sigma_{r\,\max} = -\frac{3}{4} \cdot \frac{R^2}{\delta^2} p$$

固支圆平板弯矩及表面弯曲应力沿半径的分布如图 3—16 所示。

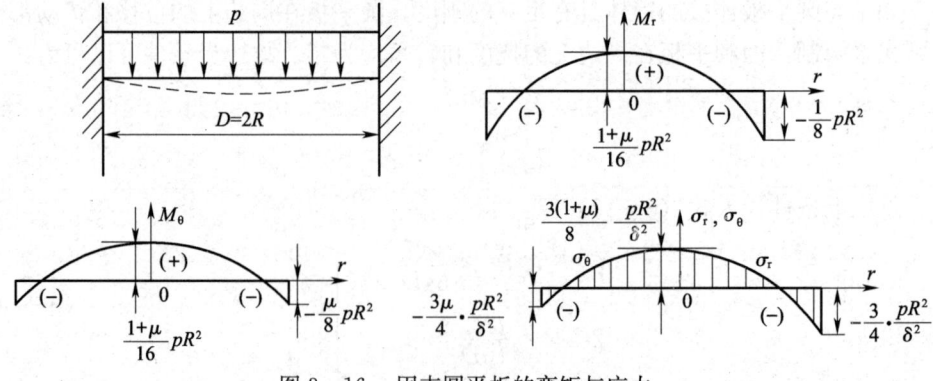

图 3—16　固支圆平板的弯矩与应力

四、周边铰支圆平板的应力分析

如果与圆平板连接的筒体刚度较低,此时,圆平板在周边上的位移完全限制,而转动较为灵活。故边界条件可以写为:

$$w(r)_{r=R} = 0$$
$$(M_r)_{r=R} = 0$$

将以上条件代入相应的表达式得:

$$\left. \begin{aligned} C_1 &= \frac{5+\mu}{1+\mu} \cdot \frac{pR^4}{64D} \\ C_2 &= -\frac{3+\mu}{1+\mu} \cdot \frac{pR^2}{32D} \end{aligned} \right\} \tag{3—41}$$

将式(3—41)代回到式(3—33)中,得到周边铰支圆平板的挠度曲线方程:

$$\omega(r) = \frac{p}{64D}(R^2 - r^2)\left[\frac{5+\mu}{1+\mu}R^2 - r^2\right] \tag{3—42}$$

最大挠度出现在板的中心,为:

$$\omega_{\max} = \frac{p}{64D}R^2\left[\frac{5+\mu}{1+\mu}R^2\right] = \frac{5+\mu}{64(1+\mu)} \cdot \frac{pR^4}{D}$$

相应的弯矩方程为:

$$M_r = \frac{3+\mu}{16}pR^2\left(1 - \frac{r^2}{R^2}\right) \tag{3—43}$$

$$M_\theta = \frac{1}{16}pR^2\left[(3+\mu) - (1+3\mu)\frac{r^2}{R^2}\right] \tag{3—44}$$

圆平板上、下表面($z=\delta/2$)处任意点的径向弯曲应力及环向弯曲应力分别为:

$$\sigma_r = \frac{3(3+\mu)}{8} \cdot \frac{pR^2}{\delta^2}\left(1 - \frac{r^2}{R^2}\right) \tag{3—45}$$

$$\sigma_\theta = \frac{3}{8} \cdot \frac{pR^2}{\delta^2}\left[(3+\mu) - (1+3\mu)\frac{r^2}{R^2}\right] \tag{3—46}$$

最大应力产生于圆平板中心($r=0$)的表面,分别为:

$$\sigma_{r\max} = \sigma_{\theta\max} = \frac{3(3+\mu)}{8} \cdot \frac{pR^2}{\delta^2} \tag{3—47}$$

与梁弯曲时一样,圆平板双向弯曲时,以中性面为分界面,沿厚度上下两半部分的应力正负符号是相反的。为简化起见，上列各应力计算公式仅表示圆平板受拉表面的应力。

铰支圆平板弯矩及表面弯曲应力沿半径的分布如图3—17所示。

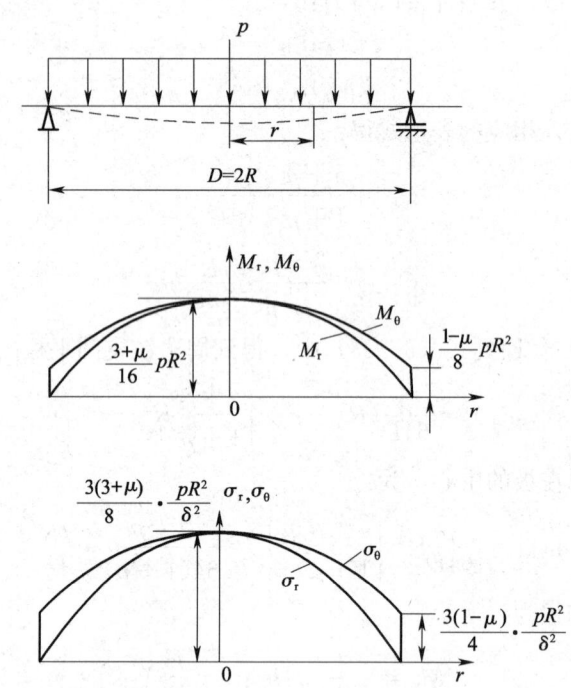

图3—17 铰支圆平板的弯矩与应力

综上分析，承受均布载荷圆平板的应力有以下特点：

1. 平板内处于二向应力状态，即存在 σ_r 和 σ_θ，载荷所产生的剪应力 τ 与弯曲应力比很小，可以忽略不计。

2. σ_r 和 σ_θ 为纯弯曲应力，沿板的厚度成线性分布，在板的上下表面拉压应力分别达到最大值。

3. 板中的应力大小与圆板的边界支撑条件有关。

4. 圆平板中的最大弯曲应力与板的几何参数 $(R/\delta)^2$ 成正比，而薄壁筒体的最大环向应力与筒体的几何参数 (R/δ) 成正比。在相同压力和直径条件下，圆平板的设计厚度要比薄壁筒体的厚度大很多，圆平板的受力状态远不如圆筒体、椭球封头等结构，因此尽量不采用圆平板结构。

第四节 薄壁壳体边缘应力分析

一、边缘应力概念

容器一般是由圆筒体和端部封头连接而成。在内压作用下，它们应力状态不同，变形量也不相同。由于筒体和封头是连接在一起的，所以它们的变形受到相互约束，最终达到某种协调。而这种变形的协调是由局部内力造成的，因为这种内力只存在于局部，因此也称为边缘应力。这种应力对筒体和封头的影响称为边缘效应。边缘效应具有很强的局部特征，它存在于不同形状壳体的连接处，在开孔接管处、支座区等也存在着边缘效应。

1. 半径增量

以筒体和球形封头连接为例，连接线上各点是筒体与封头协调变形后的公共点，如图 3—18 所示。

（1）圆筒体的半径增量。设圆筒体半径为 R，在内压作用下半径的增量为 ΔR_t，根据环向应变与半径增量之间的关系，有：

$$\varepsilon_\theta = \frac{2\pi(R+\Delta R_t)-2\pi R}{2\pi R} = \frac{\Delta R_t}{R}$$

即 $\Delta R_t = \varepsilon_\theta R$

根据广义虎克定律，环向应变与应力的关系为：

$$\varepsilon_\theta = \frac{1}{E}(\sigma_\theta - \mu\sigma_\varphi) = \frac{1}{E}(\frac{pR}{\delta} - \mu\frac{pR}{2\delta}) = \frac{pR}{2E\delta}(2-\mu)$$

则：$\Delta R_t = \dfrac{pR^2}{2E\delta}(2-\mu)$

（2）封头的半径增量。

同样可以求出球形封头各点承受内压后的径向位移 $\Delta R_球$ 为：

$$\Delta R_球 = \frac{pR^2}{2E\delta}(1-\mu)$$

同样可以求出标准椭球形封头赤道上各点承受内压后的径向位移 $\Delta R_椭$ 为：

$$\Delta R_椭 = -\frac{pR^2}{2E\delta}(2+\mu)$$

由此可见，筒体、球形封头及标准椭球形封头在连接处的径向位移均不相同，筒体与球形封头的径向位移的差值为 $\Delta_1 = \dfrac{pR^2}{2E\delta}$，筒体与标准椭球形封头的径向位

移差值为 $\Delta_2 = \dfrac{2pR^2}{E\delta}$，因此，它们在连接处的变形是不连续的。

2. 轴对称载荷下的圆筒体弯曲问题

壳体边缘变形的协调问题主要是由边缘区域内的弯矩和剪力引起的，因此要进行边缘应力分析，必须首先分析圆筒体在轴对称载荷作用下的弯曲问题。

筒体在轴对称载荷作用下，筒体变形后的形状也是轴对称的，筒体变形后的母线发生挠曲变形，挠曲线用函数 $w(x)$ 表示，w 以离开筒体轴线为正，如图 3—19 所示。在边缘区域，载荷仍然是轴对称的，但沿筒体轴线不再是均布的了，用 $P(x)$ 表示。

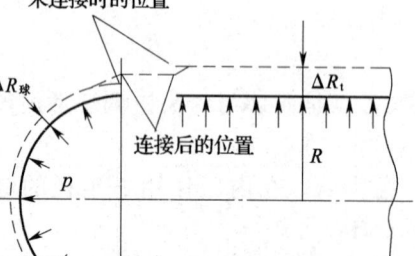

图 3—18　圆筒体与球形封头连接时的边缘效应

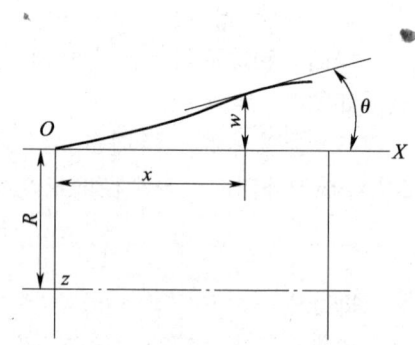

图 3—19　圆筒体上位移与转角

二、方程分析

1. 平衡方程

从边缘区域取圆柱微元体，微元体上共有：N_x、$N_x + \dfrac{\partial N_x}{\partial x}dx$、$N_y$、$M_x$、$M_x + \dfrac{\partial M_x}{\partial x}dx$、$M_y$、$Q_x$、$Q_x + \dfrac{\partial Q_x}{\partial x}dx$ 及外载荷 $P(x)$，如图 3—20 所示，以上内力均为微元体单位长度上的值，即单位分别为 N/m、N·m/m。

在三维坐标系下可以得到三个独立的平衡方程，在以上内力分量中，N_x 为常量，所以 $\dfrac{\partial N_x}{\partial x}$ 等于零，N_x 可以通过壳体平衡方程求出。经推导，沿微元体径向法线方向的力平衡方程和沿 y 轴（微元体圆周）方向的力矩平衡方程分别为：

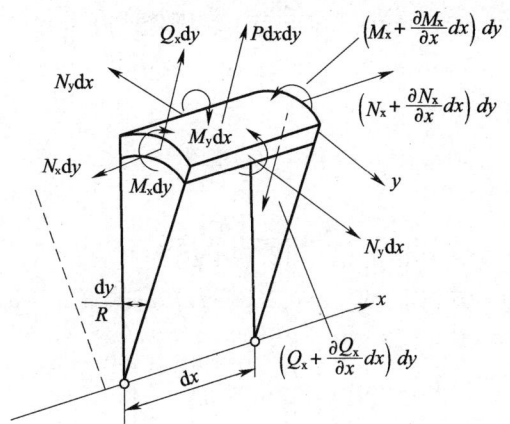

图 3—20　圆筒体微元体平衡

$$\frac{\partial Q_x}{\partial x} = P(x) - \frac{N_y}{R} \tag{3—48}$$

$$Q_x = \frac{\partial M_x}{\partial x} \tag{3—49}$$

2. 几何方程

根据应变的定义结合薄壁壳体的几何形状，轴向应变、环向应变分别为：

$$\varepsilon_x = \varepsilon_0 + \frac{\partial \theta}{\partial x} \tag{3—50}$$

$$\varepsilon_y = \frac{w}{R} \tag{3—51}$$

3. 物理方程

根据广义虎克定律可知：

$$\sigma_x = \frac{E}{1-\mu^2}(\varepsilon_x + \mu \varepsilon_y), \quad \sigma_y = \frac{E}{1-\mu^2}(\varepsilon_y + \mu \varepsilon_x)$$

将式（3—50）和式（3—51）代入上式得：

$$\sigma_x = \frac{E}{1-\mu^2}\left(\varepsilon_0 + \mu \frac{w}{R} + z \frac{\partial \theta}{\partial x}\right) \tag{3—52}$$

$$\sigma_y = \frac{E}{1-\mu^2}\left(\mu \varepsilon_0 + \frac{w}{R} + \mu z \frac{\partial \theta}{\partial x}\right) \tag{3—53}$$

通过薄壁壳体上的微元体 $dxdy$ 可以求出截面上内力与应力之间的关系，可以通过位移确定 N_y、M_x、M_y：

$$N_y = \frac{E\delta}{1-\mu^2}\left(\frac{w}{R} + \mu\varepsilon_0\right) \qquad (3\text{—}54)$$

$$\left.\begin{aligned} M_x &= D\frac{\partial^2 w}{\partial x^2} \\ M_y &= \mu D\frac{\partial^2 w}{\partial x^2} \end{aligned}\right\} \qquad (3\text{—}55)$$

式中
$$D = \frac{E\delta^3}{12(1-\mu^2)}$$

综合式（3—48）、式（3—49）、式（3—54）和式（3—55），从中消除 ε_0 和 Q_x 可以得到：

$$\left.\begin{aligned} N_y &= \frac{E\delta}{R}w + \mu N_x \\ \frac{\partial^2 M_x}{\partial x^2} &= P(x) - \frac{N_y}{R} \end{aligned}\right\} \qquad (3\text{—}56)$$

与求解圆平板问题类似，要求解上述问题必须得到一个以 w 表达的挠曲线方程，反过来再通过挠曲线方程求解微元体中的内力。因此，对式（3—56）进行处理，消除内力 N_y，并将式（3—55）中的 $M_x = D\dfrac{\partial^2 w}{\partial x^2}$ 代入，得到挠曲线的微分方程：

$$\frac{\partial^4 w}{\partial x^4} + 4\beta^4 w = \frac{P(x)}{D} - \mu\frac{N_x}{RD} \qquad (3\text{—}57)$$

式中 $\beta = \sqrt[4]{\dfrac{3(1-\mu^2)}{R^2\delta^2}}$，称为衰减系数，其量纲为 mm^{-1}，若取 $\mu = 0.3$，则

$$\beta = \frac{1.285}{\sqrt{R\delta}}$$

式（3—57）为四阶非齐次微分方程，其解由齐次方程通解和非齐次方程一个特解组成，可写成：

$$w(x) = e^{-\beta x}(C_1\sin\beta x + C_2\cos\beta x) + e^{\beta x}(C_3\sin\beta x + C_4\cos\beta x) + w^*$$
$$(3\text{—}58)$$

式中，w^* 为非齐次方程的特解，可以采用圆柱壳体的薄膜位移作为特解。

三、边界条件的确定

边缘效应的影响范围是有限的，当距离边缘效应的中心足够远时，即当 x 的取值足够大时，筒体处于无力矩状态，位移保持常量，边缘效应消失。

对式（3—58）分析可知，随着 x 加大，$e^{\beta x}$ 值也无限加大，这与实际情况不

符，筒体的挠度只能是一个有限值。因此，式（3—58）中系数 C_3 和 C_4 必须为零。

采用截面法将筒体与封头在连接处截开，则筒体与封头之间的相互作用力可以用剪力 Q_0 和弯矩 M_0 表示出来，剪力 Q_0 和弯矩 M_0 沿着筒体和封头的圆周均匀分布，它们的存在是产生边缘应力的主要原因。经过计算，可以用 Q_0 和 M_0 确定式（3—58）中另外两个积分常数 C_1 和 C_2，即：

$$C_1 = \frac{M_0}{2\beta^2 D}, \quad C_2 = -\frac{(Q_0 + \beta M_0)}{2\beta^3 D}$$

这样，在解决实际问题时，只要根据筒体与封头的连接情况确定剪力 Q_0 和弯矩 M_0 就可以了。

将 C_1 和 C_2 代回到式（3—58）中，得：

$$w(x) = \frac{\mathrm{e}^{-\beta x}}{2\beta^3 D}[\beta M_0(\sin\beta x - \cos\beta x) - Q_0\cos\beta x] \quad (3\text{—}59)$$

分别对式（3—59）求 x 的一阶和二阶导数，并代回到式（3—55）和式（3—49）中得到：

$$\left.\begin{aligned}
M_x &= \frac{\mathrm{e}^{-\beta x}}{2\beta}[2\beta M_0(\cos\beta x + \sin\beta x) + 2Q_0\sin\beta x] \\
M_y &= \mu\frac{\mathrm{e}^{-\beta x}}{2\beta}[2\beta M_0(\cos\beta x + \sin\beta x) + 2Q_0\sin\beta x] \\
Q_x &= \mathrm{e}^{-\beta x}[2\beta M_0\sin\beta x - Q_0(\cos\beta x - \sin\beta x)]
\end{aligned}\right\} \quad (3\text{—}60)$$

四、边缘效应分析

1. 圆筒体与圆平板连接时的边缘效应分析

圆筒体与圆平板连接时的边缘效应情况如图 3—21 所示，考虑到挠曲线方程的特解后，可以确定出 Q_0 和 M_0 分别为：

$$Q_0 = -2\beta^3 D(2-\mu)\frac{pR^2}{E\delta}$$

$$M_0 = \beta^2 D(2-\mu)\frac{pR^2}{E\delta}$$

将 Q_0 和 M_0 代入式（3—59），得到总的挠曲线方程为：

$$w(x) = \frac{pR^2}{2E\delta}(2-\mu)[\mathrm{e}^{-\beta x}(\sin\beta x + \cos\beta x) - 1] \quad (3\text{—}61)$$

将 Q_0、M_0 和 $w(x)$ 代回到式（3—60）中得到：

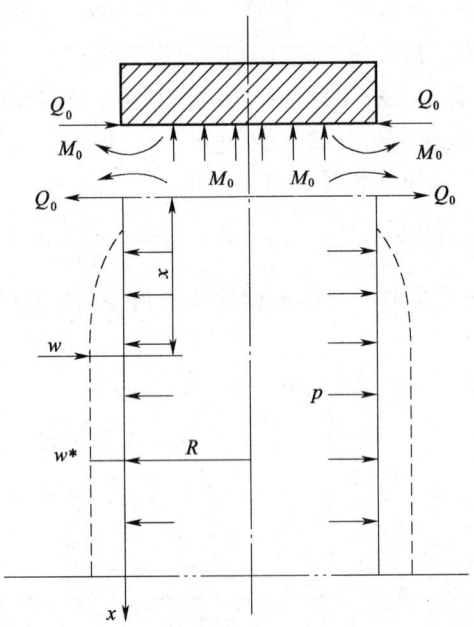

图 3—21 圆筒体与平封头的连接

$$\left.\begin{aligned} M_x &= -D\beta^2 \frac{pR^2}{E\delta}(2-\mu)\mathrm{e}^{-\beta x}(\sin\beta x - \cos\beta x) \\ M_y &= -\mu D\beta^2 \frac{pR^2}{E\delta}(2-\mu)\mathrm{e}^{-\beta x}(\sin\beta x - \cos\beta x) \\ N_y &= -pR\left(1-\frac{\mu}{2}\right)\mathrm{e}^{-\beta x}(\sin\beta x + \cos\beta x) \end{aligned}\right\} \quad (3-62)$$

在连接的中心处 $x=0$，同时将 $\beta = \sqrt[4]{\dfrac{3(1-\mu^2)}{R^2\delta^2}}$ 和 $D = \dfrac{E\delta^3}{12(1-\mu^2)}$ 代入式（3—62），得

$$\left.\begin{aligned} M_x &= \frac{(1-0.5\mu)}{2\sqrt{3(1-\mu^2)}}pR\delta \\ M_y &= \frac{\mu(1-0.5\mu)}{2\sqrt{3(1-\mu^2)}}pR\delta \\ N_y &= -pR\left(1-\frac{\mu}{2}\right) \end{aligned}\right\} \quad (3-63)$$

经计算在边缘效应中心处，由边缘效应产生的边缘应力分别为：

$$\left.\begin{aligned}\sigma_{yN}^0 &= \frac{N_y}{\delta}\bigg|_{x=0} = -\left(1-\frac{\mu}{2}\right)\frac{pR}{\delta} \\ \sigma_x^0 &= \pm\frac{6M_x}{\delta^2}\bigg|_{x=0} = \pm\frac{3(1-0.5\mu)}{\sqrt{3(1-\mu^2)}}\cdot\frac{pR}{\delta} \\ \sigma_{yM}^0 &= \pm\frac{6M_y}{\delta^2}\bigg|_{x=0} = \pm\frac{3\mu(1-0.5\mu)}{\sqrt{3(1-\mu^2)}}\cdot\frac{pR}{\delta}\end{aligned}\right\} \qquad (3-64)$$

当 $\mu = 0.3$ 时，式（3—64）可以简化为：

$$\sigma_{yN}^0\big|_{x=0,\mu=0.3} = -\left(1-\frac{\mu}{2}\right)\frac{pR}{\delta} = -0.85\frac{pR}{\delta}$$

$$\sigma_x^0\big|_{x=0,\mu=0.3} = \pm\frac{3(1-0.5\mu)}{\sqrt{3(1-\mu^2)}}\cdot\frac{pR}{\delta} = \pm 1.543\frac{pR}{\delta}$$

$$\sigma_{yM}^0\big|_{x=0,\mu=0.3} = \pm\frac{3\mu(1-0.5\mu)}{\sqrt{3(1-\mu^2)}}\cdot\frac{pR}{\delta} = \pm 0.463\frac{pR}{\delta}$$

圆筒体无力矩理论的薄膜应力为：

$$\sigma_\varphi = \sigma_x^* = \frac{pR}{2\delta}$$

$$\sigma_\theta = \sigma_y^* = \frac{pR}{\delta}$$

所以，在边缘区域 $x=0$ 处，圆筒内的最大拉应力为：

$$\sigma_\varphi = \sigma_x\big|_{x=0} = \sigma_x^* + \sigma_x^0 = 2.043\frac{pR}{\delta}$$

$$\sigma_\theta = \sigma_y\big|_{x=0} = \sigma_y^* + \sigma_{yN}^0 + \sigma_{yM}^0 = 0.613\frac{pR}{\delta}$$

在边缘区域 $x=0$ 处，圆筒内的最大压应力为：

$$\sigma_\varphi = \sigma_x\big|_{x=0} = \sigma_x^* + \sigma_x^0 = -1.043\frac{pR}{\delta}$$

$$\sigma_\theta = \sigma_y\big|_{x=0} = \sigma_y^* + \sigma_{yN}^0 + \sigma_{yM}^0 = -0.313\frac{pR}{\delta}$$

于是得到最大应力集中系数为：

$$K_t = \frac{\sigma_x^* + \sigma_x^0}{\sigma_y^*} = \frac{2.043\frac{pR}{\delta}}{\frac{pR}{\delta}} = 2.043$$

从式（3—62）可以看出，在引起边缘应力的内力表达式中均有一个 $e^{-\beta x}$ 因子，其中 β 是一个与壳体半径、厚度和材料相关的量，当壳体几何形状和材料确定以后，

β 为常量。当 $x=0$ 时，$e^{-\beta x}=1$ 并取得最大值，随着 x 的增加（即远离边缘区域的中心），$e^{-\beta x}$ 的值迅速衰减，即边缘应力的幅值迅速衰减。当距离边缘区域中心足够远时，一般认为当 $x \geqslant 2.6\sqrt{R\delta}$ 时，边缘应力对壳体的影响就可以忽略不计。

而式（3—62）中的 $(\sin\beta x-\cos\beta x)$ 和 $(\sin\beta x+\cos\beta x)$ 则随着 x 的变化会改变边缘应力的方向。影响边缘应力的主要内力 M_x 随 x 的变化规律如图3—22所示。

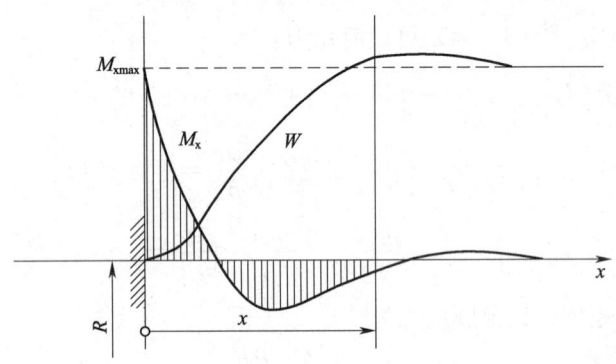

图3—22 弯矩与挠度的衰减情况

2. 圆筒体与凸形封头连接时的边缘效应分析

内压作用下，筒体与半球形封头的半径增量分别为 $\Delta R_t = \dfrac{pR^2}{2E\delta}(2-\mu)$ 和 $\Delta R_球 = \dfrac{pR^2}{2E\delta}(1-\mu)$，径向变形的差值为 $\Delta_1 = \dfrac{pR^2}{2E\delta}$。当圆筒体和半球形封头连接在一起，要使得变形连续，半球形封头就必须向外增加变形量，而圆筒体必须向里增加变形量。半球形封头的刚度与圆筒体的刚度基本相当，因此它们将产生大致相同的转角变形，这样，在连接处只需较小的内力 Q_0、M_0，就可以使圆筒体和半球形封头协调地连接在一起。

圆筒体在连接处向里变形，故周长会缩短，即边缘效应将在圆筒体内产生一个环向压应力，而在内压作用下，圆筒体内将产生环向拉应力，两者可以相互抵消一部分，这样在边缘连接处不仅环向应力没有增加，反而有所下降。由于应力状态有所改善，因此无须采取加强措施。

半球形封头的情况则正好相反。虽然半球形封头的环向应力有所增加，但半球形封头的环向薄膜应力是圆筒体环向薄膜应力的一半，有足够的强度储备，故亦不需采取加强措施。

圆筒体与椭球形封头连接时，椭球形封头的半径增量为 $\Delta R_椭 = -\dfrac{pR^2}{2E\delta}(2+\mu)$，

径向变形的差值为 $\Delta_2 = \dfrac{2pR^2}{E\delta}$，与圆筒体和半球形封头连接时非常相似，故亦不需采取加强措施。

五、关于边缘效应的一般性结论

1. 边缘效应是圆筒体与其相连元件在承载后变形不一致，互相制约而产生附加内力和应力的现象。在下列情况下均会产生边缘效应及不连续应力：结构几何形状突变；同形状结构厚度突变；同形同厚结构材料突变。

2. 边缘应力有明显的衰减特征，即距离壳体连接处 $x \geqslant 2.6\sqrt{R\delta}$ 远时，边缘应力已衰减到可以忽略不计的程度，故边缘应力具有局部性。

3. 当相互连接的壳体处于弹性状态时，必然产生边缘应力，但如果边缘应力过高使材料发生屈服变形后，上述约束将得到缓解，应力重新分布，结果边缘应力得到自动限制，因此，边缘应力具有自限性。

4. 圆筒体与凸形封头连接时，连接处的边缘应力很小，通常可以不予考虑；圆筒体与厚圆平板连接时，边界处的不连续应力较大。结构设计中，应尽量采用凸形封头而少用平板封头。

【例 3—3】 薄壁圆筒形压力容器，两端以较厚的平盖作为封头。容器长 5 000 mm，筒体中直径 1 600 mm，筒体壁厚 $\delta = 26$ mm，设计压力 $p = 3.5$ MPa，材料泊松比 $\mu = 0.3$，弹性模量 $E = 2.1 \times 10^5$ MPa。试计算筒体与平封头连接处的内力分量与边缘应力。

【解】

（1）计算连接处的内力

在连接中心处 $x = 0$，有：

$$M_x = \dfrac{(1-0.5\mu)}{2\sqrt{3(1-\mu^2)}} pR\delta$$

$$= \dfrac{(1-0.5\times 0.3)}{2\sqrt{3\times(1-0.3^2)}} \times 3.5\times 10^6 \times (1\,600\times 10^{-3}/2) \times 26\times 10^{-3}$$

$$= 1.872\times 10^4 \text{ N}\cdot\text{m/m}$$

$$M_y = \dfrac{\mu(1-0.5\mu)}{2\sqrt{3(1-\mu^2)}} pR\delta$$

$$= \dfrac{0.3\times(1-0.5\times 0.3)}{2\sqrt{3\times(1-0.3^2)}} \times 3.5\times 10^6 \times (1\,600\times 10^{-3}/2) \times 26\times 10^{-3}$$

$$= 5.618 \times 10^3 \text{ N·m/m}$$

$$N_y = -pR\left(1 - \frac{\mu}{2}\right) = -3.5 \times 10^6 \times (1\,600 \times 10^{-3}/2) \times \left(1 - \frac{0.3}{2}\right)$$

$$= 2.38 \times 10^6 \text{ N/m}$$

(2) 计算边缘应力

在连接中心处 $x=0$，有：

$$\sigma_{yN}^0 = -\left(1-\frac{\mu}{2}\right)\frac{pR}{\delta} = -\left(1-\frac{0.3}{2}\right) \times \frac{3.5 \times (1\,600/2)}{26} = -91.54 \text{ MPa}$$

$$\sigma_x^0 = \pm \frac{3(1-0.5\mu)}{\sqrt{3(1-\mu^2)}} \cdot \frac{pR}{\delta} = \pm \frac{3 \times (1-0.5\times 0.3)}{\sqrt{3\times(1-0.3^2)}} \times \frac{3.5 \times (1\,600/2)}{26}$$

$$= \pm 166.20 \text{ MPa}$$

$$\sigma_{yM}^0 = \pm \frac{3\mu(1-0.5\mu)}{\sqrt{3(1-\mu^2)}} \cdot \frac{pR}{\delta} = \pm \frac{3 \times 0.3 \times (1-0.5\times 0.3)}{\sqrt{3\times(1-0.3^2)}} \times \frac{3.5 \times (1\,600/2)}{26}$$

$$= \pm 49.86 \text{ MPa}$$

(3) 与筒体膜应力比较

$$K = D_o/D_i = (D+\delta)/(D-\delta) = (1\,600+26)/(1\,600-26) = 1.033$$

因 $K<1.2$，所以该容器为薄壁容器。圆筒体上环向应力和经向应力分别为

$$\sigma_\theta = \frac{pR}{\delta} = \frac{3.5 \times (1\,600/2)}{26} = 107.69 \text{ MPa}$$

$$\sigma_\varphi = \frac{pR}{2\delta} = \frac{3.5 \times (1\,600/2)}{2 \times 26} = 53.85 \text{ MPa}$$

边缘应力引起的应力集中系数 $K_t = \dfrac{\sigma_\varphi + \sigma_x^0}{\sigma_\theta} = \dfrac{53.85+166.20}{107.69} = 2.043$

第五节　开孔的安全性

锅炉压力容器设计中，为满足工艺操作及安装、检验、维修等需要，常开设各种孔。承压壳体上开孔后，不仅削弱了整体强度，还会引起应力集中，局部高应力通常可达筒体一次总体薄膜应力的 3 倍。因此，在锅炉压力容器设计中必须充分考虑开孔的补强问题。

一、应力集中的概念

容器开孔后，开孔边缘附近应力会达到很高的数值，这种局部的应力增加，称

为应力集中。在应力集中区域内的最大应力值称为应力峰值，一般用 σ_{max} 表示。开孔边缘的应力峰值与壳体最大基本应力之比称为应力集中系数，以 K_t 表示，即 $K_t = \dfrac{\sigma_{max}}{\sigma}$。应力集中现象发生在开孔周围区域，其范围与容器壁厚、直径等因素有关，随着距离的增大，应力值很快就会衰减下来。

二、开孔附近的应力集中

1. 圆孔附近的应力集中

（1）单向均匀拉伸情况。平板上开有一半径为 a 的圆孔（孔径远小于平板宽度），平板两端作用着均匀分布的应力 σ，如图 3—23 所示。根据弹性理论，可以得到板中的应力分量为：

$$\sigma_r = \frac{\sigma}{2}\left(1 - \frac{a^2}{r^2}\right) + \frac{\sigma}{2}\left(1 - \frac{4a^2}{r^2} + \frac{3a^4}{r^4}\right)\cos 2\theta$$

$$\sigma_\theta = \frac{\sigma}{2}\left(1 + \frac{a^2}{r^2}\right) - \frac{\sigma}{2}\left(1 + \frac{3a^4}{r^4}\right)\cos 2\theta$$

$$\tau_{r\theta} = -\frac{\sigma}{2}\left(1 + \frac{2a^2}{r^2} - \frac{3a^4}{r^4}\right)\sin 2\theta$$

从平板均匀单向拉伸情况的应力分布得出以下结论。

1) 在孔边缘（$r=a$）垂直于拉伸方向的截面上，应力 σ_θ 最大。

$$\sigma_r = \tau_{r\theta} = 0$$
$$\sigma_\theta = (1 - 2\cos 2\theta)\sigma$$

σ_θ 的最大值在 $\theta = \pm\dfrac{\pi}{2}$ 处，即在垂直于 σ 方向的两端孔边，其值为 $\sigma_{\theta max} = 3\sigma$。$\sigma_\theta$ 的最小值在 $\theta=0$ 或 π 处，其值为 $\sigma_{\theta min} = -\sigma$。

2) 在距孔边略远处，这一应力迅速衰减，一直衰减到无开孔时的平板应力为止。在 $\theta = \pm\dfrac{\pi}{2}$ 截面上，将 $\dfrac{r}{a}$ 用不同值代入可得以下结果。

$\dfrac{r}{a}$	1	2	3	∞
σ_θ	3σ	1.22σ	1.07σ	σ

3) 应力集中系数为 $K_t = \dfrac{3\sigma}{\sigma} = 3$。

（2）双向均匀拉伸情况。平板上承受双向拉伸应力 σ_x、σ_y 时，孔边缘的应力可根据单向拉伸叠加而得,如图 3—24 所示。

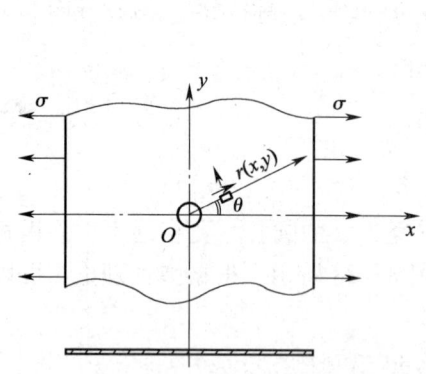

图 3—23 平板开圆孔单向拉伸

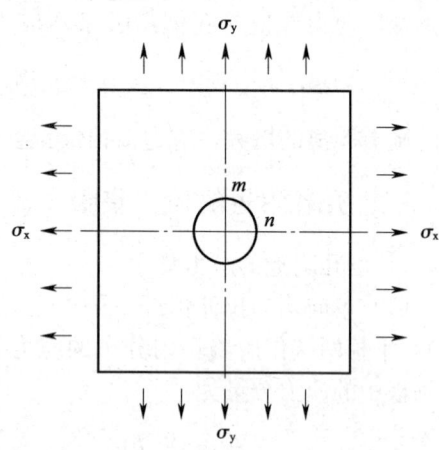

图 3—24 平板开圆孔双向拉伸

当 σ_x 单独作用时,$\sigma'_m = 3\sigma_x$,$\sigma'_n = -\sigma_x$

当 σ_y 单独作用时,$\sigma''_m = -\sigma_y$,$\sigma''_n = 3\sigma_y$

同时作用时,$\sigma_m = \sigma'_m + \sigma''_m = 3\sigma_x - \sigma_y$,$\sigma_n = \sigma'_n + \sigma''_n = -\sigma_x + 3\sigma_y$

当应力比 $\sigma_x/\sigma_y = 2$ 时(相当于圆筒壳承受内压后的应力状态,$\sigma_\theta = 2\sigma_\varphi$),其值为:

$$\sigma_n = 3\sigma_y - \sigma_x = 3\sigma_y - 0.5\sigma_y = 2.5\sigma_y$$

m 点应力为: $\sigma_m = 3\sigma_x - \sigma_y = \frac{3}{2}\sigma_y - \sigma_y = 0.5\sigma_y$

则应力集中系数: $K_t = \dfrac{2.5\sigma_y}{\sigma_y} = 2.5$

2. 椭圆孔附近的应力集中

(1) 单向均匀拉伸情况。

1) 椭圆孔长轴垂直于板拉伸方向时,在长轴端点出现最大应力,如图 3—25a 所示。

$$\sigma_1 = \sigma\left(1 + \frac{2a}{b}\right)$$

在短轴端点的应力为:$\sigma_2 = -\sigma$

由上式可以看出,随着 $\dfrac{a}{b}$ 值的增加,应力也增加。孔越狭长,应力也就越大。

若 $\dfrac{a}{b} = 2$ 时,$\sigma_1 = 5\sigma$,即应力集中系数为 5。

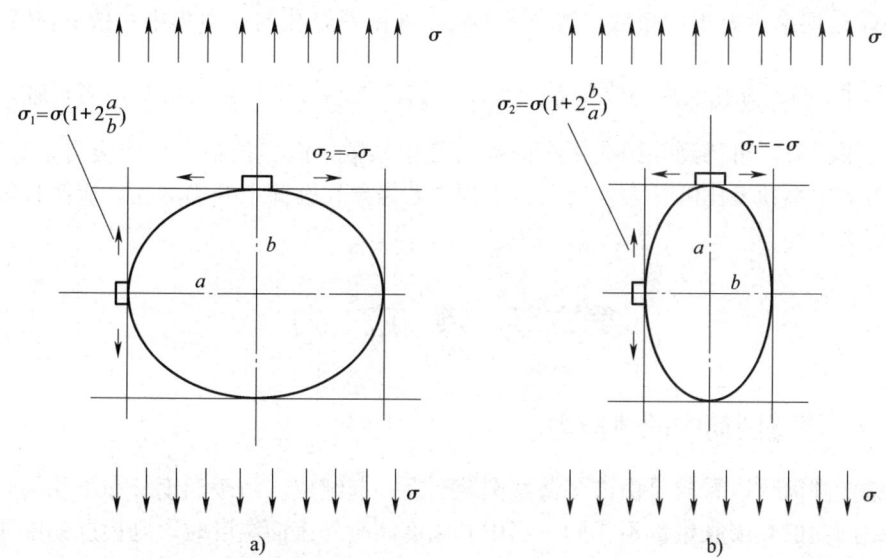

图 3—25 平板开椭圆孔单向拉伸

2) 椭圆孔长轴平行于板拉伸方向时，最大应力在短轴端点，如图 3—25b 所示。

$$\sigma_2 = \sigma\left(1 + \frac{2b}{a}\right)$$

最小应力在长轴端点： $\sigma_1 = -\sigma$

(2) 双向均匀拉伸情况。

1) 当椭圆孔的长轴垂直于筒体的环向应力时，最大应力在长轴端点：

$$\sigma_1 = \sigma\left(1 + \frac{2a}{b}\right) - \frac{\sigma}{2} = \sigma\left(\frac{1}{2} + \frac{2a}{b}\right)$$

短轴端点的应力为： $\sigma_2 = \sigma\left(\frac{b}{a} - \frac{1}{2}\right)$

2) 当椭圆孔的长轴平行于筒体环向应力时，其长轴端点的应力为：

$$\sigma_1 = \sigma\left(\frac{a}{b} - \frac{1}{2}\right)$$

短轴端点的应力为： $\sigma_2 = \sigma\left(1 + \frac{2b}{a}\right) - \frac{\sigma}{2} = \sigma\left(\frac{1}{2} + \frac{2b}{a}\right)$

$K_t = \dfrac{\sigma_1}{\sigma}$ 或 $\dfrac{\sigma_2}{\sigma}$

K_t 是理论应力集中系数。当 $\frac{a}{b}=1$ 时，即圆形开孔的应力集中系数 $K_t=2.5$。$\frac{a}{b}=2$ 时，椭圆开孔的应力集中系数最小，其值 $K_t=1.5$。从而可知，当长轴与环向应力平行时，可得到较圆孔更小的应力集中系数，而当长轴与环向应力垂直时，其应力集中系数要比圆孔大。所以在工程中若需要在圆筒上开椭圆孔，应使长轴与环向应力平行。

第六节 热 应 力

一、厚壁圆筒中的热应力

厚壁圆筒可以看成是由许多薄壁圆筒套在一起组成。由于温度分布不均匀，每个薄壁圆筒的热膨胀量都不相同，当中心温度高于外表面温度时，则内层的膨胀量大，外层的膨胀量小。这样，内层受到均匀的压应力，而外层受到均匀的拉应力。在这些力的作用下，便产生了环向热应力 $_T\sigma_\theta$ 和径向热应力 $_T\sigma_r$。此外，沿着筒体的轴向，各层筒体的热膨胀量也是不同的，也会产生轴向热应力 $_T\sigma_z$。圆筒上任意点的应力状态如图 3—26 所示。

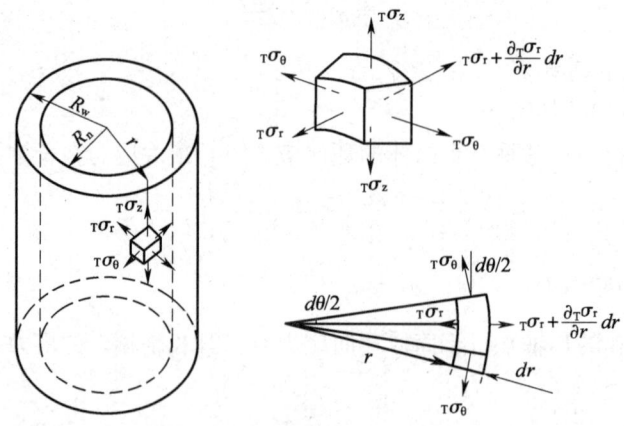

图 3—26 厚壁筒体中的热应力

因为结构和温度分布都是轴对称的，所以热应力也是轴对称的。热应力分量 $_T\sigma_\theta$、$_T\sigma_r$ 和 $_T\sigma_z$ 等仅是 r 函数，与 θ 和 z 无关。由平衡方程、几何方程和物理方程推导出无内热源厚壁圆筒的热应力公式为：

$$_T\sigma_r = \frac{\alpha E}{1-\mu} \cdot \frac{T_n - T_w}{2\ln(R_w/R_n)}\left[1 - \ln\frac{R_w}{r} + \frac{R_n^2}{R_w^2 - R_n^2}\left(\frac{R_w^2}{r^2} - 1\right)\ln\frac{R_w}{R_n}\right]$$

$$_T\sigma_\theta = \frac{\alpha E}{1-\mu} \cdot \frac{T_n - T_w}{2\ln(R_w/R_n)}\left[1 - \ln\frac{R_w}{r} - \frac{R_n^2}{R_w^2 - R_n^2}\left(\frac{R_w^2}{r^2} + 1\right)\ln\frac{R_w}{R_n}\right] \quad (3\text{—}65)$$

$$_T\sigma_z = \frac{\alpha E}{1-\mu} \cdot \frac{T_n - T_w}{2\ln(R_w/R_n)}\left[1 - 2\ln\frac{R_w}{r} - \frac{2R_n^2}{R_w^2 - R_n^2}\ln\frac{R_w}{R_n}\right]$$

式中 R_n——内半径，mm；

R_w——外半径，mm；

r——任意点的径向坐标，mm；

T_n——内壁温度，℃；

T_w——外壁温度，℃；

$_T\sigma_r$、$_T\sigma_\theta$、$_T\sigma_z$——任意点的热应力分量，MPa；

E——材料在内外壁平均温度下的弹性模量，MPa；

μ——材料的泊松比；

α——材料在内外壁平均温度下的线膨胀系数，1/℃。

根据以上公式，算得内外壁的各向热应力为：

$(_T\sigma_r)_{r=R_n} = (_T\sigma_r)_{r=R_w} = 0$，（内外壁相同）

$(_T\sigma_\theta)_{r=R_n} = (_T\sigma_z)_{r=R_n} = \dfrac{\alpha E(T_n - T_w)}{2(1-\mu)}\left[\dfrac{1}{\ln(R_w/R_n)} - \dfrac{2R_w^2}{R_w^2 - R_n^2}\right]$，（内壁）

$(_T\sigma_\theta)_{r=R_w} = (_T\sigma_z)_{r=R_n} = \dfrac{\alpha E(T_n - T_w)}{2(1-\mu)}\left[\dfrac{1}{\ln(R_w/R_n)} - \dfrac{2R_n^2}{R_w^2 - R_n^2}\right]$，（外壁）

根据以上各式，得到沿壁厚方向的应力分布如图 3—27 所示，其中图 3—27a 为内壁温度高于外壁的情形，图 3—27b 为外壁温度高于内壁的情形。

【例 3—4】 某换热器壁管外径 $d_w = 12$ mm，内径 $d_n = 10$ mm。管子内外壁温差 $T_0 = -9.1$℃，平均操作温度 150℃。管子材料为 1Cr18Ni9Ti 不锈钢，管壁平均温度下的弹性模量 $E = 1.91 \times 10^5$ MPa，泊松比 $\mu = 0.3$，线膨胀系数 $\alpha = 17.06 \times 10^{-6}$ 1/℃。试求此厚壁管内外壁的热应力。

【解】

1. 为计算简单起见，先计算式（3—65）中各式前面的系数

$$\frac{\alpha E}{1-\mu} \cdot \frac{T_n - T_w}{2\ln(R_w/R_n)} = \frac{1.91 \times 10^5 \times 17.06 \times 10^{-6} \times (-9.1)}{2(1-0.3)\ln(6/5)} = -116.2 \text{ MPa}$$

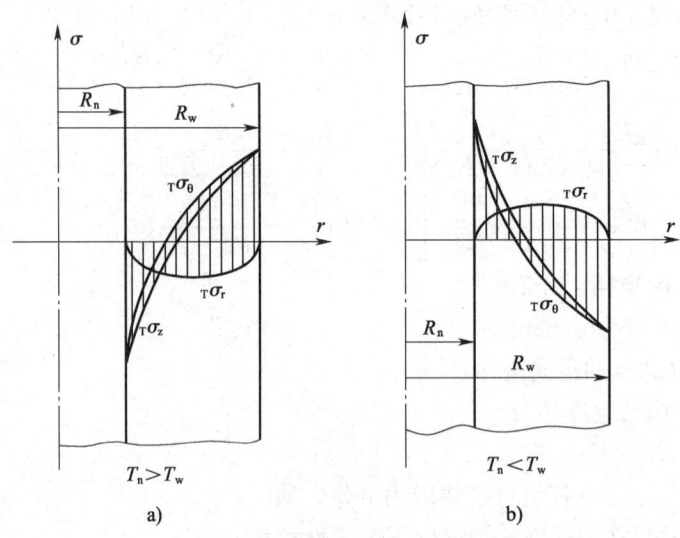

图 3—27 无内热源厚壁圆筒中的热应力

2. 计算热应力，根据式（3—65）的第一式和第二式，内壁热应力分量为：

$(_T\sigma_r)_{r=R_n} = 0$

$(_T\sigma_\theta)_{r=R_n} = (_T\sigma_z)_{r=R_n}$

$$= \frac{\alpha E}{1-\mu} \cdot \frac{T_n - T_w}{2\ln(R_w/R_n)} \left[1 - \frac{2R_w^2}{R_w^2 - R_n^2}\ln\left(\frac{R_w}{R_n}\right)\right]$$

$$= (-116.2) \times \left[1 - \frac{2 \times 6^2}{6^2 - 5^2}\ln(6/5)\right] = 22.5 \text{ MPa}$$

根据式（3—65）的第一式和第三式，外壁热应力分量为：

$(_T\sigma_r)_{r=R_w} = 0$

$$(_T\sigma_\theta)_{r=R_w} = (_T\sigma_z)_{r=R_w} = \frac{\alpha E}{1-\mu} \cdot \frac{T_n - T_w}{2\ln(R_w/R_n)} \left[1 - \frac{2R_w^2}{R_w^2 - R_n^2}\ln\left(\frac{R_w}{R_n}\right)\right]$$

$$= (-116.2) \times \left[1 - \frac{2 \times 5^2}{6^2 - 5^2}\ln(6/5)\right] = -19.9 \text{ MPa}$$

二、关于热应力的讨论

不直接受热的锅壳和锅筒，在锅炉稳定运行时，其内外壁温度及上下部温度基本一致，都接近筒内介质温度。锅筒钢材在这样的温度下要产生一定的整体膨胀，对这类膨胀，在设计、安装时一般都作了充分考虑。因而，锅筒在正常运行时壁面内基本上不存在热应力。

启动和停炉时的情况则不相同。在启动和停炉中，锅筒金属有一个从冷态到热态或从热态到冷态的温度转变。以自然循环锅炉启动时的情况为例，启动前锅筒金属的温度一般为室温；启动时首先向锅筒内上水，然后点火加热使水温不断上升，到水沸腾后再逐步升压。升压过程中，水温及汽温继续上升，直至达到工作压力下的饱和温度。

对锅筒金属来说，由于通常上水水温高于锅筒壁温，从上水开始，即开始了锅水逐步向锅筒金属壁传导热量、加热锅筒壁的过程，锅筒壁面内则有一个由内向外导热升温的过程，直至锅炉达到正常运行、锅筒壁面温度均匀一致为止。在这一过程中，水面以上部分的锅筒壁在水沸腾产生蒸汽后温度才显著上升，并将热量由内壁传至外壁。

不难看出，在启动及停炉中，锅筒壁面内存在着不稳定的导热过程，壁面内的温度分布不仅沿壁厚变化，而且随时间变化，此时，壁面内存在着温差及温差造成的热应力。若锅筒材质及壁厚一定，在启动停炉时，沿径向温差引起的热应力主要取决于升温或降温速度。因此，可通过控制升温或降温速度来控制启动停炉过程中沿锅筒壁厚温差所引起的热应力。

压力容器在启动和停车过程中，通常也伴随着温度的变化，因此，也应注意控制启动和停车过程中的升温或降温的速度，必要时，预先绘制升温或降温曲线，严格按曲线变化操作，以防因温度变化过快导致过高的热应力。

本 章 小 结

本章从无力矩理论的基本假设入手，重点介绍了承压壳体的应力分析方法，为锅炉压力容器的设计奠定了理论基础；通过厚壁筒体应力分析，系统地介绍了以平衡方程、几何方程和物理方程联合求解压力容器复杂应力状态的具体步骤，这是工程中求解一般应力问题的通用方法。本章还对锅炉压力容器上的边缘区域和开孔周边的应力状态进行了分析，初步建立了边缘效应和应力集中的概念。

复习思考题

1. 什么是回转壳体？回转壳体上经线和纬线是怎样确定的？

2. 什么是第一曲率半径和第二曲率半径？

3. 什么是边缘效应？边缘效应的主要特征是什么？

4. 边缘应力分析中 β 的物理意义是什么？

5. 对壳体进行应力分析有哪两种理论？它们分别考虑了壳体中的哪些应力？为什么工程实际中可以采用无力矩理论。

6. 证明无力矩理论得到的薄膜应力表达式在计算薄壁壳体应力时具有足够的工程精度（误差小于 5%）。

7. 设圆筒体和球形封头连接，圆筒体和球形封头的中间面半径为 R，两部分壳体材料相同，承受的内压为 p。已知圆筒体的壁厚为 δ_t，如果要使球形封头和圆筒体产生相同的径向位移，试确定球形封头壁厚 δ_q 与圆筒体的壁厚 δ_t 的关系。

8. 单层厚壁圆筒，承受内压 $p_i=35$ MPa 时，用千分表测得筒壁外表面的经向位移 $w_o=0.362$ mm，圆筒外直径 $D_o=1\,000$ mm，$E=2.1\times10^5$ MPa，$\mu=0.3$。试求圆筒内外壁面上的应力。

9. 有一周边固支的圆平板，圆板直径 $D=1\,000$ mm，板厚 $\delta=38$ mm，板面上承受垂直与板面的均布载荷 $p=3$ MPa，试求板的最大挠度和应力（$E=2.1\times10^5$ MPa，$\mu=0.3$）。

10. 圆筒形容器的内直径 $D_i=180$ mm，壁厚 $\delta=20$ mm，正常运行时，内外壁平均温度为 250℃，内外壁温差为 50℃。容器材料为 20 号锅炉钢，其在 250℃ 时的弹性模量 $E=2.1\times10^5$ MPa，线膨胀系数 $\alpha=12.56\times10^{-6}$ 1/℃，$\mu=0.3$，试求容器中的最大热应力。

第四章　锅炉压力容器强度设计及制造要求

本章学习目标

1. 理解和掌握强度设计的概念、锅炉压力容器钢材、常见受压元件的强度计算、薄壁筒体开孔补强等知识。
2. 熟习锅炉压力容器设计参数的确定、设计公式的使用及开孔补强的计算方法。
3. 了解锅炉压力容器制造的主要工序。
4. 掌握锅炉压力容器制造中常见缺陷的种类、产生的原因、对安全的影响及控制要求。
5. 了解锅炉压力容器制造质量管理方法。

第一节　强度设计概述

一、强度理论

锅炉压力容器一般由筒体和封头组成。旋转壳体的应力分析是设计筒体和封头的理论基础，而强度理论是确定当量应力和破坏判据的依据。在锅炉压力容器强度设计中经常涉及的是第一、第三及第四强度理论。

1. 第一强度理论

也叫最大拉应力强度理论。该理论认为，无论材料处于什么应力状态，只要发生脆性断裂，其共同原因都是由于构件内的最大拉应力 σ_1 达到了极限值。相应的强度条件式为：

$$S_1 = \sigma_1 \leqslant [\sigma]$$

锅炉压力容器通常都由塑性材料制成，一般不会发生脆性断裂，故不适合用第一强度理论进行失效控制。

2. 第三强度理论

也叫最大切应力强度理论。该理论认为，无论材料处于什么应力状态，只要发生屈服失效，其共同原因都是由于构件内的最大切应力 τ_{max} 达到了极限值。相应的强度条件式为：

$$S_3 = (\sigma_1 - \sigma_3) \leqslant [\sigma]$$

第三强度理论适用于塑性材料，与实验结果比较吻合。故对锅炉进行强度设计时，均采用第三强度理论。

3. 第四强度理论

即形状改变比能理论。该理论认为，无论材料处于什么应力状态，只要材料的最大形状改变比能达到极限值，材料将出现屈服破坏现象。相应的强度条件式为：

$$S_4 = \frac{\sqrt{2}}{2} \sqrt{(\sigma_1 - \sigma_2)^2 + (\sigma_2 - \sigma_3)^2 + (\sigma_3 - \sigma_1)^2} \leqslant [\sigma]$$

与第三强度理论相似，第四强度理论适用于塑性材料，与实验结果吻合较好。但由于计算较为复杂，概念不够直观，所以在锅炉压力容器强度设计中使用较少，仅用于某些高压厚壁容器的设计。

二、设计准则

1. 弹性失效准则

按照弹性强度理论，当容器上远离边缘区域的当量应力达到屈服时，即为容器承载的极限状态。它规定了屈服极限是容器失效的应力。考虑安全系数后，容器实际应力处在弹性范围之内。《钢制压力容器》（GB 150—1998）对内压圆筒、内压凸形封头等元件的设计公式都是按弹性失效原则制定的。

2. 塑性失效准则

该准则认为，容器上某一点达到屈服时，并不会导致容器的失效。只有当整体屈服时，才是容器承载的极限状态。它规定了全屈服压力是容器失效的最高压力。考虑安全系数后，可得弯曲应力的强度校核条件达 $1.5[\sigma]^t$。

对于脆性材料，尽管也承受弯曲应力，但当器壁表面达到屈服强度 R_{el} 再继续增加外载荷时，器壁表面不能产生较大的塑性变形而将导致开裂。所以，仅从压力容器设计中引入塑性失效准则这一点考虑，选材时也要尽量将塑性较差的脆性材料排除在外，或采取相应的限制性措施。

3. 弹塑性失效准则

弹塑性失效准则适用于反复加载过程。按照应力分类的概念，当容器边缘区域出现一定量的局部塑性变形时，即为容器承载的极限状态。它考虑到由于边缘应力产生过大的塑性变形时，将会加速疲劳破坏或造成脆性断裂。由于这一失效准则允许结构有局部的塑性变形存在，且由于应力在结构各处的分布不均匀，局部塑性区被广大弹性区所包围，故称之为弹塑性失效准则。弹塑性失效准则也不适用于脆性材料。

4. 疲劳失效准则

该准则认为，容器在交变载荷作用下，当最大交变应力（在循环次数一定时）或循环次数（在最大交变应力一定时）达到疲劳设计曲线的规定值时，即为容器承载的极限状态。当设计规定要求考虑容器的疲劳问题时，除对容器进行强度计算外，还需进行疲劳设计，即进行容器寿命计算。

5. 断裂失效准则

是按照断裂力学概念，以造成容器低应力脆断时的应力或裂纹尺寸作为临界状态的一种计算准则。这种临界状态和相应的断裂失效准则有临界应力强度因子及 K 准则，临界裂纹张开位移及 COD 准则，临界 J 积分及 J 积分准则。断裂失效准则一般应用于带有超标缺陷的在役压力容器的评定，以判定该容器是否可以继续使用（有条件下的监督使用）或报废。

6. 蠕变失效准则

这是容器处在高温工作下的一种设计准则。容器在高温和一定应力的长期作用下，塑性变形将不断积累。当其蠕变速率（或等效蠕变应力）达到一定值时，即为容器承载的极限状态。按照蠕变失效准则进行设计时，应将器壁的蠕变值限制在某一许用范围内。

三、应力分类与分析设计

随着压力容器设计技术的发展，压力容器强度设计出现了两个分支。一个是常规设计，它以壁厚中的薄膜应力或平均应力为基础，通过强度理论建立设计判据；另一个是分析设计，它对容器上的各种应力进行分类，不同的应力在判据中赋予不同的权重。筒体与封头连接处的边缘效应区中，在内压作用下除有薄膜应力外，还有为满足变形连续的弯曲应力；在压力作用下的管板与平封头，沿厚度上分布有弯曲应力。再如，在局部结构不连续处，如开孔或缺口部位，会出现应力集中现象，产生较高的局部应力。

1. 应力分类

应力分类主要依据以下两点：①应力产生的原因与作用，即应力是平衡机械载荷产生的还是变形协调产生的，不同原因所产生的应力具有不同的性质，会导致不同的失效模式。②应力的分布，这里有两层含义，一是应力分布的区域是整体的还是局部的，整体的影响要大，局部的影响相对要小；二是应力沿壁厚的分布情况，不同的应力分布具有不同的应力重分布的能力。

根据以上原则，元件中的应力可分为一次应力、二次应力及峰值应力等。

(1) 一次应力。一次应力是平衡外部机械载荷所产生的应力，它随载荷的增加而增加，一旦平衡不了外载荷，就意味着结构破坏。一次应力包括一次总体薄膜应力、一次弯曲应力和一次局部薄膜应力。

1) 一次总体薄膜应力（p_m）。一次总体薄膜应力影响范围遍及整个结构。在塑性流动过程中一次总体薄膜应力不会发生重新分布，将直接导致结构破坏，因此它对容器的危险性最大。例如：容器壳体在承受内压时的环向与经向的薄膜应力，都属于一次总体薄膜应力。

2) 一次弯曲应力（p_b）。即平衡压力或其他机械载荷所需的沿厚度线性分布的应力，如平封头中心部位在内压下引起的应力。当进入屈服以后，一次弯曲应力可以发生应力重分布，致使平封头承载能力进一步提高。

3) 一次局部薄膜应力（p_L）。其应力水平大于一次总体薄膜应力，但影响范围仅限于局部区域。

(2) 二次应力（Q）。二次应力是为满足结构自身变形协调的需要而产生的应力，其主要特征是自限性。如果二次应力超过屈服极限以后，将产生局部塑性变形。

(3) 峰值应力（F）。峰值应力是由于局部结构不连续或局部热影响所引起的附加于一次应力和二次应力之上的应力增量。峰值应力的特征是局部性与自限性，其应力水平可能超过二次应力但影响范围仅为局部断面。

2. 分析设计

分析设计的基本思想是，对不同类型的应力，在建立设计判据时赋予不同重要性，概括起来主要包含以下几点：

(1) 一次应力中总体薄膜应力的强度小于或等于许用应力，即 $p_m \leqslant [\sigma]$。

(2) 一次应力中局部薄膜应力的强度小于等于 $1.5[\sigma]$，即 $p_L \leqslant 1.5[\sigma]$。

(3) 一次应力中总体薄膜应力或局部薄膜应力和弯曲应力之和的强度小于等于

$1.5[\sigma]$，即 $p_m(p_L)+p_b \leqslant 1.5[\sigma]$。

（4）一次应力中总体薄膜应力或局部薄膜应力和弯曲应力与二次应力之和的强度小于等于 $3[\sigma]$，即 $p_m(p_L)+p_b+Q \leqslant 3[\sigma]$。

碳钢、低合金钢中屈服强度 R_{eL}、抗拉强度 R_m、许用应力 $[\sigma]$ 与一次应力、二次应力、峰值应力的关系如图 4—1 所示。

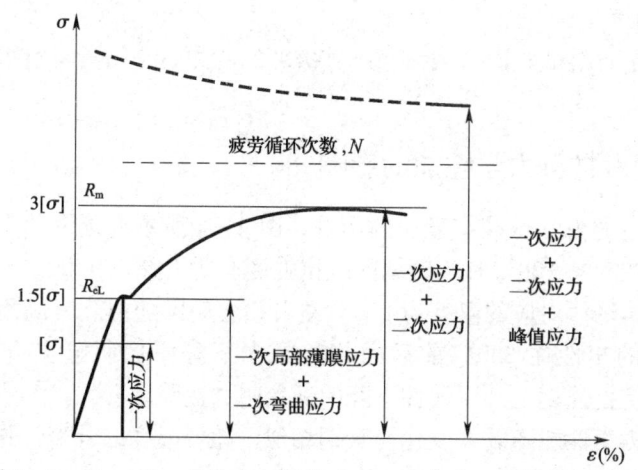

图 4—1　R_{eL}、R_m、$[\sigma]$ 与一次应力、二次应力、峰值应力的关系

第二节　锅炉压力容器用钢材

锅炉压力容器能否安全运行，在很大程度上取决于金属材料的性能。金属材料的性能包括使用性能和工艺性能。使用性能是指材料的物理性能、化学性能和力学性能；工艺性能是指金属的铸造性能、锻造性能、焊接性能、热处理性能和切削性能等。

一、金属材料的常温力学性能

力学性能是金属材料在外力作用下所表现出来的抵抗变形和破坏的能力。力学性能指标包括机械强度、塑性、硬度、韧性以及疲劳断裂性能等指标。

1. 强度与塑性指标

（1）强度。强度是指金属材料在外力作用下抵抗变形和破坏的能力，常见的强度指标有：抗拉强度 R_m、屈服强度 R_{eL}，锅炉及高温压力容器还需考虑高温持久强度 σ_D、蠕变极限 σ_n。

(2)塑性。塑性是指金属材料产生塑性变形的能力。在拉伸试验中，材料的塑性用断后伸长率 A 和断面收缩率 Z 表示。

2. 硬度

硬度表示材料表面抵抗外物压入的能力，是衡量材料软硬程度的指标。常用的硬度指标有布氏硬度（HBW）和洛氏硬度（HRC）。

3. 冲击韧度

冲击韧度是材料抵抗冲击载荷而不被破坏的能力，是衡量材料抵抗冲击载荷能力的指标。

二、温度对材料力学性能的影响

温度对钢材的力学性能有显著的影响，图 4—2 所示为碳钢的力学性能随温度变化的情况。在 50~100℃时，碳钢的抗拉强度有所下降；在 200~300℃时有所提高并出现峰值，峰值对应的温度为 250℃左右；之后即随温度升高而急剧下降。与此相应，碳钢的塑性在 250℃前后的趋势是先下降而后明显上升。碳钢这种在 200~250℃时抗拉强度上升而塑性下降的现象叫"蓝脆性"。

合金钢的力学性能随温度变化与碳钢相似，随着温度的升高，强度降低，塑性增大。

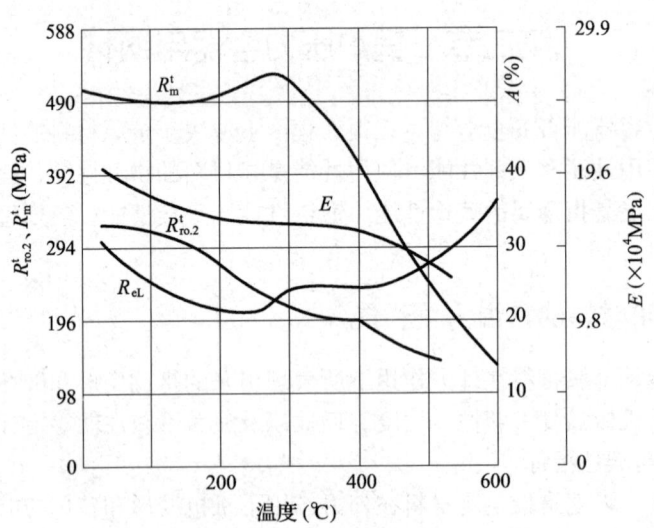

图 4—2　温度对 20 号碳钢力学性能的影响

长期在高温条件下运行的锅炉压力容器，其金属材料还会出现蠕变、松弛等现象。

1. 蠕变

在高温和应力的长期作用下，材料的塑性变形逐渐增加的现象称为蠕变。碳钢在350℃左右出现蠕变，合金钢出现蠕变的温度在400℃以上。蠕变的快慢取决于载荷、温度、材质等因素。对一定的材质，进入蠕变温度范围以后，载荷越大，温度越高，蠕变速度越快，至蠕变破坏所需的时间越短。

通常用持久强度及蠕变极限表示钢材的高温强度，即抗蠕变能力。所谓持久强度是指在一定温度下，经过规定的工作期限（1×10^5 h）引起蠕变破坏的应力，通常以σ_D^t表示。蠕变极限则是在一定温度下，在规定的工作期限（1×10^5 h）内引起规定蠕变变形（1%）的应力，以σ_n^t表示。

2. 热松弛

热松弛是特定情况下的一种蠕变现象，承载初仅发生弹性变形的螺栓或弹簧，在高温和应力作用下逐步产生塑性变形即蠕变变形，由于总应变不变，塑性变形的增加伴随着弹性变形的减少，即弹性变形逐步转化成了塑性变形。而螺栓或弹簧中的应力是与弹性变形成正比的，随着弹性变形的减少和塑性变形的增加，螺栓或弹簧中的应力水平逐渐降低，本来拉紧的螺栓或弹簧产生了松弛。

3. 珠光体球化

锅炉压力容器常用碳素钢和低合金钢，如：20R，16Mng，16MnR，15CrMo，12Cr1MoV等，在常温下的组织一般为铁素体＋珠光体，而珠光体晶粒中的铁素体及渗碳体是呈薄片状相间排列的。当珠光体钢长期在高温下使用时，珠光体中的片状渗碳体会逐渐变成球状，并缓慢聚集长大成球团，这种现象称为珠光体球化。珠光体球化的结果使材料的常温强度及高温强度显著降低，塑性、韧性变差，材质老化。

4. 石墨化

钢在高温、应力长期作用下，珠光体内渗碳体自行分解出石墨的现象，称为石墨化或析墨现象。石墨的强度很低，相当于在金属内部形成了空穴，从而出现应力集中，使金属发生脆化，强度、塑性、冲击韧度降低。

石墨化与珠光体球化相关，珠光体球化到一定程度时，就会出现石墨化现象。焊缝的热影响区最易发生石墨化，往往沿着热影响区的外缘析出石墨。对于在用锅炉压力容器材料的珠光体球化和石墨化的检查，可采用金相检验法、化学成分分析法、硬度测定法及力学性能试验法等方法进行检查，以确定组织缺陷是否存在及严重程度。

三、钢材的脆性

锅炉压力容器受压元件所用钢材在常温静载荷条件下一般都有良好的塑性和韧性性能，工程上习惯称为塑性材料。在使用这些钢材时，对可能发生的脆性破坏往往不够注意。实际上钢材只是在特定的条件下才有较好的塑性及韧性，例如介质的腐蚀性不大、局部应力集中较小、加工成形后通过热处理消除残余应力，以及工作压力变化不很频繁等，但这些特定条件并不是每个受压元件都具备的。

1. 冷脆性

金属材料在低温下呈现的脆性称为冷脆性。冷脆现象一般在低于0℃时出现，但经过长期蠕变的材料，其冷脆现象也可能发生在室温以上。对于在低温条件下工作的受压元件，考虑钢材冷脆性是选用钢材种类的基本要求。对于高温条件下工作的受压元件，例如锅炉的锅筒、集箱及化工设备中的热交换器等，虽然在运行状态下材料的塑性性能较好，但在室温下进行水压试验时仍有可能引起脆性破坏。为了避免在水压试验时发生破坏，国内外都规定了试验用水的温度。

（1）韧脆转变温度。钢材在载荷作用下有延性断裂和脆性断裂两种形式，钢材对这两种破坏形式的抗力是不同的。若外界因素对钢材的作用首先到达某一种破坏形式的抗力，则钢材将发生该种形式的破坏。从宏观角度讲，延性断裂是由于外界因素所产生的最大切应力先到达材料的切断抗力所致，而脆性断裂是最大拉应力先到达材料的断裂抗力所致。一般情况下，钢材的断裂抗力对温度变化不敏感，而切断抗力对温度变化很敏感，随着温度的增加急剧降低。因此在温度较高时，外界因素所产生的最大切应力先到达切断抗力的可能性较大，材料呈延性断裂；在温度较低时，切断抗力增加速度比断裂抗力快得多，在最大切应力未到达切断抗力前，最大拉应力可能已到达材料的断裂抗力，这样材料将呈脆性断裂。因此，当温度逐渐降低时，材料的破坏形式将由延性断裂逐渐转变为脆性断裂。两种破坏形式转变点的温度称为韧脆转变温度 T_K，T_K 值越高，材料延性断裂的温度范围就越小，脆性断裂的可能性越大。

（2）无塑性转变温度。为避免钢材在使用中因冷脆而断裂，就要测定该钢种由韧性转变为脆性的温度，即所谓的脆性转变温度 NDT（或称为无塑性转变温度）。

不同的材料具有不同的脆性转变温度。即使同一种材料，在不同的情况下（如热处理状态、晶粒度、内部缺陷尖锐程度及板厚等不同），脆性转变温度也会不同。测定材料的脆性转变温度，可通过试样在不同温度下的冲击试验，找出 A_K 值显著降低而呈现脆性的温度，即脆性转变温度。

2. 热脆性

钢材长时间停留在 400～500℃后再冷却至室温时,冲击韧度值有明显的下降,这种现象称为钢材的热脆性。值得注意的是,具有热脆性的钢材在高温下并不脆化,仍具有较高的冲击韧度,只有当冷却至室温时,才显示出脆化现象。对于工作温度在 400～500℃内的受压元件,必须重视热脆性问题。例如锅炉蒸汽管道在启动及停炉过程中,在低温阶段,由于水击及振动等原因很容易造成脆性破坏。

3. 氢脆

金属中的氢是一种有害元素,只要极少量的氢(如质量分数为 1×10^{-6})即可导致金属变脆。氢脆是在应力和氢的共同作用下使金属材料塑性、韧性下降的一种现象。引起氢脆的应力可以是外加应力,也可以是残余应力。金属中的氢则可能是本来就存在于其内部的,也可能是由表面吸附而进入其中的。例如焊接过程中水分或油污在电弧高温下分解出的氢溶解入钢材中;锅炉运行中,蒸汽腐蚀产生的氢渗入钢材中,多发生在过热器管子、汽水分层且蒸汽停滞的蒸发受热面管子中。

$$4H_2O + 3Fe \xrightarrow{>400℃} Fe_3O_4 + 8H$$

氢对钢材的脆化过程是一个微观裂纹在高应力作用下扩展的过程。由于氢由原来的位置扩散到新的裂纹尖端处需要相当的时间,所以氢脆是一种延迟断裂。为了防止发生氢脆,应对钢材中氢的来源进行严格控制。在焊接过程中,尽量去除焊条及焊剂中的水分,保持焊缝区清洁。对于氢脆倾向较大的钢材,在焊后必须进行消氢处理。此外,为了防止锅炉受压元件的蒸汽腐蚀,在结构设计及运行时,尽量避免管子超温过热。

4. 苛性脆化

苛性脆化是由于溶液内具有含量很高的苛性钠(NaOH)促使钢材腐蚀加剧而引起脆化的现象。一般认为苛性脆化是一种电化学腐蚀。当元件承受应力作用时,晶粒内部与晶间产生了电位差,具有负电位的晶界与溶液发生电化学反应使晶界金属被腐蚀。苛性钠含量越高,OH^- 越多,上述电化学反应越剧烈。由此可见,产生苛性脆化必须具备三个条件:元件承受较高的局部应力,一般至少应接近钢材的屈服强度;在元件高应力区具有与高含量苛性钠溶液相接触的条件;具有一定的工作温度。

四、钢材的腐蚀

1. 应力腐蚀

由拉应力与腐蚀介质联合作用而引起的脆性断裂称为应力腐蚀。不论是塑性材料还是脆性材料都可能产生应力腐蚀。它与单纯的由应力造成的破坏或由腐蚀引起的破坏不同。一定的条件下，在较低的应力水平或腐蚀性较弱的介质中，也能引起应力腐蚀。应力腐蚀所引起的破坏在事先往往没有明显的变形预兆，突然发生脆性断裂，故它的危害性很大。

2. 氧腐蚀

天然水中常溶有一定量的氧气。当把未除氧或除氧不完全的水送入锅炉时，随着水被加热，水中溶解的氧将析出并与钢材壁面接触，使钢材产生以氧为去极剂的电化学腐蚀，造成金属腐蚀减薄或穿孔。锅炉中水侧氧腐蚀常发生在给水管道及省煤器中，无省煤器时常发生在锅筒及水冷壁管中。水压试验后未把水排净的容器及底部积水的气瓶，也会发生氧腐蚀。

3. 锅炉烟气侧的低温硫腐蚀

锅炉燃料中的可燃硫燃烧后大部分形成 SO_2，少量形成 SO_3。烟气中的 SO_3 尽管含量极少，但可显著提高烟气的露点温度，在锅炉尾部受热面上凝结硫酸露。硫酸露在尾部受热面造成低温硫酸腐蚀及堵灰，严重时会损坏设备，影响锅炉运行。

低温硫腐蚀常发生在锅炉省煤器、空气预热器等部件及除尘器上。防范措施是燃料脱硫，改善燃烧减少 SO_3 的生成，用耐硫腐蚀材料作锅炉尾部受热面低温部分。

4. 压力容器在特定介质作用下的腐蚀

压力容器盛装的工作介质，很多具有腐蚀性，如各种酸、碱及气体介质。若防范不当，就会造成严重腐蚀。即使采取了一定的设计及运行措施，也往往难于避免这类腐蚀。

五、对锅炉压力容器用钢的要求

对锅炉压力容器用钢的要求主要包括冶金质量、力学性能、工艺性能和耐腐蚀性能。

1. 冶金质量

钢材的冶金质量一般包括冶炼方式，硫、磷及存在于钢中其他有害元素的含量，晶粒度，夹杂物的类型、数量和分布，气体含量及疏松、偏析、裂纹等问题。《钢制压力容器》(GB 150—1998) 规定，压力容器受压元件用钢应为平炉、电炉或氧化转炉冶炼。钢材的含碳量一般不大于 0.25%，为了减少钢材的热脆和冷脆倾向，钢材的化学成分中的硫、磷含量应予控制。钢材应具有良好的低倍组织和表面质量，分层、疏松、非金属夹杂物、气孔等缺陷应尽可能少，不允许有裂纹和白点。

2. 力学性能

制造锅炉压力容器部件的材料应具有足够的强度，以防止在承受压力时发生塑性变形甚至断裂。对于在常温和蠕变温度以下使用的压力容器，强度指标主要是屈服强度 R_{eL} 和抗拉强度 R_m，它们是确定其钢板厚度的计算依据。对于长期在高温下使用的锅炉压力容器，还应考虑材料的抗蠕变性能，按材料的高温强度指标——蠕变极限 σ_n^t 与持久强度 σ_D^t，并同 R_{eL}、R_m 一起作为确定许用应力的依据。

为保证在承受载荷时不发生脆性破坏，制造锅炉压力容器的钢材除了要有足够的强度，还应有良好的塑性与韧性。从安全的角度考虑，良好的塑性和韧性十分重要。首先，塑性变形能够缓和应力集中，有利于防止元件产生不能预料的早期破坏；其次，良好的塑性是加工工艺的需要；再次，较高的韧性可以保证设备在承受外加载荷时不发生脆性断裂。根据使用状态的不同，材料的韧性指标包括常温冲击韧度、低温冲击韧度和时效冲击韧度等。有关标准还规定了锅炉压力容器用钢的最低塑性值，即钢材的断后伸长率 A 不得低于 18%。

3. 工艺性能

压力容器一般采用卷板或冲压成形的焊接结构，而钢板生产要经过锻造、热轧等过程。所以要求钢材应具有良好的冷、热加工性能和焊接性能。良好的冷塑性变形能力可以使钢材在加工时容易成形且不会产生裂纹等缺陷。较好的可焊性可以保证材料在规定的焊接工艺条件下获得质量优良的焊接接头。具有适宜的热处理性能，容易消除加工过程中产生的剩余应力，而且对焊后热处理裂纹不敏感。

钢材的可焊性主要与钢材中碳的含量有关，也与其他合金元素含量有关。合金元素对可焊性的影响比碳元素小。通常把合金元素折算成相应的碳元素，以碳当量的大小粗略地衡量钢材可焊性的大小。碳素钢及低合金结构钢的碳当量，可采用下式估算：

$$C_d = C + \frac{Mn}{6} + \frac{Cr + Mo + V}{5} + \frac{Ni + Cu}{15} \qquad (4-1)$$

式中　C_d——碳当量，%；

　　　C，Mn，…，Cu——钢中碳、锰……铜等成分的含量，%。

经验表明，当 $C_d < 0.4\%$ 时，可焊性良好，焊接时可不预热；当 $C_d = 0.4\% \sim 0.6\%$ 时，钢材的淬硬倾向增大，焊接时需采用预热等技术措施；当 $C_d > 0.6\%$ 时，属于可焊性差或较难焊的钢材，焊接时需采用较高的预热温度和严格的工艺措施。

4. 耐腐蚀性能

耐腐蚀性能是指材料在使用条件下抵抗工作介质腐蚀的能力。设计压力容器时，必须根据其使用条件，选择适当的耐腐蚀材料。对于高温压力容器用材，还应具有抗氧化性能。

金属材料的腐蚀速度常用单位时间内单位面积的腐蚀质量或单位时间的腐蚀深度来评定。化工设备选材时，通常按腐蚀深度评定金属的耐腐蚀性能，以腐蚀速率小于 0.1 mm/a 为耐蚀；腐蚀速率为 0.1～1 mm/a 为耐蚀、可用；腐蚀速率大于 1 mm/a 为不耐蚀（不可用）。

实际上，均匀腐蚀现象在压力容器中并不多，常见的是点腐蚀、深坑腐蚀和最为危险的晶间腐蚀或应力腐蚀。这类腐蚀不但与介质性质有关，而且与使用的温度、压力等多种因素有关。如氢气在常温、低压下对碳钢无腐蚀，而在高温高压下则产生严重的氢腐蚀；干燥的氯气对钢不腐蚀，如含有水分则腐蚀严重。所以在选材时，必须根据介质在正常操作和可能发生的不利条件下的耐腐蚀性能来考虑，必要时应通过模拟试验来确定。

六、锅炉压力容器常用钢材

对于锅炉和不同用途的压力容器，其工作压力、工作温度、介质特性各不相同，因此需要结合使用条件来选用钢材。

1. 碳素钢

碳素钢具有良好的塑性和韧性，工艺加工性好，特别是可焊性好。虽然强度相对较低，但仍能满足一般锅炉压力容器受压元件的要求。

压力容器常用的碳素钢有碳素结构钢和专用碳素钢两种。《钢制压力容器》(GB 150—1998) 列入的碳素钢板有：普通碳素钢 Q235－B 和 Q235－C、压力容器钢 20R；碳素钢管 10、20、20g；碳素钢锻件 20、35；碳素钢螺柱和螺母 35 等。碳素钢一般用于制造中低压小型容器的壳体、法兰或管板等。

2. 低合金钢

在普通低碳钢内加入少量合金元素（一般总量小于 3%），就可获得高强度、高韧性和良好可焊性与耐腐蚀的普通低合金结构钢。

常用的低合金钢材有四类：钢板、钢管、锻件和螺柱，其中属钢板的用量最大。常用的钢板有：16MnR、15MnNbR、18MnMoNbR。常用的钢管有：16Mn、09MnD、12CrMo、10MnWVNb 等。

3. 高合金钢

常用的高合金钢材有 0Cr13、0Cr18Ni9、0Cr18Ni10Ti、0Cr17Ni12Mo2 等。0Cr13 是铁素体钢,以铬为主要合金元素,一般含碳≤0.15%,含铬量在 12%~13%。

这类钢在加热和冷却时不发生相变,因此不能用热处理方法改变其组织和性能。通常用于腐蚀性不强和防污染的设备,如抗水蒸气、碳酸氢铵等设备。

4. 热强钢

用于制造锅炉受压元件的热强钢包括低合金热强钢、奥氏体不锈耐热钢和马氏体热强钢。热强钢的抗氧化性主要通过合金化实现,合金化作用的关键是在钢的表面形成一层完整、致密和稳定的氧化物保护膜,最有效的合金元素是 Cr、Si 和 Al。常见的热强钢包括:12CrMoG、15CrMoG、12Cr1MoVG、12Cr2MoWVTiB、1Cr18Ni9、1Cr19Ni9、10Cr9Mo1VNb 等。

5. 低温用钢

设计温度≤-20℃的压力容器为低温容器,其破坏的主要原因是低温脆性断裂。大多数钢材随着温度的降低,强度会有所增加,而韧性则下降,并且存在于钢中的硫、磷等微量元素和氮、氢、氧等对钢的低温韧性都产生不良的影响,所以低温容器用钢中硫、磷的含量都低于一般合金钢。《钢制压力容器》(GB 150—1998) 列入的低温用钢的钢号有:16MnDR、15MnNiDR、09MnNiDR 和 07MnNiCrMoVDR。

第三节 筒体与封头强度设计

一、主要设计参数

1. 压力和温度

(1) 压力。

1) 工作压力。指在正常工作情况下,容器顶部可能达到的最高压力。对于内压容器,指容器在工作过程中其顶部可能出现的最高压力;对于真空容器,指容器在正常工作过程中其顶部可能出现的最大真空度;对于夹套容器,指夹套顶部可能出现的最大压力差值。

2) 设计压力。指在相应设计温度下用以确定容器壳体厚度的压力,对于工作压力小于 0.1 MPa 的内压容器,设计压力取 0.1 MPa。

3) 计算压力。指在相应设计温度下,用以确定元件厚度的压力,其中包括液柱静压力。当元件所承受的液柱静压力小于 5%设计压力时,可忽略不计。

计算压力与设计压力的概念是有所区别的,设计压力是确定容器壳体厚度的压力,考虑一定的安全裕量或考虑设置安全泄压装置等因素,而计算压力是具体受压元件的计算参考,一台设备的多个元件可能有各自的计算压力,而设计压力只有一个。

一般情况下,压力容器的计算压力为最大工作压力的1.0~1.1倍;锅炉的计算压力为:$p=p_g+\Delta p_a$,其中 p_g 为工作压力,Δp_a 为压力差,可按表4—1选取。

表4—1　　　　　　　　　锅炉额定压力与差值的关系

锅炉额定压力 p_e（MPa）	Δp_a（MPa）
$p_e \leqslant 0.8$	0.03
$0.8 < p_e \leqslant 5.9$	$0.04 p_e$
$p_e > 5.9$	$0.05 p_e$

(2) 温度。

1) 工作温度。锅炉压力容器在正常工作情况下,其部件可能达到的最高温度。

2) 设计温度（计算壁温）。设计温度是用于确定壳体厚度的温度。压力容器根据工艺条件确定实际工作温度,在实际工作温度的基础上向上圆整得到设计温度。锅炉强度计算中采用的设计温度叫做计算壁温,确定计算壁温的目的是选取合适的材料并确定在该温度下的许用应力。锅炉元件的计算壁温以元件内部介质的额定温度（t_J）或对应压力下介质饱和温度（t_b）为基础,向上增加一个温差来确定,见表4—2和表4—3。

表4—2　　　　　　　　锅壳锅炉计算壁温（GB/T 16508—1996）

受压元件型式及工作条件	计算壁温（℃）
防焦箱	t_J+110
直接受火焰辐射的锅壳筒体、炉胆、炉胆顶、平板、管板、火箱板、集箱	t_J+90
与温度900℃以上烟气接触的锅壳筒体、回燃室、平板、管板、集箱	t_J+70
与温度600~900℃烟气接触的锅壳筒体、回燃室、平板、管板、集箱	t_J+50
与温度低于600℃烟气接触的锅壳筒体、平板、管板、集箱	t_J+25
水冷壁管	t_J+50
对流管、拉撑管	t_J+25
不直接受烟气或火焰加热的元件	t_J

表 4—3　　　　　　　　水管锅炉计算壁温（GB 9222—1988）

元件	工作条件			计算壁温（℃）
锅壳筒体	不受热（在烟道外）			t_b
	采取可靠绝热措施		在烟道内	t_b+10
			在炉膛内	t_b+40
	不绝热		在烟温不超过 600℃ 的对流烟道内	t_b+30
			在烟温为 600~900℃ 的对流烟道内	t_b+50
			在烟温为 900℃ 以上的对流烟道内或炉膛内	t_b+90
	被密集管束所遮挡			t_b+20
	内部介质	工作条件		计算公式
集箱和防焦箱筒体	水或汽水混合物	在烟道外（不受热）		$t_{bi}=t_J$
		在烟道内，采取可靠绝热措施，防止辐射和燃烧产物的直接作用		$t_{bi}=t_J+10$
		在烟温不超过 600℃ 的对流烟道内，不绝热		$t_{bi}=t_J+30$
		在烟温为 600~900℃ 的对流烟道内，不绝热		$t_{bi}=t_J+50$
		在炉膛内，不绝热		$t_{bi}=t_J+110$
	饱和蒸汽	在烟道外（不受热）		$t_{bi}=t_b$
		在烟道内，采取可靠绝热措施，防止辐射和燃烧产物的直接作用		$t_{bi}=t_b+25$
		在烟温不超过 600℃ 的对流烟道内，不绝热		$t_{bi}=t_b+40$
		在烟温为 600~900℃ 的对流烟道内，不绝热		$t_{bi}=t_b+60$
	过热蒸汽	在烟道外（不受热）		$t_{bi}=t_J+X\Delta t$
		在烟道内，采取可靠绝热措施，防止辐射和燃烧产物的直接作用		$t_{bi}=t_J+25+X\Delta t$
		在烟温不超过 600℃ 的对流烟道内，不绝热		$t_{bi}=t_J+40+X\Delta t$
		在烟温为 600~900℃ 的对流烟道内，不绝热		$t_{bi}=t_J+60+X\Delta t$

续表

元件	工作条件	计算壁温（℃）
沸腾管	锅炉额定压力不超过 13.7 MPa，q_{max} 不超过 470 kW/m²	$t_{bi}=t_b+60$
省煤器	对流式省煤器	$t_{bi}=t_J+30$
省煤器	辐射式省煤器	$t_{bi}=t_J+60$
过热器	对流式过热器	$t_{bi}=t_J+60$
过热器	辐射式或半辐射式（屏式）过热器	$t_{bi}=t_J+100$
管道	在烟道外（不受热）	$t_{bi}=t_J$

其中 t_{bi}——计算壁温，℃；

X——介质混合程度系数；

Δt——温度偏差，℃。

2. 安全系数与许用应力

材料许用应力是指在进行强度计算时实际元件材料所允许采用的最高应力。许用应力是以材料的极限应力为依据，并除以合理的安全系数后得到的，即：

$$[\sigma]=\frac{极限应力}{安全系数} \quad (4-2)$$

对于低碳钢或低碳合金钢，一般采用屈服强度 R_{eL} 和抗拉强度 R_m 作为极限应力。钢材在高温下工作时，还应考虑其蠕变极限 σ_n^t 和持久极限 σ_D^t。这四种极限应力所对应的安全系数分别用符号 n_s、n_b、n_n 和 n_D 表示，其取值见表 4—4。

表 4—4　　　　　　　中低压容器所用材料的安全系数

碳素钢，低合金钢	$n_s \geqslant 1.6$	$n_b \geqslant 3$	$n_n \geqslant 1$	$n_D \geqslant 1.5$
高合金钢	$n_s \geqslant 1.5$①	$n_b \geqslant 3$	$n_n \geqslant 1$	$n_D \geqslant 1.5$

①对奥氏体高合金钢受压元件，当设计温度低于蠕变温度，且允许有微量永久变形时，许用应力值可以适当提高至 $0.9R_{eL}$，但不超过 $R_{eL}/1.5$。此规定不适用于有少许变形就产生泄漏的场合，如法兰等。

3. 减弱系数

（1）焊缝减弱系数（焊接接头系数）。焊接部件的强度受焊接质量的影响。焊缝减弱系数 φ 表示焊缝中可能存在的缺陷对结构原有强度削弱的程度，其大小取决于施焊质量和无损检测情况。锅炉压力容器相关的技术规范中，分别对焊缝减弱系数做了规定，见表 4—5、表 4—6、表 4—7。

表 4—5　　　　　　　焊接接头系数（GB 150—1998）

焊缝接头形式	检验要求	焊缝系数 φ
双面焊对接接头或相当于双面焊的全焊透对接接头	100%无损检测	1.0
	局部无损检测	0.85
单面焊对接接头（沿焊缝根部全长有紧贴基本金属的垫板）	100%无损检测	0.9
	局部无损检测	0.8

表 4—6　　　　　　　焊缝减弱系数（GB 9222—1988）

焊接方法	焊缝形式	焊缝减弱系数 φ_h
手工电弧焊或气焊	双面焊接有坡口对接焊缝	1.00
	有氩弧焊打底的单面焊接有坡口对接焊缝	0.90
	无氩弧焊打底的单面焊接有坡口对接焊缝	0.75
	在焊缝根部有垫板或垫圈的单面焊接有坡口对接焊缝	0.80
熔剂层下的自动焊	双面焊接对接焊缝	1.00
	单面焊接有坡口对接焊缝	0.85
	单面焊接无坡口对接焊缝	0.80
电渣焊		1.00

表 4—7　　　　　　　焊缝减弱系数（GB/T 16508—1996）

焊接方法	焊缝形式	焊缝减弱系数 φ_h
手工电焊	双面焊	0.95
	焊缝根部有垫板的单面焊	0.80
	单面焊	0.70
熔剂层下的自动焊	双面焊	1.00
	单面焊	0.80

(2) 孔桥减弱系数。锅炉的锅筒、锅壳、集箱等部件常常开设一定数量的孔口，以便与管子或管道连接。壳体上开孔减小了金属承载面积，增大了开孔区特别是孔边的应力。设开孔的直径为 d_1，则其影响区半径为：

$$R_1 = \frac{d_1}{2} + \sqrt{D_p \delta} \tag{4—3}$$

式中　D_p——壳体直径，mm；
　　　δ——壳体厚度，mm。

同样，如果与 d_1 相邻的孔为 d_2，则其影响区半径为：

$$R_2 = \frac{d_2}{2} + \sqrt{D_p \delta} \tag{4—4}$$

于是，相邻两孔高应力影响区重叠的临界节距为 t_0，如图 4—3 所示。

$$t_0 = R_1 + R_2 = \frac{d_1 + d_2}{2} + 2\sqrt{D_p \delta} \tag{4—5}$$

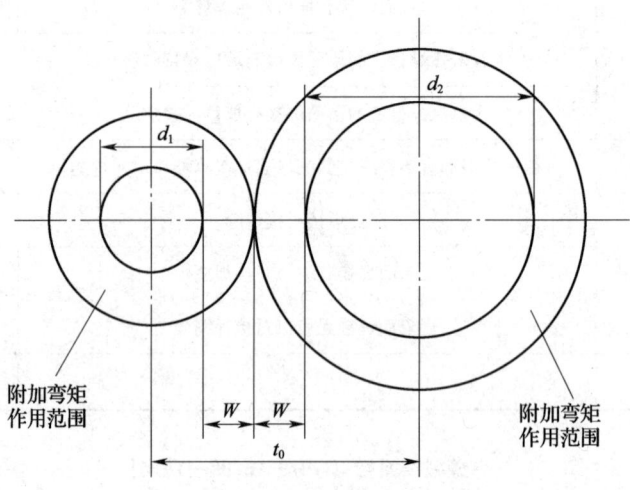

图 4—3　相邻两孔的临界节距

如果相邻两孔之间的节距 $<t_0$，表明两孔周围的高应力区相互重叠，对于塑性比较好的材料来说，该区域内的应力会重新分布；如果相邻两孔之间的节距 $>t_0$，表明两孔周围的高应力区互不影响。根据两孔之间的距离和 t_0 可以将多孔布置分为单孔、孔排和孔桥。相邻孔之间的节距 $\geq t_0$，两孔之间的附加应力互不影响，这样的孔称为单孔；相邻孔之间的节距 $<t_0$，孔边附加应力相互重叠，这样的孔称孔排；构成孔排的相邻孔之间的桥形地带称为孔桥。

根据孔桥的方位可以把孔桥分为三种：纵向孔桥、横向孔桥和斜向孔桥，如图

4—4 所示。孔桥上的应力基本呈均匀分布,因此孔排对筒体强度的削弱程度可以用孔桥承载截面积的减少程度来表示,即开孔后的承载截面积与开孔前的承载截面积之比,称为孔桥减弱系数。

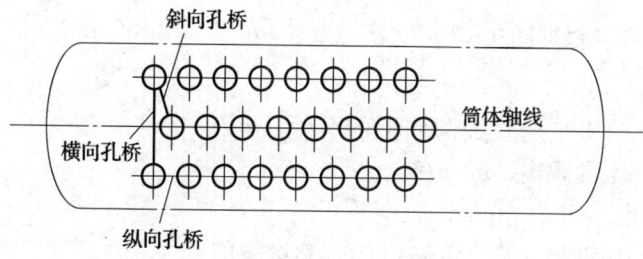

图 4—4　筒体上的三种孔桥

1) 纵向孔桥减弱系数。纵向孔桥的结构形式如图 4—5 所示。根据孔桥减弱系数的定义,纵向孔桥减弱系数为:

$$\varphi = \frac{(t-d)\delta}{t\delta} = \frac{t-d}{t} \qquad (4—6)$$

2) 横向孔桥减弱系数。横向孔桥结构形式如图 4—6 所示,在一个圆弧形桥节距内开孔前后的承载截面比为:

$$\varphi' = \frac{(t'-d)\delta}{t'\delta} = \frac{t'-d}{t'} \qquad (4—7)$$

式中　t'——筒体平均直径 ($D_i+\delta$) 圆周上的节距。

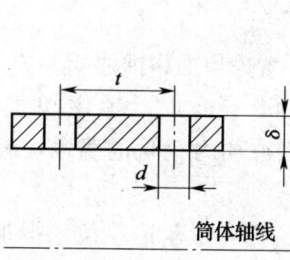

图 4—5　纵向孔桥结构

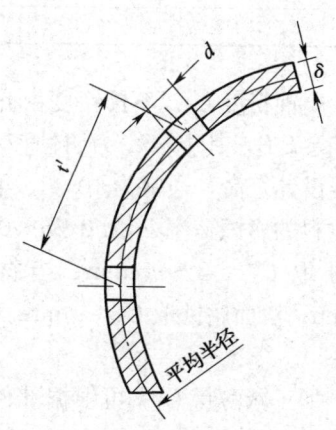

图 4—6　横向孔桥结构

3) 斜向孔桥减弱系数。斜向孔桥结构形式如图 4—7 所示,在一个空间弧形桥节距内,开孔前后的承载截面比为:

$$\varphi'' = \frac{(t''-d)\delta}{t''\delta} = \frac{t''-d}{t''} \quad (4—8)$$

式中 t'' 为斜向节距。根据图 4—7 可知:$t'' = \sqrt{a^2+b^2} = a\sqrt{1+n^2}$

a 为两孔在筒体平均直径圆周上的节距,b 为两孔在轴线方向上的距离,$n=b/a$。

4. 附加厚度

附加壁厚包括钢板(管)负偏差 C_1、腐蚀裕度 C_2、加工减薄量 C_3。在压力容器设计中仅考虑 C_1 和 C_2,故

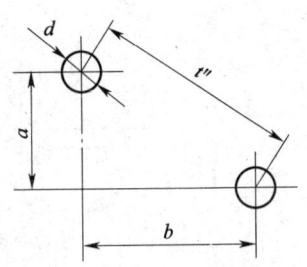

图 4—7 斜向孔桥结构

$$C = C_1 + C_2 \quad (4—9)$$

(1) 钢板(管)负偏差 C_1。国家标准允许供货的钢板(管)有一定的正负偏差,由于负偏差会带来钢板(管)的事实减薄,因此,在设计过程中必须予以考虑。钢板的负偏差可按表 4—8 考虑。

表 4—8		钢板的负偏差			mm
钢板厚度	2.5	2.8~3.0	3.2~3.5	3.8~4.0	4.5~5.5	6~7
负偏差	0.2	0.22	0.25	0.3	0.5	0.6
钢板厚度	8~25	26~30	32~34	36~40	42~50	52~60
负偏差	0.8	0.9	1.0	1.1	1.2	1.3

(2) 腐蚀裕度 C_2。腐蚀裕度由介质对材料的均匀腐蚀速率与容器的设计寿命决定,$C_2 = k_s B$,其中:k_s 为腐蚀速率(mm/a),查材料腐蚀手册或由试验确定,B 为容器设计寿命,通常为 10~15 年。

当材料的腐蚀速率 k_s 为 0.05~0.1 mm/a 时,考虑单面腐蚀取 $C_2 = 1~2$ mm,双面腐蚀取 $C_2 = 2~4$ mm;当材料的 $k_s < 0.05$ mm 时,考虑单面腐蚀取 $C_2 = 1$ mm;双面腐蚀取 $C_2 = 2$ mm。对不锈钢,当介质对钢材的腐蚀极轻微时可以取 $C_2 = 0$。

(3) 加工减薄量 C_3。可根据部件的加工工艺条件,由制造单位依据加工工艺和加工能力自行选取,见表 4—9。按《钢制压力容器》(GB 150—1998)的规定,钢制压力容器设计图样上注明的厚度不包括加工减薄量。

表 4—9　　　　　　　　　加工工艺减薄量　　　　　　　　　　mm

卷制工艺		减薄量
热卷	高压或超高压筒体	4
	中压筒体	3
	低压筒体	2
冷卷	热校	1
	冷校	0

5. 厚度

(1) 计算厚度（δ）。指按强度理论建立的厚度计算公式计算得到的厚度。

(2) 设计厚度（δ_d）。指计算厚度与腐蚀裕量 C_2 之和。

(3) 名义厚度（δ_n）。指设计厚度加上钢材厚度负偏差 C_1 后向上圆整至钢材标准规格的厚度，即标注在图样上的厚度。

(4) 有效厚度（δ_e）。指名义厚度减去钢材厚度负偏差 C_1 和腐蚀裕量 C_2 后的厚度。

压力容器设计中各种厚度之间的关系如图 4—8 所示。

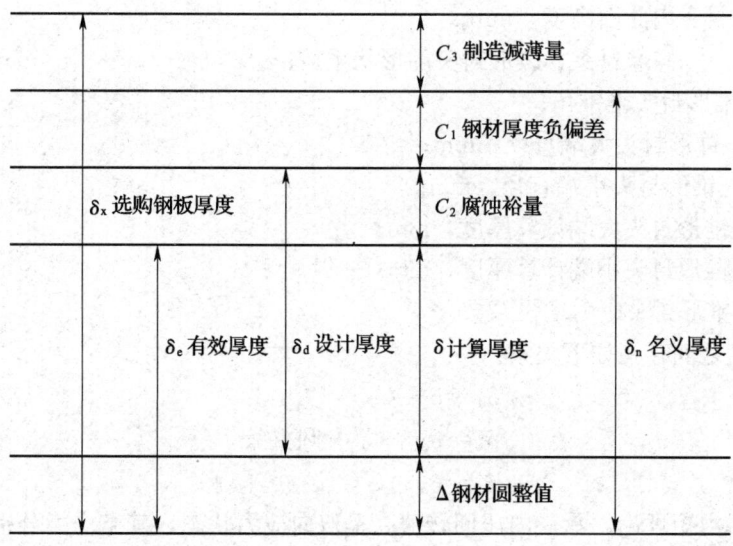

图 4—8　各种厚度之间的关系

二、内压筒体与封头设计

为了叙述方便,先将在本节使用的符号统一说明如下:

p_c——计算压力,MPa;

D_i——内直径,mm;

C——壁厚附加量,mm;$C=C_1+C_2$

C_1——钢板厚度负偏差,mm,见表4—8;

C_2——腐蚀裕量,mm;

$[\sigma]^t$——设计温度下材料的许用应力,MPa;

φ——焊缝系数,见表4—5~表4—7;

$[p_w]$——最大允许工作压力,MPa;

σ^t——设计温度下的计算应力,MPa;

δ——计算壁厚,mm;

δ_d——设计壁厚,mm;

δ_n——名义壁厚,mm;

δ_e——有效壁厚,mm;

R_i——碟形封头球面部分内半径,mm;

r_i——碟形封头过渡区转角内半径,mm;

h_i——封头内曲面高度,mm;

K、M——椭球封头、碟形封头的形状系数;

α——锥形封头半锥角;

D_c——锥形封头大端直径,mm;

D_{is}——锥形封头小端直径,mm;

δ_c——锥形封头大端计算厚度,mm;

δ_r——锥形封头小端计算厚度,mm;

Q——锥形封头应力增强系数。

各厚度之间存在如下关系:

$$\delta_d = \delta + C_2$$

$$\delta_n = \delta_d + C_1 + 圆整量$$

$$\delta_e = \delta_n - C$$

根据无力矩理论,承受内压回转薄壳呈双向应力状态,其主应力分别为:

$$\sigma_1 = \sigma_\theta, \quad \sigma_2 = \sigma_\varphi, \quad \sigma_3 = \sigma_z = 0$$

因 $\sigma_3=0$，所以按第一强度理论和第三强度理论算得的当量应力相同，即：
$$S_1 = S_3 = \sigma_1 - \sigma_3 = \sigma_1 = \sigma_\theta$$

1. 圆筒与球壳强度设计

(1) 圆筒。
$$\sigma_1 = \sigma_\theta = \frac{pR}{\delta}$$
$$\sigma_2 = \sigma_\varphi = \frac{pR}{2\delta}$$
$$\sigma_3 = 0$$

强度条件为：$S_3 = \sigma_1 - \sigma_3 = \dfrac{pR}{\delta} \leqslant [\sigma]$

考虑计算压力、焊缝系数及附加壁厚后，计算厚度设计公式为：
$$\delta = \frac{p_c D_i}{2[\sigma]^t \varphi - p_c} \tag{4—10}$$

最大允许工作压力：
$$[p_w] = \frac{2[\sigma]^t \varphi \delta_e}{D_i + \delta_e} \tag{4—11}$$

应力校核：
$$\sigma^t = \frac{p_c (D_i + \delta_e)}{2\delta_e \varphi} \tag{4—12}$$

必须满足 $\sigma^t \leqslant [\sigma]^t$

(2) 球壳。
$$\sigma_1 = \sigma_2 = \sigma_\theta = \sigma_\varphi = \frac{pR}{2\delta}$$
$$\sigma_3 = 0$$

强度条件为：
$$S_3 = \sigma_1 - \sigma_3 = \frac{pR}{2\delta} \leqslant [\sigma]$$

考虑计算压力、焊缝系数及附加壁厚后，计算厚度设计公式为：
$$\delta = \frac{p_c D_i}{4[\sigma]^t \varphi - p_c} \tag{4—13}$$

最大允许工作压力：
$$[p_w] = \frac{4[\sigma]^t \varphi \delta_e}{D_i + \delta_e} \tag{4—14}$$

应力校核：

$$\sigma^t = \frac{p_c(D_i + \delta_e)}{4\delta_e \varphi} \quad (4-15)$$

必须满足 $\sigma^t \leqslant [\sigma]^t$

【例 4—1】 内直径 $D_i = 800$ mm 的圆筒体，采用 16MnR 钢板卷制而成。计算压力 $p_c = 2.5$ MPa，设计温度 $t = 300℃$，腐蚀裕度 $C_2 = 1.6$ mm，焊缝系数 $\varphi = 1.0$。试计算确定圆筒体的名义厚度。

【解】 初步设定钢板的名义厚度在 6～16 mm 内，6～16 mm 厚的 16MnR 钢板在 300℃时的许用应力为 $[\sigma]^t = 144$ MPa。

1) 计算壁厚

$$\delta = \frac{p_c D_i}{2[\sigma]^t \varphi - p_c} = \frac{2.5 \times 800}{2 \times 144 \times 1.0 - 2.5} = 7.01 \text{ mm}$$

2) 设计厚度

$$\delta_d = \delta + C_2 = 7.01 + 1.6 = 8.61 \text{ mm}$$

3) 名义厚度

因设计厚度 $\delta_d = 8.61$ mm，所以壳体的名义厚度一定在 8～25 mm 范围内，查表 4—8 可知厚度在 8～25 mm 范围内的钢板，负偏差为 $C_1 = 0.8$ mm，则

$\delta_n = \delta_d + C_1 +$ 圆整值 $= 8.61 + 0.8 +$ 圆整值 $= 10$ mm。

故本圆筒体的名义厚度为 $\delta_n = 10$ mm。

名义厚度在假定范围 8～25 mm 内，计算合理。

2. 椭球形封头强度设计

考虑计算压力、焊缝系数及附加壁厚后，计算厚度设计公式为：

$$\delta = \frac{Kp_c D_i}{2[\sigma]^t \varphi - 0.5 p_c} \quad (4-16)$$

式中 $K = \frac{1}{6}\left[2 + \left(\frac{D_i}{2h_i}\right)^2\right]$

对于标准椭球形封头：$\frac{D_i}{2h_i} = 2$，所以 $K = 1$，且封头有效厚度 δ_e 不小于封头内直径的 0.15%；其他椭球形封头有效厚度 δ_e 不小于封头内直径 0.30%。

最大允许工作压力：

$$[p_w] = \frac{2[\sigma]^t \varphi \delta_e}{KD_i + 0.5\delta_e} \quad (4-17)$$

应力校核：

$$\sigma^{\mathrm{t}} = \frac{p_{\mathrm{c}}(KD_{\mathrm{i}} + 0.5\delta_{\mathrm{e}})}{2\delta_{\mathrm{e}}\varphi} \tag{4—18}$$

必须满足 $\sigma^{\mathrm{t}} \leqslant [\sigma]^{\mathrm{t}}$。

【例 4—2】 一内直径 $D_{\mathrm{i}} = 1\,800$ mm 的标准椭球封头，采用两块 16MnR 钢板拼焊旋压而成。计算压力 $p_{\mathrm{c}} = 1.5$ MPa，设计温度 $t = 180℃$，腐蚀裕度 $C_2 = 1.0$ mm，焊缝系数 $\varphi = 1.0$。试计算确定椭球封头的名义厚度。

【解】 初步设定钢板的名义厚度在 $6 \sim 16$ mm 内，$6 \sim 16$ mm 厚的 16MnR 钢板在 200℃时的许用应力为 $[\sigma]^{\mathrm{t}} = 170$ MPa。采用标准椭球封头，故 $K = 1$。

1) 计算壁厚

$$\delta = \frac{Kp_{\mathrm{c}}D_{\mathrm{i}}}{2[\sigma]^{\mathrm{t}}\varphi - 0.5p_{\mathrm{c}}} = \frac{1 \times 1.5 \times 1\,800}{2 \times 170 \times 1.0 - 0.5 \times 1.5} = 7.96 \text{ mm}$$

2) 设计厚度

$$\delta_{\mathrm{d}} = \delta + C_2 = 7.96 + 1.0 = 8.96 \text{ mm}$$

因设计厚度 $\delta_{\mathrm{d}} = 8.96$ mm，所以壳体的名义厚度一定在 $8 \sim 25$ mm 范围内，查表 4—8 可知厚度在 $8 \sim 25$ mm 范围内的钢板，负偏差为 $C_1 = 0.8$ mm。

3) 名义厚度

$$\delta_{\mathrm{n}} = \delta_{\mathrm{d}} + C_1 + 圆整值 = 8.96 + 0.8 + 圆整值 = 10 \text{ mm}$$

故本封头的名义厚度为 $\delta_{\mathrm{n}} = 10$ mm。

4) 有效厚度

$$\delta_{\mathrm{e}} = \delta_{\mathrm{n}} - (C_1 + C_2) = 10 - (1.0 + 0.8) = 8.2 \text{ mm}$$

$$\delta_{\mathrm{e}} > 0.15\% D_{\mathrm{i}} = 2.7 \text{ mm}，故封头厚度合理。$$

名义厚度在假定范围内，设计正确。

3. 锥形封头强度设计

锥形封头分无折边锥形封头和有折边锥形封头两种，如图 4—9 所示。

根据半锥角 α 的大小及计算压力 p_{c} 与设计温度下材料许用应力与焊缝系数乘积（$[\sigma]^{\mathrm{t}}\varphi$）的比值，决定锥形封头是否需要加强。现以无折边锥形封头为例，介绍锥形封头的一般设计方法。

(1) 按不加强时计算锥形封头大端的计算壁厚。

$$\delta_{\mathrm{c}} = \frac{p_{\mathrm{c}}D_{\mathrm{c}}}{2[\sigma]^{\mathrm{t}}\varphi - p_{\mathrm{c}}} \cdot \frac{1}{\cos\alpha} \tag{4—19}$$

(2) 判断大端是否需要加强。已知锥形封头的半锥角 α，计算 $\dfrac{p_{\mathrm{c}}}{[\sigma]^{\mathrm{t}}\varphi}$ 的值。根

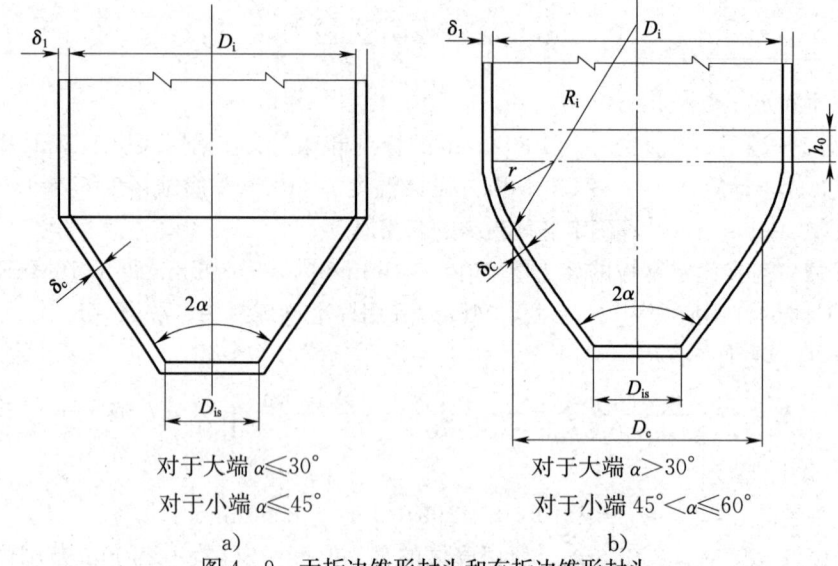

对于大端 $\alpha \leqslant 30°$
对于小端 $\alpha \leqslant 45°$

对于大端 $\alpha > 30°$
对于小端 $45° < \alpha \leqslant 60°$

a)　　　　　　　　b)

图 4—9　无折边锥形封头和有折边锥形封头
a) 无折边锥形封头　b) 有折边锥形封头

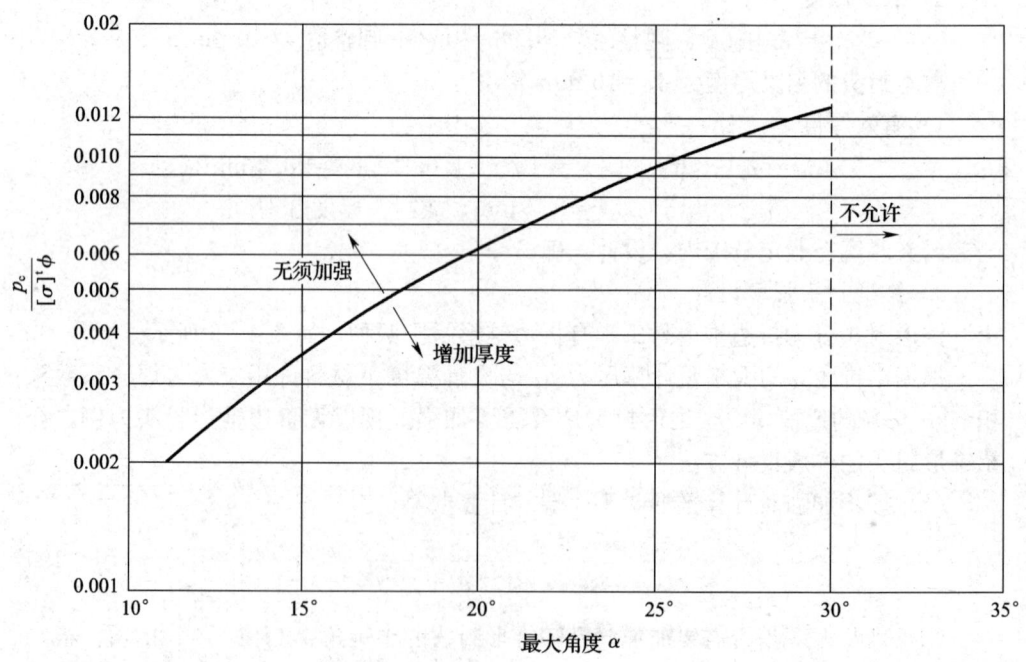

图 4—10　锥形封头大端增强判断曲线

据 α 和 $\dfrac{p_c}{[\sigma]^t\varphi}$ 的值查图 4—10，如果设计点落在曲线的上方，表明锥形封头不需要加强；如果设计点落在曲线的下方，表明锥形封头需要加强，此时，通过图 4—11 查得应力增强系数 Q，采用式（4—20）重新计算大端的增强计算壁厚。

$$\delta_c = \dfrac{Qp_c D_c}{2[\sigma]^t\varphi - p_c} \quad (4-20)$$

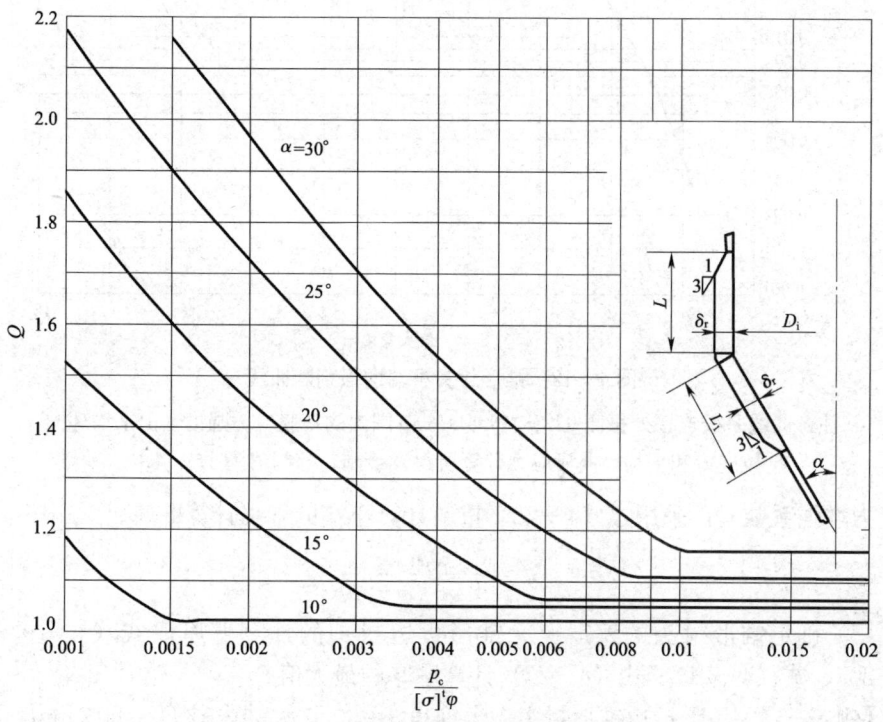

图 4—11 锥形封头大端增强系数曲线

（3）按不加强时计算锥形封头小端的计算壁厚。

$$\delta_r = \dfrac{p_c D_{is}}{2[\sigma]^t\varphi - p_c} \dfrac{1}{\cos\alpha} \quad (4-21)$$

（4）判断小端是否需要加强。已知锥形封头的半锥角 α，计算 $\dfrac{p_c}{[\sigma]^t\varphi}$ 的值。根据 α 和 $\dfrac{p_c}{[\sigma]^t\varphi}$ 的值查图 4—12，如果设计点落在曲线的上方，表明锥形封头不需要加强；如果设计点落在曲线的下方，表明锥形封头需要加强，此时，通过图 4—13 查

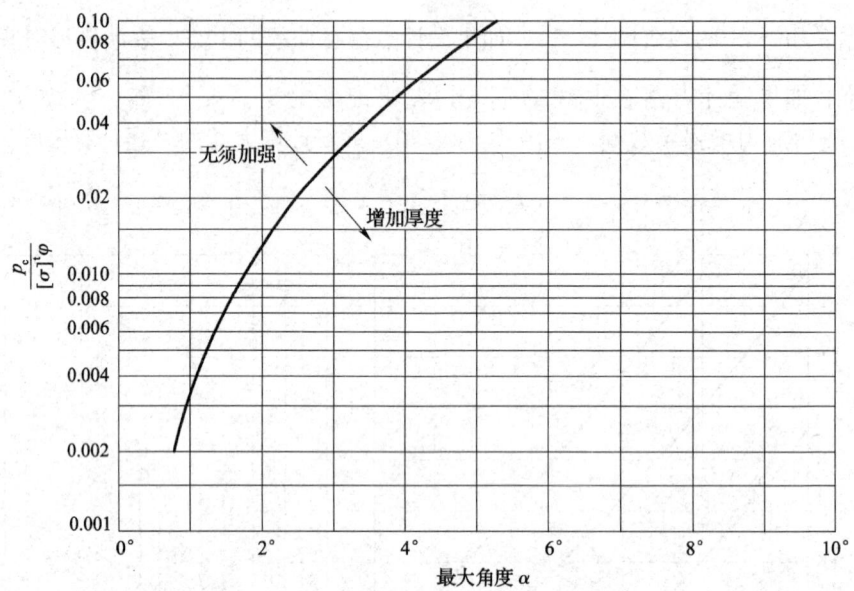

图 4—12 锥形封头小端增强判断曲线

注：曲线系按连接处每侧 $0.25\sqrt{0.5D_{is}\delta_r}$ 范围内的薄膜应力强度（由平均环向拉应力和平均径向压应力计算所得）绘制，控制值为 $1.1[\sigma]^t$。

得应力增强系数 Q，采用式（4—22）重新计算小端的增强计算壁厚。

$$\delta_r = \frac{Qp_cD_{is}}{2[\sigma]^t\varphi - p_c} \qquad (4—22)$$

（5）确定锥形封头的壁厚。无锥形折边封头的计算壁厚取式（4—19）、式（4—20）、式（4—21）、式（4—22）计算壁厚的最大值。

【例 4—3】 一无折边锥形封头，半锥角 $\alpha=30°$，大端内径 $D_c=800$ mm，小端内径 $D_{is}=400$ mm。壳体为 Q235-B 钢板焊接而成。计算压力 $p_c=1.0$ MPa，设计温度 $t=100℃$，腐蚀裕度 $C_2=1.0$ mm，焊缝系数 $\varphi=0.85$。试计算确定锥形封头的名义厚度。

【解】 初步设定锥形封头的名义厚度在 4.5～16 mm 内，4.5～16 mm 厚的 Q235-B 钢板在 100℃时的许用应力为 $[\sigma]^t=113$ MPa。

1) 大端计算厚度

$$\delta_c = \frac{p_cD_c}{2[\sigma]^t\varphi - p_c} \cdot \frac{1}{\cos\alpha} = \frac{1.0 \times 800}{2 \times 113 \times 0.85 - 1.0} \times \frac{1}{\cos 30°} = 4.83 \text{ mm}$$

2) 判断大端是否需要加强

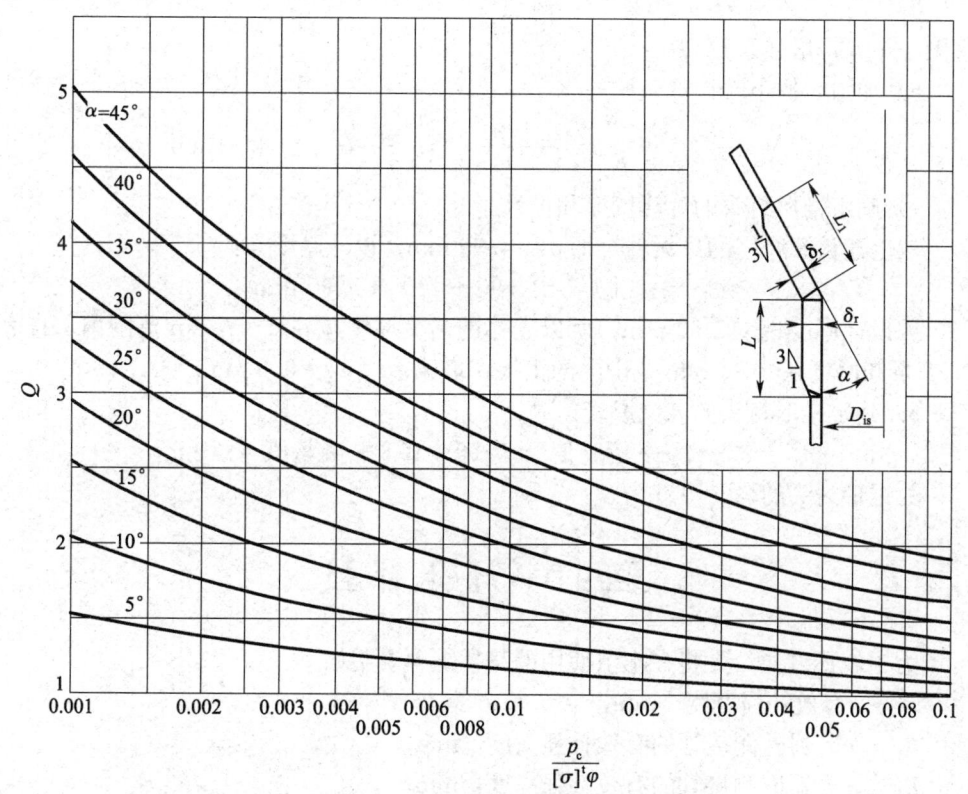

$L \geqslant \sqrt{D_{is}\delta_r}$; $L_1 \geqslant \sqrt{D_{is}\delta_r / \cos\alpha}$

图 4—13 锥形封头小端增强系数曲线

因为 $\alpha = 30°$ 及 $\dfrac{p_c}{[\sigma]^t \varphi} = \dfrac{1.0}{113 \times 0.85} = 0.010\ 4$，查图 4—10 可知大端需要加强，查图 4—11 得增强系数 $Q = 1.17$。

3）加强后的大端计算壁厚

$$\delta_c = \frac{Qp_c D_c}{2[\sigma]^t \varphi - p_c} = \frac{1.17 \times 1.0 \times 800}{2 \times 113 \times 0.85 - 1.0} = 4.90 \text{ mm}$$

4）按不加强时计算小端壁厚

$$\delta_c = \frac{p_c D_{is}}{2[\sigma]^t \varphi - p_c} \cdot \frac{1}{\cos\alpha} = \frac{1.0 \times 400}{2 \times 113 \times 0.85 - 1.0} \times \frac{1}{\cos 30°} = 2.42 \text{ mm}$$

5）判断小端是否需要加强

因为 $\alpha = 30°$ 及 $\dfrac{p_c}{[\sigma]^t \varphi} = \dfrac{1.0}{113 \times 0.85} = 0.010\ 4$，查图 4—12 可知小端需要加强，查图 4—13 得增强系数 $Q = 2.3$。

6) 加强后的小端计算壁厚

$$\delta_r = \dfrac{Qp_c D_{is}}{2[\sigma]^t \varphi - p_c} = \dfrac{2.3 \times 1.0 \times 400}{2 \times 113 \times 0.85 - 1.0} = 4.81\ \text{mm}$$

7) 确定锥形封头的计算壁厚和设计厚度

取上述计算厚度的最大值，即 $\delta_c = 4.90\ \text{mm}$，设计厚度为：

$$\delta_d = \delta_c + C_2 = 4.90 + 1.0 = 5.90\ \text{mm}$$

因设计厚度 $\delta_d = 5.90\ \text{mm}$，所以壳体的名义厚度应在 6～7 mm 范围内，查表 4—8 可知厚度在 6～7 mm 范围内的钢板，负偏差为 $C_1 = 0.6\ \text{mm}$。

8) 确定锥形封头的名义厚度

$$\delta_n = \delta_d + C_1 + 圆整值 = 5.90 + 0.8 + 圆整值 = 7\ \text{mm}$$

故锥形封头的名义厚度为 $\delta_n = 7\ \text{mm}$。

第四节 开孔补强

为了叙述方便，先将在本节使用的符号统一说明如下：

B——有效补强宽度，mm；

h_1——容器外侧接管的有效补强高度，mm；

h_2——容器内侧接管的有效补强高度，mm；

δ_t——接管计算厚度，mm；

δ_{nt}——接管名义厚度，mm；

δ_{et}——接管有效厚度，$\delta_{et} = \delta_t - C_t$，mm；

d——开孔直径，圆形孔取接管内直径加两倍厚度附加量（$d = d_i + 2C_t$），椭圆形或长圆形孔取所考虑平面上的尺寸（弦长，包括厚度附加量），mm；

C_t——接管附加厚度，mm；$C_t = C_{t1} + C_{t2}$，C_{t1} 为接管负偏差，C_{t2} 为接管腐蚀裕度；

f_r——强度削弱系数，等于设计温度下接管材料与壳体材料许用应力之比值，当该比值大于 1.0 时，取 $f_r = 1.0$。

一、不需补强的最大孔径

开孔会减弱容器的强度。开孔越大，孔边应力集中越严重，对容器强度的减弱越厉害。显然,容器厚度设计时应留有一定的安全裕量,可以根据容器壁厚的安全裕量的大小,将开孔直径限制在一定范围,使开孔造成的强度减弱正好由容器的富裕壁厚来补偿。因此,容器开孔同时满足下述要求的,可不另行补强:

1. 设计压力≤2.5 MPa。
2. 两相邻开孔中心的间距(对曲面间距以弧长计算)应不小于两孔直径之和的两倍。
3. 接管公称外径≤89 mm。
4. 接管最小壁厚满足表4—10的要求。

表 4—10　　　　　　　　接管最小壁厚条件　　　　　　　　　　mm

接管公称外径	25	32	38	45	48	57	65	76	89
最小壁厚		3.5			4.0		5.0		6.0

注:①钢材的标准抗拉强度下限值 R_m>540 MPa时,接管与壳体的连接宜采用全焊透的结构形式。
　　②接管的腐蚀裕量为1 mm。

二、补强的有关要求

1. 有效补强范围

经应力分析可知,在容器壳体、接管及焊缝中都存在壁厚超过承受基本膜应力以外的多余金属,这部分金属称为富裕金属。富裕金属可以弥补因开孔导致的强度削弱和开孔边缘引起的应力集中。因强度削弱和应力集中都发生在开孔边缘的一定范围内,所以,富裕金属只在孔边缘区域的一定范围内才能起到补强作用。

在计算开孔补强时,有效补强范围及补强面积按图4—14中矩形 $WXYZ$ 范围确定。

(1) 有效宽度 B 按式(4—23)计算,取二者中较大值。

$$\left. \begin{array}{l} B = 2d \\ B = d + 2\delta_n + 2\delta_{nt} \end{array} \right\} \quad (4-23)$$

(2) 有效高度按式(4—24)和式(4—25)计算,分别取式中较小值。

$$\text{外侧高度:} \left. \begin{array}{l} h_1 = \sqrt{d\delta_{nt}} \\ h_1 = 接管实际外伸高度 \end{array} \right\} \quad (4-24)$$

$$\text{内侧高度:} \left. \begin{array}{l} h_2 = \sqrt{d\delta_{nt}} \\ h_2 = 接管实际内伸高度 \end{array} \right\} \quad (4-25)$$

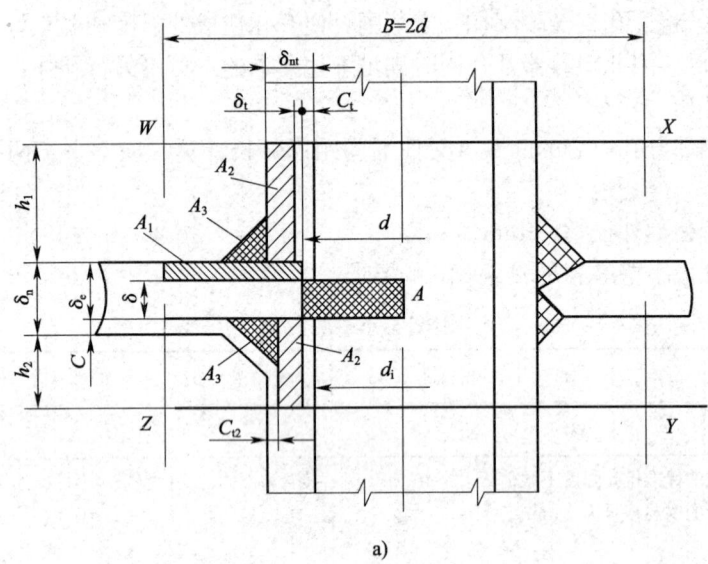

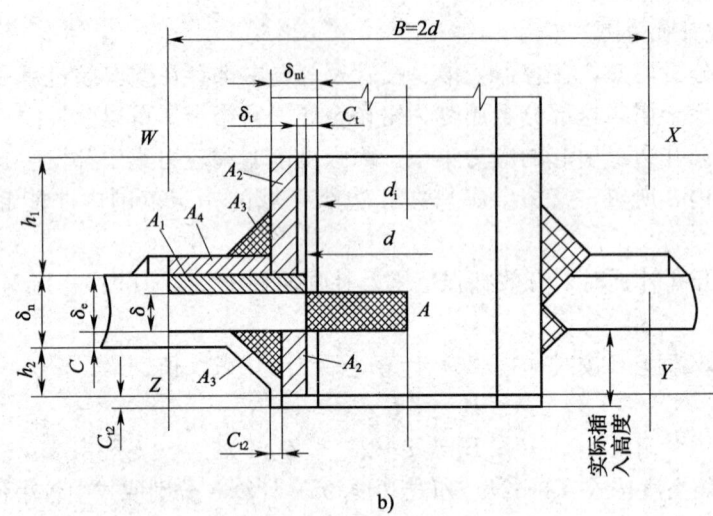

图 4—14 有效补强范围示意图

2. 等面积补强原则

等面积补强原则的主要思想是:在过壳体轴线及开孔中心线的纵截面中,在有效补强范围内,壳体及补强结构除了自身承受内压所需的面积外,多余的富裕金属面积（称为补强面积，记为 A_e）应不小于筒体因开孔所减少的承受基本膜应力的面积（称为补强需要面积，记为 A）。即：

$$A_e \geqslant A \tag{4—26}$$

3. 开孔所需补强面积 (A)

筒体、球壳、锥壳、椭球封头上开孔后需要的补强面积，是通过开孔中心，且垂直于壳体表面的截面上所需的最小补强面积，按下列要求确定。

（1）圆筒或球壳开孔所需补强面积按式（4—27）计算：

$$A = d\delta + 2\delta\delta_{et}(1-f_r) \tag{4—27}$$

式中 δ——圆筒或球壳开孔处的计算厚度，分别按式（4—10）、式（4—13）计算，mm。

（2）锥壳（或锥形封头）开孔所需补强面积按式（4—27）计算，但式中 δ 是以开孔中心处锥壳内直径取代式（4—19）中的 D_c 计算后所得的锥壳厚度。

（3）椭球形封头开孔所需补强面积按式（4—27）计算，其式中 δ 按式（4—16）计算。

三、补强面积 (A_e)

在有效补强范围内，可作为补强的截面积按式（4—28）计算：

$$A_e = A_1 + A_2 + A_3 \tag{4—28}$$

式中 A_e——补强面积，mm^2；

A_1——壳体有效厚度减去计算厚度之外的多余面积，按式（4—29）计算，mm^2；

$$A_1 = (B-d)(\delta_e - \delta) - 2(\delta_{nt} - C)(\delta_e - \delta)(1-f_r) \tag{4—29}$$

A_2——接管有效厚度减去计算厚度之外的多余面积，按式（4—30）计算，mm^2；

$$A_2 = 2h_1(\delta_{et} - \delta_t)f_r + 2h_2(\delta_{et} - C_{t2})f_r \tag{4—30}$$

A_3——焊缝金属截面积（如图 4—14 所示），mm^2；

若焊脚高度为 e，则 $A_3 = e^2$（单面焊）或者 $A_3 = 2e^2$（双面焊）。

若 $A_e \geqslant A$，则开孔不需另加补强；若 $A_e < A$，则开孔需另加补强，其另加补强面积按式（4—31）计算：

$$A_4 \geqslant A - A_e \tag{4—31}$$

式中 A_4——有效补强范围内另加的补强面积（如图 4—14 所示），mm^2。

补强材料一般需与壳体材料相同。若补强材料许用应力小于壳体材料许用应力,则补强面积应按壳体材料与补强材料许用应力之比来增加;若补强材料许用应力大于壳体材料许用应力,则所需补强面积不得减小。

四、补强形式与结构

壳体的开孔补强应按具体条件选用下列补强结构形式。

1. 整体补强

增加壳体的厚度,或用全焊透的结构形式将厚壁接管或整体补强锻件与壳体相焊。常见的补强结构如图 4—15 所示。

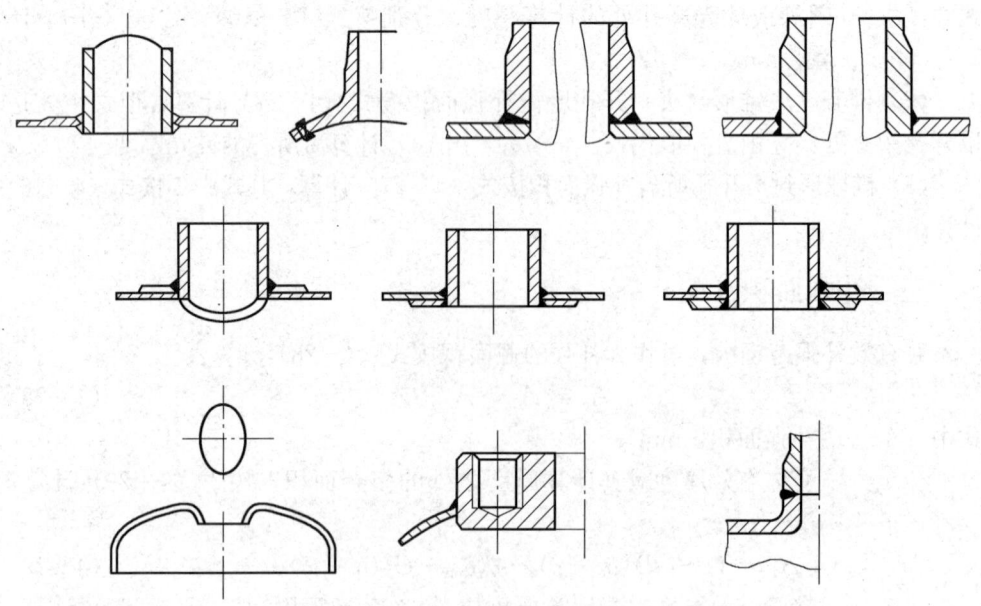

图 4—15 常见的补强结构

2. 补强圈补强

采用补强圈结构补强时,应遵循下列规定:钢材的标准抗拉强度 R_m < 540 MPa;补强圈厚度 ≤ $1.5\delta_n$;壳体名义厚度 δ_n ≤ 38 mm。

若条件许可,推荐以厚壁接管代替补强圈进行补强。补强圈的结构尺寸参见 JB/T 4736—2002 或 HG 21506—1992。

五、补强面积的分布

等面积补强是一种经验性的近似方法。实践证明,按照该方法进行补强计算,能够保证壳体开孔及接管的安全,而且计算较为简便。但由于开孔周围的峰值应力具有明显的衰减特征,即使在有效补强范围内的富裕金属,对补强的贡献也不相同,越靠近孔边缘的富裕金属,所承担的峰值应力越大,起到的补强作用也就越大。而等面积补强法没有考虑补强面积在有效补强范围内的分布情况。当 δ/δ_e 较小时,按等面积补强原则进行补强计算,就会出现不合理的现象。

如当 $\delta/\delta_e=0.5$ 时,$A_1=(B-d)(\delta_e-\delta)-2(\delta_{nt}-C)(\delta_e-\delta)(1-f_r)$

因 $B=2d$,则 $A_1=d\delta-2(\delta_{nt}-C)(\delta_e-\delta)(1-f_r)$

将上式与式(4—27)比较可知:如果 $f_r=1.0$,则 $A_1=A$

即在有效补强范围内筒体本身的多余面积就足以补偿开孔的减弱,不论开孔多大,都不需要用其他补强机构进行补强。这是因为等面积补强没有考虑 A_e 在有效补强范围内的分布,没有考虑 A_e 的实际补强效果。

【例 4—4】 内径 $D_i=1\,600$ mm 卧式容器,筒体材料为 16MnR,筒体名义厚度 $\delta_n=14$ mm,焊缝系数 $\varphi=0.90$,计算压力 $p_c=1.8$ MPa,操作温度 $t\leqslant 100℃$。介质有一定的腐蚀性,$C=2$ mm,$C_t=2$ mm。筒体上开有内径 $\phi 400$ mm 的人孔,人孔接管截面积采用 $\delta_{nt}=10$ mm 的 16MnR 卷板卷制,人孔接管与筒体内壁平齐,接管与筒体焊角高度与接管厚度相同,试进行等面积补强计算。

【解】 筒体名义厚度 $\delta_n=14$ mm,16MnR 钢板在 100℃时的许用应力为 $[\sigma]^t=170$ MPa。

1. 因开孔而削弱的金属截面积(A)

(1)筒体计算壁厚 δ

$$\delta=\frac{pD_i}{2[\sigma]^t\varphi-p}=\frac{1.8\times 1\,600}{2\times 170\times 0.9-1.8}=9.47 \text{ mm}$$

(2)开孔直径 d

开孔直径等于接管内径加 2 倍的附加厚度 C_t,即 $d=d_i+2C_t=400+2\times 2=404$ mm

(3)强度削弱系数 f_r

因壳体与接管采用相同的材料,故 $f_r=1$

(4)需要补强面积:

$A=d\delta+2\delta(\delta_{nt}-C)(1-f_r)$

$=404\times 9.47+2\times 9.47\times(10-2)\times(1-1)=3\,825.9 \text{ mm}^2$

2. 补强面积(A_e)

(1)筒体的富裕金属截面积 A_1

$$A_1 = (B-d)[(\delta_n - C) - \delta] = (2 \times 404 - 404)(14 - 2 - 9.47) = 1\,022.1 \text{ mm}^2$$

(2) 接管的富裕金属截面积 A_2

1) 接管计算壁厚

$$\delta_t = \frac{pd}{2[\sigma]_t \varphi_t - p} = \frac{1.8 \times 404}{2 \times 170 \times 0.9 - 1.8} = 2.39 \text{ mm}$$

2) 外侧有效高度：$h_1 = \sqrt{d\delta_{nt}} = \sqrt{404 \times 10} = 63.6$ mm

3) 内侧有效高度：$h_2 = 0$

$$A_2 = 2h_1(\delta_{et} - \delta_t)f_r + 2h_2(\delta_{et} - C_{t2})f_r = 2h_1[(\delta_{nt} - C_{t2}) - \delta_t]f_r$$
$$= 2 \times 63.6 \times [(10-2) - 2.39] \times 1 = 713.6 \text{ mm}^2$$

用 C_t 代替 C_{t2} 结果偏于安全。

(3) 焊缝金属的截面积 A_3

$$A_3 = 2 \times \frac{1}{2} \times 10 \times 10 = 100 \text{ mm}^2$$

(4) 补强面积 A_e

$$A_e = A_1 + A_2 + A_3 = 1\,022.1 + 713.6 + 100 = 1\,835.7 \text{ mm}^2$$

(5) 需要补强的金属截面积 A_4

因 $A_e < A$，故需要补强

$$A_4 = A - A_e = 3\,825.9 - 1\,835.7 = 1\,990.2 \text{ mm}^2$$

3. 确定补强圈的结构尺寸

取补强圈厚度 δ' 与筒体相同，因为 $A_4 = \delta'[D - (400 + 2 \times 10)]$

则补强圈外径为：$D = \dfrac{A_4}{\delta'} + (400 + 2 \times 10) = \dfrac{1\,990.2}{14} + 420 = 562.2$ mm

取补强圈外径 $D = 570$ mm。

第五节　锅炉压力容器结构设计的安全问题

一、结构设计应遵循的原则

1. 结构不连续处平滑过渡

受压壳体存在几何形状突变或其他结构上的不连续时，都会产生较高的不连续应力，因此设计时应尽量避免。对于难以避免的结构不连续，应采用平滑过渡的形式，防止突变。

2. 引起应力集中或削弱强度的结构相互错开

在锅炉压力容器设计中，不可避免地存在一些局部应力较高或对部件强度有所削弱的结构，如开孔、转角、焊缝等部位。设计时应将这些结构相互错开，以防止局部应力叠加。

3. 避免采用刚性过大的焊接结构

刚性大的焊接结构不仅会使焊接构件因施焊时的膨胀和收缩受到约束而产生较大的焊接应力，而且使壳体在操作条件波动时的变形受到约束而产生附加弯曲应力。因此设计时应采取措施予以避免。

4. 受热系统及部件的胀缩不要受限制

受热部件的热膨胀，如果受到外部或自身的限制，在部件内部就会产生热应力。设计时应使受热部件不受外部约束，减小自身约束。

5. 合理地布置锅炉受热面，保证适当的水位和良好的水循环，使受热面得到可靠的冷却。

6. 对锅炉压力容器结构的其他要求：

(1) 锅炉压力容器各部分在运行时能按设计预定方向自由膨胀。

(2) 各受压部件应有足够的强度，并有可靠的安全保护设施，防止超压。

(3) 受压元、部件结构的形式、开孔和焊缝的布置应尽量避免或减小复合应力和应力集中。

(4) 锅炉炉膛的结构应有足够的承压能力和可靠的防爆措施，并有良好的密封性。

(5) 锅炉压力容器结构应便于安装、检修和清洗内外部。

(6) 承重结构在承受设计载荷时应具有足够的强度、刚度、稳定性及防腐蚀性。

二、对封头及法兰结构的要求

1. 对封头的要求

(1) 椭球形封头。由于椭球壳体环向应力为压应力，为了使这部分壳体不至于失稳，对于标准椭球形封头，规定其有效厚度应不小于封头内直径的 0.15%，其他椭球形封头的有效厚度应不小于封头内直径的 0.30%。

(2) 球形封头。虽然球形封头壁厚比直径与压力相同的圆筒体减薄一半，但在实际工作中，为了焊接方便以及降低连接处的边缘应力，半球形封头常和筒体取相同的厚度。另外，球形封头成型较椭球形封头困难，且焊缝较多，故一般较少采用。

(3) 碟形封头。由于碟形封头的球面部分与过渡区、过渡区与直边段的曲率半径不同，造成结构不连续，会引起连接处的局部高应力，因此规定碟形封头球面部分的半径一般不大于筒体内径，通常取 0.9 倍的封头内直径，而封头转角内半径应不小于筒体内直径的 10%，且不得小于 3 倍封头名义壁厚。

(4) 锥形封头。锥形封头分为无折边锥形封头和带折边锥形封头两种。

对于锥体大端，当锥壳半顶角 $\alpha \leqslant 30°$ 时，可以采用无折边结构；当 $\alpha > 30°$ 时，应采用带过渡段的折边结构。大端折边的过渡段转角半径应不小于封头大端内直径的 10%，且不小于该过渡段厚度的 3 倍。

对于锥体小端，当锥壳半顶角 $\alpha \leqslant 45°$ 时，可以采用无折边结构；当 $\alpha > 45°$ 时，应采用带过渡段的折边结构。小端折边的过渡段转角半径应不小于封头小端内直径的 5%，且不小于该过渡段厚度的 3 倍。

当锥壳半顶角 $\alpha > 60°$ 时，其厚度可按平盖计算，也可以用应力分析方法确定。锥壳与圆筒的连接应采用全焊透结构。

(5) 平盖。与其他封头比较，平板封头受力情况最差。在相同的受压条件下，平板盖比其他形式的封头厚得多。但是，由于平板封头结构简单，制造方便，在压力不高、直径较小的容器中，采用平板封头比较经济简便。另外，在高压容器中，平板封头也用得较为普遍。这是因为高压容器的封头很厚，直径又相对较小，凸形封头的制造较为困难。在低压容器中，一般采用平板作为压力容器的人孔、手孔以及在操作时需要用盲板的端盖。

(6) 凸形封头的拼接。用多块扇形板组拼的凸形封头必须具有中心圆板，中心圆板的直径应不小于封头直径的 1/2。

2. 对法兰的要求

法兰连接是一种常见的可拆卸结构。实际应用中，由于法兰密封不良而造成泄漏的现象较为常见。要保证法兰连接的紧密性，必须合理地选择压紧面的形状。最常采用的压紧面形状有平面、凹凸面、榫槽面和梯形槽等。平面形压紧面用于压力不高的场合（$p \leqslant 2.5$ MPa），其密封性能较差，但结构简单，加工方便，便于进行防腐和衬里清洗；凹凸形压紧面适用于中压及温度较高的场合，其密封性能好，垫片易于对中，压紧时能防止垫片被挤出；榫槽形压紧面适于易燃、易爆和有毒介质的密封，密封性能可靠，但更换垫片较困难；梯形槽压紧面常与椭圆垫和八角垫配用，这是因为槽的锥面与垫圈形成线（或窄面）接触密封，此种结构常在压力（$p \geqslant 6.4$ MPa）、温度（$t \geqslant 350℃$）较高时采用。

三、对开孔的要求

壳体上的开孔的形状有圆形、椭圆形或长圆形等。开孔尺寸应符合下列规定：

第一，在圆筒壳体上开孔，当内径小于等于 1 500 mm 时，最大孔径应小于等于筒体内径的 1/2，且小于等于 520 mm；内径大于 1 500 mm 的圆筒，最大孔径应小于等于筒体内径的 1/3，且小于等于 1 000 mm。

第二，在凸形封头或球形容器上开孔，最大孔径应不大于壳体内径的 1/2。

第三，在锥形封头上开孔，最大直径应不大于孔中心处锥体内直径的 1/3。

在椭球形或碟形封头过渡部分开孔时，其孔的中心线宜垂直于封头表面。

容器上开孔后经计算需要补强时，应优先采用整体补强结构，如采用厚壁接管或整体补强锻件等。补强圈一般只适用于常温、中低压容器，当补强圈厚度大于 8 mm 时，应采用全焊透结构。

四、对焊接结构的要求

焊接是锅炉压力容器的重要制造工艺过程，焊接结构形式和焊缝质量好坏，在很大程度上决定了锅炉压力容器的安全可靠性。

1. 焊接接头形式

焊接接头的基本形式有对接接头、搭接接头、角接接头等，如图 4—16 所示。

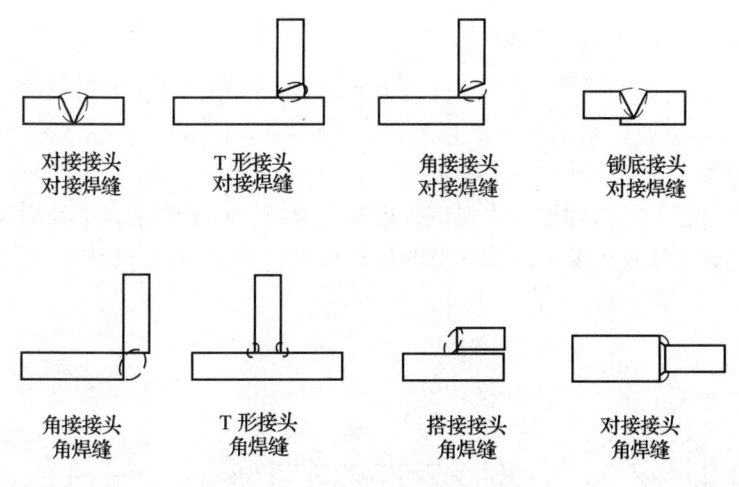

图 4—16 典型的焊接接头形式

对接焊缝是锅炉压力容器常用的接缝形式，接头及母材受力较均匀。焊制压力容器筒体的纵向接头，筒节与筒节连接的环向接头，以及封头、管板的拼接接头，必须采用全焊透的对接接头形式。

搭接接头、角接接头所形成的焊缝都是角焊缝，焊缝所连接的两部分钢板不在同一平面或曲面上。角焊缝受力时，应力集中比较严重，除了拉伸、压缩应力外，还有剪切应力和弯曲应力。锅炉压力容器中，角焊缝有时是不可避免的，例如有些平管板、平封头与筒体及炉胆的连接，管接头与筒体或封头的连接，角撑板与筒体及封头的连接，S形下脚圈与筒壳的连接等。

2. 等厚度钢板的对接焊缝

为了避免焊接时产生过大的残余应力，应尽量采用等厚度钢板进行对接。当厚度在 6 mm 以下时，对接焊缝可不开坡口。厚度在 6 mm 以上的对接焊缝，为了防止产生未焊透等缺陷，应根据不同的钢板厚度开不同形式的坡口。

(1) 单面开坡口形式。对内侧无法施焊的容器，采用单面坡口。钢板厚度≤20 mm 时，采用 V 形坡口；钢板厚度＞20 mm 时，采用 U 形坡口，如图 4—17、图 4—18 所示。

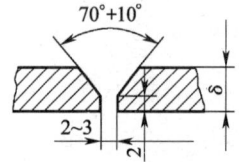
图 4—17 单面 V 形坡口

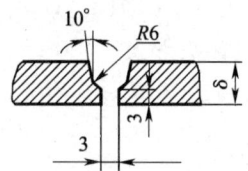
图 4—18 单面 U 形坡口

(2) 双面开坡口形式。对于厚度较大的钢板，应采用双面开坡口结构。钢板厚度在 20~40 mm 时，采用双面 V 形坡口；钢板厚度在 30~60 mm 时，采用双面 U 形坡口，如图 4—19、图 4—20 所示。

(3) 衬垫板的对接焊缝。为保证焊根部分焊透，可采用加衬垫板的对接焊缝结构。垫板材料可用钢或紫铜，应注意垫板与焊接材料的密合，焊后应设法将垫板除去，如图 4—21 所示。

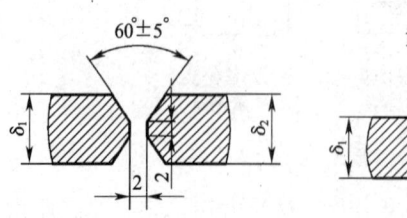
图 4—19 双面 V 形坡口

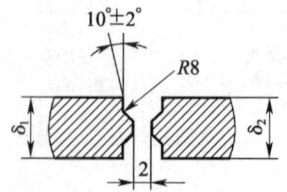
图 4—20 双面 U 形坡口

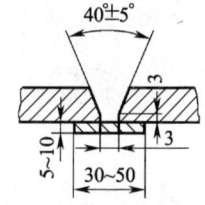
图 4—21 带垫板的对接焊

3. 不等厚度钢板的对接焊缝

B 类焊接接头以及圆筒与球形封头相连的 A 类焊接接头，当两侧钢材厚度不等时，若薄板厚度不大于 10 mm，两板厚度差超过 3 mm，或者薄板厚度大于 10 mm，两板厚度差大于薄板厚度的 30%，或超过 5 mm 时，均应按图 4—22 的要求单面或双面削薄厚板边缘，或按同样要求采用堆焊方法将薄板边缘焊成斜面。

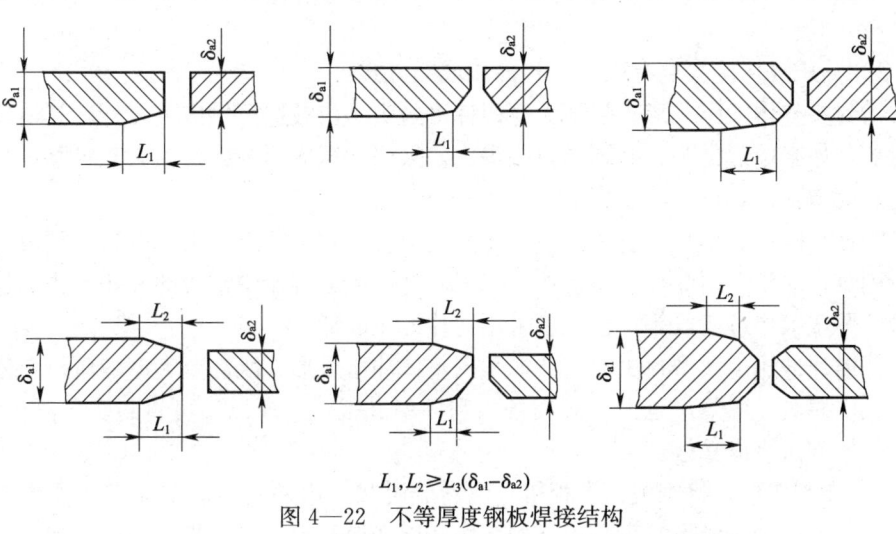

$L_1, L_2 \geqslant L_3(\delta_{a1} - \delta_{a2})$

图 4—22 不等厚度钢板焊接结构

第六节 锅炉压力容器制造质量控制

一、锅炉压力容器制造的主要工序

1. 封头成形和筒身卷制

(1) 备料。

1) 放样、划线。放样、划线包括展开、放样、画线、打标记等环节。筒节的划线是在钢板上划出展开图。由于钢板在卷板机上弯卷时受辊子的碾压，厚度会减薄，长度会伸长，减薄量和伸长量与卷板机的结构形式、弯卷时的冷热状态、卷制工艺和操作等因素有关。因此，下料尺寸应比计算出来的尺寸要短一些。

2) 下料。主要有以下三种下料方式：

①剪切下料。机械剪切下料是广泛采用的方法，常采用圆盘剪和龙门剪板机，尤以龙门卷板机的应用最为广泛，但通常只能作直线剪切，最大剪切长度为

2 000～2 500 mm，厚度为 32 mm。

②冲压落料。大多用在批量生产中。冲切的料板送入模具后经过定位、预压、冲裁下料、卸料 4 步工序一次完成。经落料的毛坯即为半球体的圆形坯料。

③火焰切割。主要用于碳素结构钢和低合金结构钢的切割下料，适用于切割厚度较大的或形状较复杂的零件的坯料。

(2) 成形。

1) 冲压成形。主要有以下三种冲压成形方式：

①封头整体冲压成形。除了大型锻件平封头是由锻造厂供应毛坯外，其他形式的封头，如半球形封头、椭圆形封头等大多采用冲压成形。此外，大直径厚壁封头瓣片、筒节瓦片，也可冲压成形。

②瓦片冲压。小直径壁厚筒节，尤其是低合金钢制筒节，采用普通卷制成形工艺较困难，通常采用瓦片冲压成形工艺，此外，压力容器中常用的厚壁弯头、加强接管、厚壁锥形过渡段等，也大多采用瓦片冲压成形。

③瓣片冲压。大型封头的制造如采用整体冲压成形，既需要大型液压机，还需要很大的模具，减薄量也大，而装备的利用率又很低。所以，可将封头分瓣压出，再用焊接方法拼成整体。

2) 卷制成形。将钢板在卷板机上滚卷成筒节，这是容器筒节制造的主要工艺手段。筒节的弯卷成形过程是钢板的弯曲塑性变形过程，在卷板过程中，钢板产生的塑性变形沿钢板厚度方向是变化的。其外圆周伸长，内圆周缩短，中间层保持不变。

①冷卷成形。钢板厚度或卷制变形量在设备允许范围内，采用冷卷最为适宜。为防止冷卷时发生脆性破坏，在某些情况下，应进行预热，预热温度视钢种及板厚而异，如 Cr－Mo 钢、高强度低合金钢，可预热至 50～150℃。

②热卷成形。对超过设备冷卷能力的厚钢板，在卷制时必须加热至其锻造温度，使钢板具有良好塑性，易于卷制。热卷时钢板减薄量和伸长量较大，氧化皮危害严重，使筒体内外产生压坑。

3) 旋压成形。与冲压法相比，旋压不受模具限制，可以制造不同尺寸的封头和其他回转体。冲压大直径薄壁封头时的起皱及翻边问题，采用旋压法均可解决。但旋压成形的生产率比冲压低；冷旋过程中易产生裂纹，旋压封头的形状误差也较大。

2. 总装

(1) 坡口制备。锅炉压力容器主要承压部件的焊缝均为全焊透焊缝，为保证焊缝质量，坡口的制备十分重要。坡口形式由焊接工艺确定，而坡口的尺寸精度、表面粗糙度及清洁度取决于加工方法。筒体焊缝通常采取刨边、车削加工、火焰切割等工艺手段来制备。

1) 刨边机加工坡口。常用于不锈钢、有色金属、复合板的纵环缝以及允许冷卷成形的纵环缝坡口的加工。刨边机长度一般为 3～15 mm，加工厚度 60～120 mm。

2) 立式车床加工坡口。对于大型厚壁、合金钢容器，大多采用热卷、温卷成形，其环缝坡口可在立式车床上加工完成，其优点是加工精度高，能保证环缝装配组对准确。

3) 切割坡口。采用火焰切割方法制备坡口，是目前广泛使用的最为经济的手段。切割坡口时，通常是将分离切割与坡口制备合并一步完成。割出的坡口经打磨后即可进行组装、焊接。

（2）装配。

1) 筒节纵缝装配。在筒节的制造过程中，至少有一条纵缝是在卷制成形后组焊的，由于纵缝的组装没有积累误差，组装质量较易控制，但若筒节的板料预弯质量不佳，会造成纵缝棱角超差，这时靠组装过程来控制是无能为力的，而只能在筒节纵缝焊后校圆工序中予以修正。

2) 壳体环缝的组装。环焊缝的组装比纵焊缝困难。一方面由于制造误差，每个筒节和封头的周长往往不同，即直径大小有偏差；另一方面，筒节和封头往往有一定的圆度误差。此外，组装时还必须控制环缝的间隙，以满足容器最终的总体尺寸要求。由于环缝组装的这种复杂性和需要大的工作量，因此，需要机械化的组装设备。

3) 人孔、接管、支座等部件与壳体的组装。首先要按人孔接管伸出高度及补强圈厚度在人孔接管的中心线上点焊定位筋板，再与筒体上的开孔进行预组装。必要时用气割修正坡口处孔径，使接管顺利装入且装配环隙适当均匀。人孔与壳体的角焊缝由于有补强圈而使得无损检测难以实施，该角焊缝的质量主要取决于坡口的清洁度及尺寸精度。而低劣的焊缝质量又会造成泄漏，甚至安全隐患。

（3）焊接。

1) 焊工资格。目前有两种焊工资格，一般锅炉压力容器施焊的焊工，必须按照《锅炉压力容器压力管道焊工考试与管理规则》进行考试，取得焊工合格证后，才能在有效期内担任合格项目范围内的焊接作业；对特殊用途或类别压力容器施焊的焊工，还应实际考核测试其操作项目的技能。前者通常称为锅炉压力容器持证焊工，后者通常称为"焊工技能判定"。

对于特殊要求的压力容器，焊工除要持有合格证以外，还要进行操作技能考核。如球形容器则要考核平、立、横和平加仰焊位置焊接技能。焊工必须按照焊接工艺规程的规定进行焊接，并在自己所焊的承压部件上打钢印，对焊接质量负责。

2）焊接工艺评定。指为验证所拟定的焊件焊接工艺的正确性而进行的试验过程及结果评价。焊接工艺评定的主要程序是：

①拟定焊接工艺指导书。按照工艺评定规则和要求编制，其中必须列出所有需要评定的重要因素及补加因素。

②评定试板的焊接接头检验与测试。由熟练的持证焊工按照焊接工艺指导书规定的工艺参数进行焊接，并对试板焊接过程进行监控、实测与记录。在对评定试板进行无损检测后做评定试板的力学性能、冷弯及冲击试验。试验结果全部合格后，即可编写《焊接工艺评定报告》。

③根据《焊接工艺评定报告》，制定《焊接工艺规程》，作为焊接生产的依据。

焊接工艺评定过程应遵循的原则是：

第一，焊接工艺评定应以可靠的钢材焊接性能为依据。

第二，焊接工艺评定工作应在产品焊接之前完成，因为焊接工艺评定是为验证所拟定的焊接工艺的正确性而进行的，同时也是对施焊单位的焊接质量保证能力的评定技术储备的标志之一。

3）焊接工艺规程。它是指导焊工按规范焊制产品焊缝的工艺文件。一份完整的焊接工艺规程，应当列出为完成符合质量要求的焊缝所必需的全部焊接工艺参数，除了规定直接影响焊缝力学性能的重要工艺参数以外，还应规定可能影响焊缝质量和外形的次要工艺参数。具体内容包括：焊接方法，母材金属类别及钢号，厚度范围，焊接材料的种类、牌号、规格，预热和后热温度，热处理方法和制度，焊接工艺电参数，接头形式及坡口形式，操作技术和焊后检查方法及要求。对于厚壁焊件或形状复杂的易变形的焊件还应规定焊接顺序。

3. 无损检测

（1）原材料无损检测。板材是制造板焊结构部件的主要材料，其质量与冶炼过程和轧制工艺有关。外部缺陷主要有重皮、折叠、裂缝等，内部缺陷主要有分层、夹层、层状非金属夹杂物等。这些缺陷的延伸方向与轧制方向一致，分层与夹层大都与钢板表面平行或基本平行。故用超声波探头在轧制面上探测最为有效。

（2）焊缝无损检测。锅炉压力容器的主焊缝主要由焊条电弧焊、埋弧焊、电渣焊、气体保护焊等方法完成。常见的缺陷有气孔、夹渣、裂纹、未焊透。焊缝接头形式有对接、T形、角接、锁底等接头,焊缝无损检测常用的方法有射线检测、超声波检测、磁粉检测和渗透检测等。

4. 热处理

焊后热处理的目的在于,消除焊接残余应力、冷变形应力和组装的拘束应力,软化淬硬区,改善组织,尤其对合金钢,可以改善力学性能及耐蚀性。热处理通常是以回火(或低温退火)的方式进行的,即将构件加热到某一确定的温度,保温一段时间,然后在炉内冷却。

(1) 炉内整体热处理。对于高压容器、中压反应容器和储存容器、盛装混合液化石油气的卧式储罐、移动式压力容器等应采用炉内整体热处理。热处理装置(炉)应配有自动记录的测温仪表,并保证加热区内最高与最低温度之差不大于65℃。对于需要进行整体热处理的压力容器,应安排在全部焊接工作已结束,竣工液压试验之前进行。

(2) 炉内分段热处理。对于较长的产品,由于受炉子长度的限制,不能进行整体热处理时,也可以进行调头分段热处理。此时,重叠加热长度至少为 1 500 mm,炉外部分应用绝热材料包覆起来,以控制纵向温度梯度。对于更长的容器,可分成几段制造,各段组焊完毕,分别进炉进行热处理,然后再将各段用环缝组焊起来,焊完后可对其环缝进行环带局部热处理。

(3) 焊缝局部热处理。超长容器的分段制造、分段炉内热处理后,再进行总装环缝的组装焊接。对于总装环缝只能采用环带加热局部热处理,其加热温度和保温时间与进炉热处理相同。保温环带宽度从环缝的最大宽度边缘算起,每侧应不小于两倍筒体壁厚。加热带以外的壳体延伸段应采用保温材料包覆起来,以控制纵向温度梯度。

二、焊接缺陷对安全的影响及质量要求

1. 锅炉压力容器焊接结构特点

由于锅炉压力容器是承压设备,是在各种介质和环境条件下操作,一旦发生事故其破坏性往往十分严重。为了保证锅炉压力容器的安全,我国制定了许多专项法规、标准,对锅炉压力容器的设计、制造、安装、使用、检验、修理等方面进行了全面的强制性的规定。锅炉压力容器焊接结构的设计、制造,除了满足基本准则外,还必须满足相应标准。《钢制压力容器》(GB 150—1998)是钢制压力容器设计、制造与检验的综合性国家标准。在标准中,对压力容器的焊接接头形式、结构特点作了明确的规定,在接头设计、制造、检验时必须遵循。

容器主要承压部件的焊接接头分为 A、B、C、D 四类,如图 4—23 所示。此分类顺序并不是按其重要性和受力大小排列的,仅是个类别符号而已。

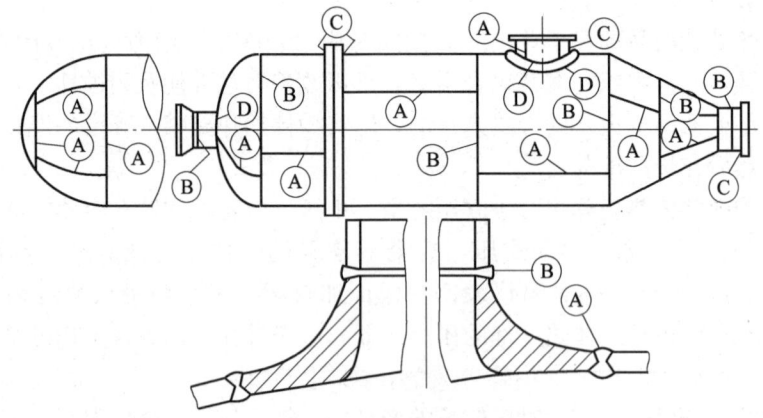

图 4—23　主要承压部件焊接接头分类示意图

(1) A 类焊接接头。圆筒部分的纵向接头（多层包扎容器层板层纵向接头除外）、球形封头与圆筒连接的环向接头、各类凸形封头中的所有拼焊接头以及嵌入式接管与壳体对接连接的接头,均属 A 类焊接接头。A 类焊接接头的焊接结构应采用全焊透的双面对接焊接接头形式。如因结构尺寸的限制,只能从单面焊接时,也可采用单面开坡口的接头形式,但必须保证形成相当于双面焊的全焊透对接形式。

(2) B 类焊接接头。壳体部分的环向接头、锥形封头小端与接管连接的接头、长径法兰与接管连接的接头,均属 B 类焊接接头。B 类焊接接头的焊接结构也应采用全焊透的双面对接焊接接头形式。

(3) C 类焊接接头。平盖、管板与圆筒非对接连接的接头,法兰与壳体、接管连接的接头,内封头与圆筒的搭接接头以及多层包扎容器层板层纵向接头,均属 C 类焊接接头。C 类焊接接头允许采用局部焊透 T 形接头,这类接头主要用于法兰与圆筒或法兰与接管的连接。对低压容器中的小直径法兰甚至可采用不开坡口的角焊缝来连接,但必须在法兰内外双面进行封焊。平封头与圆筒或管板与圆筒相接的 C 类焊接接头,由于工作应力较高,应力状态较复杂,应采用全焊透的 T 形接头。

(4) D 类焊接接头。接管、人孔、凸缘、补强圈等与壳体连接的接头,均属 D 类焊接接头,但已规定为 A、B 类的焊接接头除外。容器结构中,D 类焊接接头的受力条件要比 A、B 类接头复杂得多。壳体上的接管开孔,不但造成壳体强度的削弱,而且在开孔边缘还会引起相当高的应力集中,且开孔直径越大,这种不利影响就越严重。特别对于承受交变载荷的压力容器、厚壁压力容器、低温压力容器以及高强度钢制压力容器,这种影响更为突出。

2. 焊接缺陷的种类

(1) 分类。金属熔化焊焊接缺陷分为裂纹、孔穴、固体夹杂、未熔合和未焊透、形状缺陷以及其他缺陷共 6 类。

(2) 标记及说明。《金属熔化焊焊缝缺陷分类及说明》(GB/T 6417—1986) 按缺陷性质分大类,按存在的位置及状态分小类,以表格的方式列出了常见的金属熔化焊焊接缺陷。缺陷用数字序号标记,每一缺陷大类用一个 3 位阿拉伯数字标记,每一缺陷小类用一个 4 位阿拉伯数字标记。表 4—11 为锅炉压力容器常见的金属熔化焊焊接缺陷分类。

表 4—11 金属熔化焊焊接缺陷分类

数字序号	名称	说明	简图
(1) 裂纹			
100	裂纹	在焊接应力及其他致脆因素共同作用下,焊接接头中局部金属原子结合力遭到破坏形成的新界面而产生的缝隙	
101 1011 1012 1013 1014	纵向裂纹	基本上与焊缝轴线平行的裂纹可能存在于:焊缝金属中,熔合线上的热影响区中,母材金属中	
102 1021 1022 1023 1024	横向裂纹	基本上与焊缝轴线垂直的裂纹可能位于:焊缝金属中,热影响区中,母材金属中	

续表

数字序号	名称	说 明	简 图
103 1031 1033 1034	放射性裂纹	具有某一公共点的放射性裂纹可能位于：焊缝金属中，热影响区中，母材金属中	
104 1045 1046 1047	弧坑裂纹	在焊缝收弧弧坑处的裂纹可能是：纵向、横向、星形的	
(2) 孔穴			
200	孔穴		
201	气孔	熔池中的气泡在凝固时未能逸出而残留下来所形成的空穴	
2011	球形气孔	近似球形的孔穴	
2012	均布气孔	大量气孔比较均匀地分布在整个焊缝金属中	
2013	局部密集气孔	气孔群	

第四章 锅炉压力容器强度设计及制造要求

续表

数字序号	名称	说　明	简　图
2014	链状气孔	与焊缝轴线平行的成串气孔	
2015	条形气孔	长度方向与焊缝轴线近似平行的非球形的长气孔	
2017	表面气孔	暴露在焊缝表面的气孔	

(3) 固体夹杂

数字序号	名称	说　明	简　图
300	固体夹杂	在焊缝金属中残留的固体夹杂物	
301 3011 3012 3013	夹渣	残留在焊缝中的熔渣,根据其形成的情况可以分为:线状、孤立和其他形式的	
302 3021 3022 3023	焊剂或熔剂夹渣	残留在金属中的焊剂或熔剂,根据其形成的情况,可以分为:线状、孤立和其他形式的	见 3011～3013
303	氧化物夹杂	凝固过程中在焊缝金属中残留的金属氧化物	

续表

数字序号	名称	说　明	简　图
3031	皱褶	在某些情况下，特别是铝合金焊接时，由于对焊接熔池保护不良和熔池中紊流而产生的大量氧化膜	
304 3041 3042 3043	金属夹杂	残留在焊缝金属中的来自外部的金属颗粒，这种金属颗粒可能是：钨、铜、其他金属	

（4）未熔合和未焊透

数字序号	名称	说　明	简　图
400	未熔合和未焊透		
401 4011 4012 4013	未熔合	在焊缝金属和母材之间或焊缝金属和焊道金属之间未完全熔化结合的部分，它可分为下述几种形式：侧壁未熔合、层间未熔合、焊缝根部未熔合	4011　4012 4013　4013
402	未焊透	焊接时接头的根部未完全熔透的现象	402　402 402

（5）形状缺陷

数字序号	名称	说　明	简　图
500	形状缺陷	焊缝的表面形状与原设计几何形状有偏差	

续表

数字序号	名称	说 明	简 图
5011 5012	连续咬边 间断咬边	因焊接造成的焊趾（或焊根）处的沟槽，咬边可能是连续的（5011）或间断的（5012）	
5013	缩沟	由于焊缝金属的收缩，在根部焊道每一侧产生的浅的沟槽	
502	焊缝超高	对接焊缝表面上焊缝金属过高	
503	凸度过大	角焊缝表面的焊缝金属过高	
504	下塌	穿过单层焊缝根部或从多层焊接接头穿过前道熔敷金属塌落的过量焊缝金属	

续表

数字序号	名称	说 明	简 图
505	焊缝型面不良	母材金属表面与靠近焊趾处焊缝表面的切面之间的角度 α 过小	
506	焊瘤	焊接过程中,熔化金属流淌到焊缝之外未熔合的母材上所形成的金属瘤	
507	错边	由于两个焊件没有对正而造成板的中心线平行偏差	
508	角度偏差	由于两个焊件没有对正而使它们的表面不平行	
509 5091 5092 5093 5094	下垂	由于重力作用造成的焊缝金属塌落；横焊缝垂直下垂；平焊缝或仰焊缝下垂；角焊缝下垂；边缘下垂	
510	烧穿	焊接过程中,熔化金属自坡口背面而流出,形成穿孔的缺陷	

续表

数字序号	名称	说 明	简 图
511	未焊满	由于填充金属不足,在焊缝表面形成的连续或断续的沟槽	
(6) 其他缺陷			
600	其他缺陷	不包括1~5类缺陷的其他缺陷	
601	电弧擦伤	在焊缝坡口外部引弧或打弧时产生于母材金属表面上的局部损伤	
602	飞溅	熔焊过程中,熔化的金属颗粒和熔渣向周围飞散的现象。这种飞散出的金属颗粒和熔渣习惯上也叫飞溅	
603	表面撕裂	不按操作规程拆除临时焊接的附件时产生于母材金属表面的损伤	
604	磨痕	不按操作规程打磨引起的局部表面损伤	

3. 焊接缺陷产生的原因及预防措施

国内外所发生的锅炉压力容器事故中,有相当一部分是由焊接缺陷直接或间接引起的。要保证锅炉压力容器不因制造质量而发生事故,必须要求它不存在危险性缺陷和超出允许范围的一般性缺陷。

(1) 形状缺陷。

1) 焊缝尺寸不符合要求。其原因是:焊接坡口角度不当或装配间隙不均匀;焊接规范选择不当,如电流过大或过小,焊接速度过快或过慢;操作不当,如运条手法不正确,焊条与工件夹角太大或太小。

防止措施:选择适当的坡口角度及装配间隙;正确选择焊接规范;提高焊工的操作技术水平。

如果出现焊缝尺寸不符合要求的情况,应认真修补。对于某些重要动载结构的角焊缝和平焊缝,应保证焊缝向母材有平滑的过渡,减少应力集中。

2) 咬边。主要是焊接电流太大和运条不当造成的。平角焊、立焊、横焊、仰焊时容易产生咬边，平对接焊一般不易出现。

防止措施：电流和焊速要适当；焊条角度和运条方法应正确，电弧不要太长。

3）焊瘤。在角焊、立焊、横焊、仰焊时容易产生焊瘤，其原因是：电弧拉得太长；焊速太慢，焊条角度或运条方法不正确。平对接焊时主要是由于电流太大，造成后半根焊条过热、熔化过快等原因，致使熔池铁水猛增而造成焊瘤。

防止措施：在角焊、立焊、横焊、仰焊时要压低电弧，适当增加焊速，保证正确的焊条角度，注意电弧不要在一处停留过久。

4）弧坑。电弧焊时，由于熄弧速度过快，焊接薄板时使用的焊接电流偏大，在操作时突然断弧等原因而产生。在埋弧自动焊时，主要是由于没有遵守先停机后断电流的操作规程而引起的。

防止措施：在收尾断弧时，焊条要在熔池内作短时间的停留或作几次环形运条，使足够的金属填满熔池，然后再断弧。

(2) 未熔合和未焊透。

1）未熔合。产生的原因是：焊接母材坡口或先焊的焊缝金属表面有铁锈、熔渣或脏物未清除干净，焊接时又未能将其熔化而盖上熔化金属；电流过小或焊速太快，由于热量不足，致使母材坡口或先焊的焊缝金属未得到充分熔化；焊件散热速度太快，或起焊处温度低，使母材的开始端未熔化，从而产生未熔合。

防止措施：焊前应对坡口表面仔细清理，清除铁锈、油污等脏物；正确选择焊接规范，焊接电流不应过小、焊速不应过快；对于散热速度太快的焊件，可采取焊前预热或在焊接的同时用火焰加热的方法。

2）未焊透。产生的原因是：焊件坡口表面清理不干净，如有较厚的漆、氧化铁等杂质；焊接坡口太小或应开坡口的未开坡口，组对时未留间隙或间隙太小；焊接电流小，焊条移动快等。

防止措施：正确确定坡口形式和装配间隙；清除干净坡口边缘两侧的污物；合理选择焊接电流，焊条角度要正确，运条速度要根据焊接电流大小、焊件的薄厚以及焊接位置来选择，不应移动过快，随时注意不断调整焊条角度。

(3) 气孔和夹渣。

1）气孔。由于焊接熔池在高温时吸收了较多的气体，以及冶金反应产生了大量气体，这些气体在焊缝快速冷却时，来不及逸出而残留在焊缝金属内，形成气孔。常见的气孔有 H 气孔和 CO 气孔。

防止措施：焊前要认真清除焊接或焊丝表面上的油、锈、漆等污物，在坡口两侧各 20～30 mm 范围内要清除干净；焊条、焊剂使用前一定要严格烘干。焊接过程中要保持焊接规范稳定，尽量采用短弧焊，操作时配合适当的摆动，以利于气体的逸出。

2）夹渣。由于焊接规范不当，如焊接电流过小、焊速过快，使焊缝金属冷却太快，夹渣物来不及浮出；运条不正确，使熔化金属和熔渣混淆不清；工件焊前清理不好，多层焊的前一层熔渣未清除干净等原因造成的。

防止措施：焊前应对焊件认真清理；多层焊时应对前一层熔渣清除干净；正确选用焊接规范，焊接电流不应过小，焊接速度不宜过快；运条方法要正确，操作时要注意观察熔渣的流动方向。

（4）裂纹。

1）冷裂纹。焊接接头在冷却至 300℃ 以下时产生的裂纹。冷裂纹有的是在焊接后冷却过程中立即出现，有些则延至几小时、几天、几周甚至更长时间才发生。由于这种裂纹延迟产生，有可能漏检，因而更具有危险性。高强度钢焊接时产生延迟裂纹的原因主要是：钢的淬硬倾向，焊接接头的含氢量及其分布，以及焊接接头的约束应力状态。这三个因素在一定条件下相互促进。钢淬硬之后，受氢的诱发和促进使之脆化，在约束应力的作用下形成了裂纹。

防止措施：从冶金方面，选用优质的低氢焊接材料和低氢焊接工艺；严格控制氢的来源，焊前烘干焊条、焊剂，注意环境的湿度；焊条中适当加入某些合金元素，提高焊缝金属的韧性。从工艺方面，控制焊接热输入量、预热温度及多层焊层间温度；焊后及时进行后热处理，以减小残余应力并可使扩散氢充分逸出；装配时避免出现错边，以降低焊接接头的约束应力。

2）热裂纹。一般是指焊缝开始结晶凝固到相变之前这一段时间和温度区间所产生的裂纹。热裂纹经常发生在焊缝中，有时也出现于热影响区。热裂纹一般是沿晶间开裂的，故又称晶间裂纹。当裂纹贯穿表面与空气相通时，沿热裂纹折断的断口表面呈氧化色彩。

防止措施：从冶金方面，限制焊接材料中偏析元素和有害杂质（S、P、C 等）的含量；调整焊缝化学成分，改善一次结晶组织形态。从工艺方面，可从焊接方法、热输入量、预热或环境温度、焊接顺序等方面来考虑措施。

3）再热裂纹。再热裂纹的形成是由于松弛应变超过了热影响区或焊缝金属塑性的结果。当热影响区的温度超过 1 200℃ 时，那里的碳化物进入固溶体，重新加热时，这些元素重新析出强化了晶粒内部。当晶粒边界不足以适应由应力松弛而引起的附加应变时，晶界优先滑动，而导致开裂。

防止措施：从选材方面，选用低匹配的焊接材料可以降低焊缝强度并提高其塑性变形能力，还可以减轻近缝区金属塑性应变的集中程度，有利于降低再热裂纹的敏感性；从工艺方面，控制预热温度和焊接热输入量；焊接时避免咬边及根部未焊透等缺陷，可以在一定程度上减小再热裂纹产生的倾向。

4. 焊接缺陷对安全的影响

大部分焊接缺陷，如咬边、未焊透、气孔、夹渣和焊缝凹陷等，都是在焊缝或焊缝附近形成缺口，它们通常从两方面影响壳体的安全。一是由于缺陷的存在，减少了焊缝的承载截面积，削弱了焊缝的静力抗拉强度，严重时也会导致壳体的延性破坏。这种影响的严重程度主要决定于缺陷截面积的大小，可以直接估算和评价。另一方面，也是最主要的方面，是由于缺口的存在改变了缺口周围的受力条件，不利于材料的塑性变形，使之趋于或处于脆性状态，同时还引起缺口根部的应力集中，易于产生裂纹和使裂纹扩展，导致壳体的脆性破裂、疲劳破裂或应力腐蚀破裂。

估计和评价某一类缺口对壳体安全可能产生的影响，除要考虑缺陷的大小及尖锐程度外，也要考虑壳体的制造材料和使用条件可能导致的破坏形式。就缺陷本身而言，带有缺口的各类焊接缺陷对壳体安全可能产生的影响各不相同。

(1) 焊缝凹陷。严重时会削弱焊缝的静载强度，但作为一种缺口，通常是平缓过渡，即根部的曲率半径较大，不会引起严重的应力集中。

(2) 气孔和夹渣。一般属于体积型缺陷，会减小焊缝的承载截面积。但一些试验资料表明，气孔率不大于7‰的焊缝，可以忽略其对静力强度的影响。而由于气孔和夹渣引起的应力集中，对焊缝的疲劳强度有较明显的影响。

(3) 未焊透。在焊缝中形成明显的缺口，产生较为严重的应力集中。所以，未焊透往往是脆性破坏和疲劳破坏的根源。

(4) 咬边。咬边是一种比较尖锐的缺口，根部应力集中比较严重，是仅次于裂纹的一种脆裂根源。

(5) 焊接裂纹。可以视作最尖锐的一种缺口，它的缺口根部曲率半径接近于零。壳体的脆性破坏事故有很多是由于焊接裂纹引起的。裂纹还会加剧疲劳破坏和应力腐蚀破坏，所以是焊接缺陷中最危险的一种缺陷，也是对锅炉压力容器安全影响最大的一种缺陷。

三、成形与组装缺陷对安全的影响及质量要求

加工成形与组装过程中产生的缺陷主要是几何形状不符合要求，包括封头表面凹凸不平、截面不圆、接缝错边和棱角等。当壳体承受压力时，这些缺陷的存在会

使壳体内形成附加弯曲应力和切应力,导致局部应力过高。

1. 封头表面凹凸不平

表面凹凸不平包括封头表面局部的凹陷或凸出,以及封头直边上的纵向皱褶,常见于椭圆形封头、碟形封头上。主要是由于封头在压制成形时所用模具不适合或手工成形操作不当所造成的,如图 4—24 所示。

表面局部凹陷和凸出产生的影响,其严重程度决定于凹陷或凸出的大小和深度。一般来说,直径越大深度越小,几何形状的变化就越平缓,对安全的影响也就越小。封头在加工成形中所产生的凹凸不平,一般是比较缓和的。

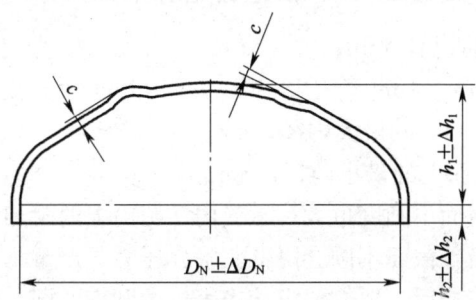

图 4—24　封头表面凹凸不平

封头的表面凹凸量应符合表 4—12 的规定。

表 4—12　　　　　　　封头表面凹凸量尺寸允差　　　　　　　mm

封头公称直径 D_N	<800	800~1 200	1 300~1 600	1 700~2 400	2 600~3 000	3 200~4 000
表面凹凸量 c	2	3	4	4	4	4

2. 截面不圆

截面不圆是筒节与筒节、筒节与封头接缝形成错边的原因之一,如图 4—25 所示。除此之外,不圆的筒体承受内压时,由于它的"趋圆"变形,在筒体上要产生周向附加弯曲应力。最大周向弯曲应力产生在长径部位,其值可按下式近似计算:

$$\sigma_b = \frac{3}{4} p \left(\frac{D}{S}\right)^2 \frac{D_{max} - D_{min}}{D}$$

式中　σ_b——由于筒体截面不圆产生的最大周向弯曲应力,MPa;

　　　p——筒体承受的内压,MPa;

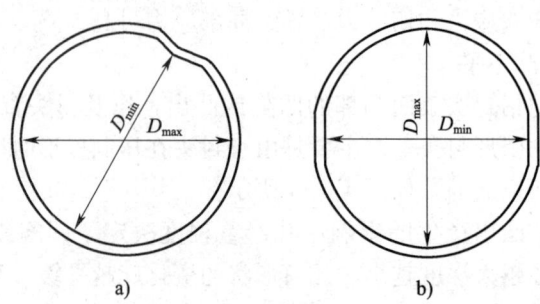

图4—25 同一断面上最大内径和最小内径

D——筒体平均直径，mm；

S——筒体的壁厚，mm；

D_{max}——不圆截面上的最大内径，mm；

D_{min}——不圆截面上的最小内径，mm。

可以看出，如果截面不圆度过大，承受内压圆筒上的附加弯曲应力是不容忽视的。对于受外压的圆筒，截面不圆会降低其临界压力，严重时会由此失去稳定性而被压瘪。故容器组装完成后，要按要求检查壳体的圆度。同一断面上最大内径与最小内径之差 e 应符合下列要求：

(1) 承受内压容器，e 不大于该断面内径 D_i 的 1%，且不大于 25 mm。

(2) 承受外压和真空容器，e 不大于该断面内径 D_i 的 0.5%，且不大于 10 mm。

锅筒（锅壳）的任何同一截面上最大内径与最小内径之差不应大于名义内径的 1%。

3. 接缝错边和棱角

接缝错边是指两块对接的钢板沿厚度方向没有对齐而产生的错位，如图 4—26 所示。筒体纵缝和环缝都有可能产生错边，尤以环缝错边为多。错边一般都在焊接时用熔注金属填补过渡（如果未焊补过渡则应视作缺口），但其形状的变化仍然是比较明显的。棱角是指对接的板虽已对齐但两块对接钢板的中心线不连续，形成一定的角度，如图 4—27 所示。

在几何形状不连续缺陷中，错边和棱角缺陷是对安全影响最大的缺陷。对于频繁启动和反复变载的壳体，错边和棱角主要降低其疲劳强度，缩短疲劳寿命。严重的错边和棱角也可直接造成壳体断裂事故。

A、B 类焊接接头对口错边量 b 应符合表 4—13 的规定。复合钢板的对口错边量 b 不大于钢板复合层的 50%，且不大于 2 mm。

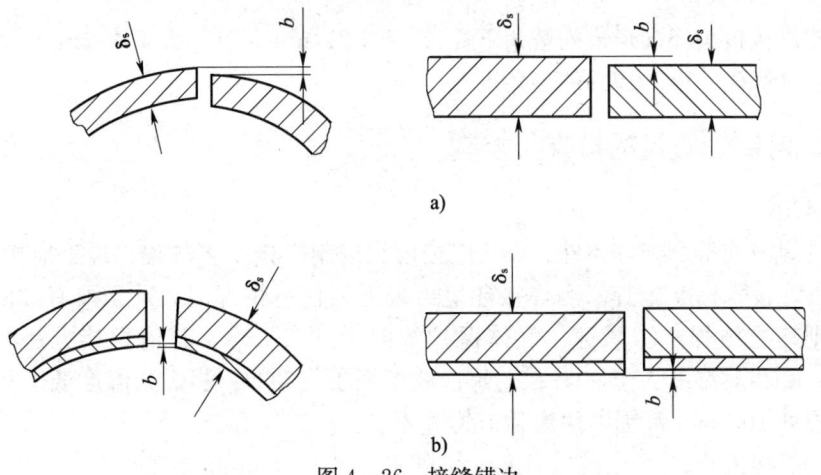

图 4—26 接缝错边
a) A、B类焊接接头错边 b) 复合钢板焊接接头错边

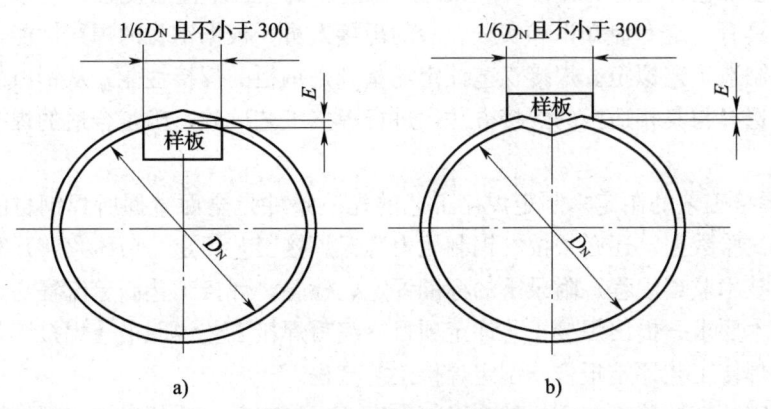

图 4—27 焊接接头棱角

表 4—13　　　　　A、B 类焊接接头对口错边量　　　　　mm

对口处钢板厚度 δ_s	按焊接接头类别划分对口错边量 b	
	A	B
$\leqslant 12$	$\leqslant 1/4\delta_s$	$\leqslant 1/4\delta_s$
$>12\sim 20$	$\leqslant 3$	$\leqslant 1/4\delta_s$
$>20\sim 40$	$\leqslant 3$	$\leqslant 5$
$>40\sim 50$	$\leqslant 3$	$\leqslant 1/8\delta_s$
>50	$\leqslant 1/16\delta_s$，且$\leqslant 10$	$\leqslant 1/8\delta_s$，且$\leqslant 20$

容器焊接接头环向形成的棱角 $E\leqslant(0.1S+2)$ mm，且不大于 4 mm。
锅筒（锅壳）纵向焊缝的棱角 $E\leqslant4$ mm。

四、对制造质量的检查与控制

1. 焊接

（1）焊前准备及施焊条件。焊前应按接头编制焊接工艺规程，焊工应按图样、工艺文件、技术标准施焊。当焊接环境出现下列任一情况时，须采取有效防护措施，否则禁止施焊。①风速：气体保护焊时大于 2 m/s，其他焊接方法时大于 10 m/s；②相对湿度大于 90%；③焊接温度低于 -20℃；当焊条温度低于 0℃时，应在始焊处 100 mm 范围内预热到 15℃左右。

（2）焊接工艺。

1）焊接工艺评定制定。锅炉压力容器施焊前的焊接工艺评定，应按《钢制压力容器焊接工艺评定》（JB 4708）和《蒸汽锅炉安全技术监察规程》附录Ⅰ的规定进行，由具有一定专业知识和实践经验的焊接人员，根据钢材的焊接性能，结合产品特点、制造工艺拟定。焊接工艺评定的基础是钢板的焊接性能，从钢材的焊接特点出发，选择与其相适当的焊接方法，进行焊接工艺试验，确定合适的焊接规范参数。

2）焊接工艺的制定。制定焊接工艺的先决条件是全面掌握所焊钢材的焊接性和工艺性试验数据，还必须按《钢制压力容器焊接工艺评定》（JB 4708）和《蒸汽锅炉安全技术监察规程》附录Ⅰ的标准评定、检验。焊接工艺制定流程为：审查产品图样技术要求→提出焊接工艺评定项目→编写焊接工艺说明书→焊接工艺评定试验→编写焊接工艺评定报告→制定焊接工艺流程。

一项完整的焊接工艺主要包含以下内容：焊接工艺方法的确定；焊接接头形式和坡口形式的选择；焊接材料的选择；焊接位置和焊接工艺规范的确定；装焊顺序和其他工艺要求，如预热、层间温度、后热要求、清根方法等；焊前、焊中及焊后检查、检测的要求等。

2. 焊缝表面的形状尺寸及外观要求

（1）焊缝外观质量。焊缝外观检验一般都是通过用肉眼、专用量规、放大镜等对焊缝外观质量进行检验。焊缝内外表面应达到下列质量要求：

1）焊缝的外形尺寸应符合技术标准和设计图样的规定。

2）焊缝余高应满足有关要求，不得存在突然凸起部分，且整条焊缝高度差要控制在 1/2 余高允许范围内。

3) 焊缝和热影响区表面不得有裂纹、未焊透、表面气孔、弧坑、未填满和肉眼可见的夹渣等缺陷,焊缝上的熔渣和两侧的飞溅物必须清除干净。

4) 用标准抗拉强度下限值大于 540 MPa 的钢材及 Cr－Mo 低合金钢材制造的压力容器、奥氏体不锈钢材制造的压力容器、低温压力容器、球形压力容器以及焊缝系数为 1.0 的压力容器,其焊缝表面不得有咬边缺陷存在。其他容器的焊缝表面的咬边深度不得大于 0.5 mm,咬边的连续长度不得大于 100 mm,焊缝两侧咬边的总长度不得超过该焊缝长度的 10%。

锅炉的锅筒、炉胆和集箱的焊缝表面不得有咬边缺陷存在,其余焊缝的咬边深度不得大于 0.5 mm,管子焊缝两侧咬边总长度不得大于管子周长的 20%,且不得大于 40 mm。

5) 焊缝与母材应圆滑过渡。

6) 角焊缝的外观除应满足以上要求外,其焊脚高度应符合技术标准和设计图样要求,且外形应平缓过渡至母材。

(2) 焊缝返修。焊缝如存在超标缺陷,应按有关标准、规程的规定和本单位的焊缝返修管理制度规定的焊缝返修工艺审批程序进行返修。对需要返修的焊缝缺陷,应当分析产生的原因,提出改进措施,按评定合格的焊接工艺,编制焊缝返修工艺。焊缝同一部位返修次数不宜超过 2 次;若超过 2 次,返修前应经厂技术总负责人批准。返修次数、部位和返修情况应记入设备的质量证明书。

要求焊后热处理的容器,一般应在热处理前进行返修。如在热处理后返修时,补焊后应作必要的热处理。

3. 焊后热处理

锅炉压力容器承压部件是否必须进行焊后热处理,主要决定于焊接应力的大小、材料对焊接裂纹的敏感性,以及工作介质对材料是否具有应力腐蚀的特性。

(1) 必须进行焊后热处理的锅炉压力容器。同样的材料,焊件越厚,焊件残余应力就越大。所以壁厚较厚的容器,如碳钢制造的容器壁厚大于 32 mm,低合金钢制造的容器壁厚大于 30 mm（16MnR、16Mn）或大于 28 mm（15MnVR）,必须进行焊后热处理。有些低合金钢,如 15CrMo、18MnMoNbR 等,对焊件裂纹敏感性较强,如焊后不及时进行热处理,容易产生滞后裂纹。用这些材料制造的锅炉压力容器,都必须进行焊后热处理。

冷成形或中温成形的受压元件,即使厚度没有达到上述的规定,但如果变形量很大,也应进行热处理,以改善冷作后的力学性能。

介质在工作条件下有可能对压力容器材料产生应力腐蚀的容器,承压部件都必须经过焊后热处理。低温容器的母材为碳钢、低合金钢,且焊接接头厚度大于16 mm时,亦应在施焊后进行消除应力的焊后热处理。

(2) 焊后热处理的方法。焊后热处理应优先采用在炉内加热的方法。操作时,焊件进炉时炉内温度不得高于400℃;焊件升温至400℃后,加热区升温速度不得超过$5\,000/\delta_s$℃/h(δ_s为焊接接头钢板厚度,mm),且不得超过200℃/h,最小可为50℃/h。焊件升温期间,加热区内任何长度为5 000 mm内的温差不得大于120℃。焊件保温期间,加热区内最高与最低温度之差不宜大于65℃。升温和保温期间应控制加热区气氛,防止焊件表面过度氧化。焊件温度高于400℃时,加热区降温速度不得超过$6\,500/\delta_s$℃/h,最小可为50℃/h。焊件出炉时,炉温不得高于400℃,出炉后应在静止的空气中冷却。

分段热处理时,炉内部分操作符合上述规定,炉外部分应采取保温措施,使温度梯度不致影响材料的组织和性能。

缺陷焊补和B、C、D类焊接接头以及球形封头与筒体相连的A类焊接接头可采取局部热处理方法。局部热处理时,焊缝每侧加热宽度不小于钢板厚度的2倍;接管与筒体相焊时,加热宽度不得小于钢板厚度的6倍。靠近加热区的部位应采取保温措施。

4. 焊接试板检查

为检查焊缝的力学性能而又不破坏焊缝,通常规定在焊接锅炉压力容器的纵缝及环缝时,加焊专供检查试验使用的试板,在试板上切割取样进行力学性能试验。

(1) 制备焊接试板的条件。凡符合下列条件之一的圆筒A类纵向焊接接头,应按每台容器制备产品焊接试板。

1) 钢材厚度$\delta_s>20$ mm 的15MnVR;

2) 钢材标准抗拉强度下限值$R_m \geqslant 540$ MPa;

3) Cr-Mo低合金钢;

4) 设计温度小于-10℃、钢材厚度$\delta_s>10$ mm 的20R,钢材厚度$\delta_s>20$ mm 的16MnR;

5) 设计温度为$-10\sim 0$℃、钢材厚度$\delta_s>25$ mm 的20R,钢材厚度$\delta_s>38$ mm 的16MnR;

6) 图样注明盛装毒性为极度危害或高度危害介质的容器。

B类焊接接头(含球形封头与圆筒相连的A类焊接接头)可以不做产品焊接试板。其他容器应按《压力容器安全技术监察规程》的规定制备产品焊接试板。

锅炉焊接试板的数量和要求如下：

第一，每台锅筒（锅壳）的纵、环焊缝应各做一块焊接试板。对于批量生产的额定蒸汽压力小于等于1.6 MPa的锅炉，允许同批生产的每10个锅筒（锅壳）做纵、环缝试板各一块，不足10锅筒（锅壳）也应做纵、环缝试板各一块。

第二，当环缝的母材和焊接工艺与纵缝相同时，可只做纵缝试板，免做环缝试板。

第三，封头、管板的拼接焊缝，当其母材与锅筒（锅壳）相同时，可免做试板，否则试板的数量应与锅筒（锅壳）筒体相同。

(2) 焊接试板的制备。

1) 试板的材料必须是合格的，且与锅炉压力容器用材具有相同钢号、相同规格和相同热处理状态。

2) 试板的材料、焊接和热处理工艺，应在其所代表的受压元件焊接接头的焊接工艺评定合格范围内。

3) 焊接试板的数量规定如下：当一台容器上不同的壳体A类纵向焊接接头的焊接工艺评定覆盖范围不同时，应对不同的焊接接头按相应的焊接工艺分别焊制试板；当一台容器有不同焊后热处理要求时，应按不同的热处理分别制备焊接试板。

4) 试板必须在筒节的纵向接头焊缝的延长部分与筒节同时进行施焊，采用与施焊容器相同的条件和焊接工艺。

5) 有热处理要求的容器，试板应随容器一起进行热处理。

(3) 力学性能试验。容器焊接试板尺寸和试样的截取按《钢制压力容器产品焊接试板力学性能检验》(JB 4744) 的规定，切取拉伸试样1个、弯曲试样1个、冲击试样3个。锅炉焊接试板的尺寸和试样的截取按《蒸汽锅炉安全技术监察规程》附录Ⅱ的规定，切取拉伸试样2个、弯曲试样2个、冲击试样3个。拉伸、冷弯、冲击试验分别按《金属材料室温拉伸试验方法》(GB/T 228—2002)、《金属材料弯曲试验方法》(GB/T 232—1999)、《金属夏比缺口冲击试验方法》(GB/T 229—1994) 的规定进行。

当容器试样评定结果不能满足《钢制压力容器产品焊接试板力学性能检验》(JB 4744) 的要求时，允许取样进行复验。若复验结果仍达不到要求时，则该产品焊接试板判为不合格。锅炉试样评定结果不合格时，应取双倍试样复验，或将试样与产品再热处理一次后进行全面复验。

5. 无损检测

锅炉压力容器的焊接接头经形状尺寸及外观检查合格后，再进行无损检测。有延迟裂纹倾向的材料应在焊接完成 24 h 后，才能进行无损检测。

（1）射线检测和超声波检测。锅炉压力容器焊接接头的射线检测或超声波检测的比例，分为全部检测和局部检测两种形式。选择哪种比例进行检测，应根据受压元件及焊缝的重要性来决定。凡符合下列条件之一的容器和受压元件，需采用图样规定的方法，对焊接接头进行 100％射线检测或超声波检测。

1）钢材厚度 δ_s＞30 mm 的 16MnR，δ_s＞25 mm 的 15MnVR 和奥氏体不锈钢，δ_s＞16 mm 的 12CrMo、15CrMoR，以及任意厚度的 Cr－Mo 低合金钢。

2）标准抗拉强度下限值 R_m＞540 MPa 的钢材。

3）盛装毒性程度为极度危害或高度危害介质的容器。

4）最高工作压力大于 10 MPa 的容器。

上述以外的容器，允许对焊接接头进行局部射线检测或超声波检测。检测方法按图样规定，检测长度不得少于各条焊接接头长度的 20％，且不小于 250 mm。但焊缝交叉部位及拼板后成形的凸形封头上的所有拼接接头、被支座或内件所覆盖的焊接接头应全部检测。

对锅炉，需要进行 100％射线检测或超声波检测的条件是：

第一，额定蒸汽压力大于 0.1 MPa 但小于等于 0.4 MPa 的锅炉，每条焊缝应进行 25％射线检测（焊缝交叉部位必须在内）。

第二，额定蒸汽压力大于 0.4 MPa 但小于等于 3.8 MPa 的锅炉，每条焊缝应进行 100％的射线检测。

第三，额定蒸汽压力大于 3.8 MPa 的锅炉，每条焊缝应进行 100％超声波检测加至少 25％射线检测。

局部射线检测或超声波检测的焊接接头，如发现不允许的缺陷，应在该缺陷两端的延伸部位增加检查长度，增加的长度为该焊接接头长度的 10％；若仍有不允许的缺陷，则对该焊缝做 100％的检测。对存在缺陷的焊缝，应在缺陷清除干净后进行补焊，并对该部分采用原检测方法重新检查，直至合格。

（2）磁粉检测和渗透检测。标准抗拉强度下限值 R_m＞540 MPa 的钢材，Cr－Mo 低合金钢材经火焰切割的坡口表面及缺陷修磨或补焊处的表面，卡具等拆除后的焊痕表面，这些部位应做磁粉检测或渗透检测。磁粉检测与渗透检测发现的不允许缺陷，应进行修磨及必要的补焊，并对该部位采用原检测方法重新检测，直至合格。

6. 压力试验

锅炉压力容器制造完毕经总体检验合格后，应按图样规定进行压力试验（液压试验或气压试验)。试验时必须采用两个量程相同的(量程为试验压力的 1.5～4 倍)并经过校正的压力表。

(1) 液压试验。液压试验前,锅炉压力容器各连接部位的紧固螺栓必须装配齐全、紧固,容器的开孔补强圈应通入 0.4～0.5 MPa 的压缩空气检查焊接接头的焊接质量。液压试验介质一般用水,需要时也可采用不会导致发生危险的其他液体。试验时液体的温度应低于其闪点或沸点。

压力容器液压试验的压力为 1.25 倍的设计压力,锅炉水压试验符合表 4—14 的规定。

表 4—14　　　　　　　　锅炉水压试验压力

名　称	锅筒工作压力	试　验　压　力
锅炉本体	<0.8 MPa	$1.5p$ 但不小于 0.2 MPa
锅炉本体	0.8～1.6 MPa	$p+0.4$ MPa
锅炉本体	>1.6 MPa	$1.25p$
过热器	任何压力	与锅炉本体试验压力相同
可分式省煤器	任何压力	$1.25p+0.5$ MPa

试验时,在容器和锅筒顶部设置排气口,充液后将其内部的气体排尽。试验时压力缓慢上升,达到规定试验压力后,保压 30 min;然后将压力降至规定试验压力的 80%,并保持足够长的时间以对所有焊接接头和连接部位进行检查。如有渗漏,修补后重新试验。液压试验完毕后,应将液体排尽并用压缩空气将内部吹干。

(2) 气压试验。由于结构原因,不能向容器内充灌液体时,可按设计图样要求采用气压试验。气压试验的压力为 1.15 倍的设计压力。试验用气体为干燥、洁净的空气、氮气或其他惰性气体。试验过程中应严格控制温度,碳素钢和低合金钢容器,试验时介质温度不得低于 15℃,其他钢种容器试验温度按图样规定。

试验时压力缓慢上升至规定试验压力的 10%,保压 5 min,对所有焊接接头和连接部位进行初次检查,如无泄漏等情况可继续缓慢升压至规定试验压力的 50%,其后按每级为规定试验压力的 10% 的级差逐级增至规定的试验压力,保压 10 min 后将压力降至规定试验压力的 87%,并保持足够长的时间再次进行检查。在试验过程中无异常响声,经肥皂液或其他检漏液检查无漏气及可见的变形为合格。如出现泄漏等,应经修补后按上述过程重新试验直至合格。

7. 气密性试验

介质毒性程度为极度或高度危害的压力容器,应在压力试验合格后进行气密性试验。试验压力通常为容器的设计压力,试验所用气体应是干燥、洁净的空气、氮气或其他惰性气体。碳素钢和低合金钢压力容器,其试验时气体的温度应不低于5℃。试验中,安全附件应安装齐全。

试验时压力应缓慢上升,达到规定试验压力后保压 10 min,然后降至设计压力,对所有焊接接头和连接部位进行检查。如有泄漏,修补后重新进行液压试验和气密性试验。

第七节　锅炉压力容器制造管理

一、锅炉压力容器制造单位的资格

为确保锅炉压力容器的制造质量,对其制造单位的条件有基本的要求。锅炉压力容器制造单位必须具备以下条件,并经特种设备安全监察部门许可,方可从事相应的活动。

第一,有与锅炉压力容器制造相适应的专业技术人员和技术工人。

第二,有与锅炉压力容器制造相适应的生产条件和检测手段。

第三,有健全的质量管理制度和责任制度。

锅炉压力容器的制造单位在取得相应级别的锅炉压力容器制造许可证后,应严格在许可证批准的生产地址(场所)、机构建制和级别、品种范围内,从事锅炉压力容器制造活动。若持证单位变更单位地址(搬迁),须由发证部门对其重新进行资格审查;变更单位名称须持有关部门的批准文件到发证部门核办更名手续;在批准的生产场所或建制以外增加锅炉压力容器生产场所或建制,应按有关规定办理相关手续。

二、制造过程的质量管理

制造过程中的质量管理是锅炉压力容器安全管理的重要环节,产品的制造质量如何,能不能达到设计的要求,在很大程度上取决于制造单位的技术能力和制造过程中的质量管理水平。制造过程中的质量管理主要包括以下三个方面:

1. 质量控制

制造锅炉压力容器的单位必须建立一套完整的质量管理制度,保证从原材料到产品出厂的各个环节严格按照有关规程、标准的规定执行,严格按照设计图样制造和组装锅炉压力容器。焊接工人必须经过考试,取得特种设备安全监察机构颁发的合格证,才准焊接受压元件。在制造过程中,若发现不正常的预兆,应立即采取措施,消除隐患。

2. 质量检验

为了保证产品质量,检查加工程度是否达到设计规定,在整个制造过程中必须同时存在一个检验过程,经检验合格的产品才能进入下道工序。每个零件、部件,甚至每道工序是否符合工艺设计的要求,都是保证产品整体质量的前提和基础。因此,制造过程中质量管理的一项重要内容就是质量检验,保证不合格的零部件不转工序,不合格的产品不出厂。

产品的质量检验方法根据不同的检验对象、不同的检验要求而有所不同。从工艺阶段来分,有预先检验、首件检验、中间检验和最后检验;从检验比例来分,有全数检验和抽样检验;从检验人员来分,有专职检验人员检验、加工工人自检和互检。检验中应根据容器的重要程度、检验要求来选用适当的检验方法。

3. 质量分析

质量控制和质量检验都提供了大量的有关产品质量的数据和情况,质量管理部门应该及时收集这些情况和数据,系统整理,认真分析,从而提出改进措施,挖掘提高产品质量的潜力。

三、质量保证系统和质量保证手册

1. 质量保证系统

锅炉压力容器制造质量保证系统应在明确的质量管理方针和质量目标的指导下,把影响制造质量的人、机、料、法等各主要因素组成一个有机的统一体,把各项技术要求融汇于制造和质量控制之中,形成一个完整的体系,并采取有效的技术、组织、控制和管理措施。

制造质量保证体系应有一套完整的质量保证系统,该系统应根据产品制造特点和制造单位的实际情况,把产品制造全过程及主要影响因素进行分解和归类,按其内在联系划分为若干个既相互独立又有机联系的系统、环节和控制点。由于锅炉压力容器制造单位的管理层次、生产规模及技术力量不尽相同,质量保证系统中的质量控制系统、控制点的设置也不尽相同。根据各单位制造全过程的内在联系及实际情况，质量保证系统中至少应包括如下控制系统：设计质量控制、采购与材料控制、工艺质量控制、焊接质量控制、无损检测质量控制、热处理质量控制、理化检验质量控制、产品检验质量控制、人员培训及质量持续改进等控制系统。每个控制系统需建立若干个控制环节，每个控制环节又设置若干控制点。各控制点还可根据实际情况设立停止点，一般选择那些一旦失控会直接损害产品的安全性或给企业带来不可弥补损失的控制点，具体来说有设计质量审核控制、材料验收、产品焊接试板检验、开孔前的划线检验确认、热处理和耐压试验前的整体检验、耐压试验。在这些系统、环节和控制点上，根据产品质量问题的可能性，明确控制内容、控制依据和控制时限，按质量标准制定一系列的控制措施，并把责任落实到各责任人员，从而对锅炉压力容器的制造质量实行有效的控制。

　　由于质量保证系统肩负着对质量保证法规（包括技术法规、质量保证手册和质量控制管理制度）实施和监督的职能，对各项法规、规定的严格实施和对实施过程与结果的有效监督，就组成了质量控制和保证活动的内容。因此，锅炉压力容器制造质量保证体系中还应有一套较完整的质量保证法规系统。它包括有关的技术法规、质量保证手册及各项质量控制管理制度等，将产品制造要求、质量标准，质量保证体系各责任人员及各项产品制造与质量管理的主要操作人员的职责及工作程序、工作标准、工作条件等等，以规章制度的形式明确地规定下来，作为质量保证体系建立和运行的依据和标准。

　　2. 质量保证手册

　　锅炉压力容器制造质量保证手册是质量保证体系的文字叙述，是制造单位质量管理工作的纲领性文件，也是有关部门对企业制造锅炉压力容器进行质量审查的一个内容和依据，企业在生产经营和质量管理中必须严格执行质量保证手册。

　　质量保证手册多以章节形式编写，并附有一些图表，一般包括下述内容：

　　（1）企业宗旨、质量方针和目标，企业主要领导人的质量责任；

　　（2）制造的产品，遵循的技术、管理规范，制造厂概况；

　　（3）质量保证体系的建立依据及原则；

　　（4）质量保证控制系统、环节、控制点的划分和设置，主要质量控制管理要求、依据、程序、标准和联系，并附有体系图、系统图、控制点一览表；

　　（5）质量保证机构设置，责任人员职称、资格要求、任命程序、职责范围，并附有机构体制图、机构职责图；

　　（6）手册和质量控制管理制度的方法程序以及实施与监督规定，附有法规体系表。

本 章 小 结

本章从强度理论和失效准则的基本概念入手，重点介绍了锅炉压力容器的强度设计方法，并对锅炉压力容器用钢材的要求及主要的设计参数作了较为详尽的介绍，这是在第三章应力分析的基础上，进行实际应用的重要环节。本章还给出了在内压作用下圆筒与球壳、椭球形封头与碟形封头、锥形封头、平盖等常见结构的设计公式，对外压容器及开孔补强设计也作了具体介绍。

锅炉压力容器的制造质量对其安全运行有着重要的影响。本章介绍了锅炉压力容器制造的主要程序；重点介绍了常见的制造缺陷，包括焊接缺陷和成形组装缺陷，阐明了制造缺陷对锅炉压力容器安全运行的影响及缺陷检查、控制的要求。

复习思考题

1. 何谓工作压力？何谓设计压力？
2. 一次总体薄膜应力和一次局部薄膜应力有何区别？
3. 常温下碳素钢的力学性能有哪些？温度对材料力学性能有哪些影响？
4. 锅炉压力容器对钢材有哪些要求？
5. 什么是焊缝系数？在设计规定中对焊缝系数有哪些规定？
6. 压力容器的最小壁厚按什么方法确定？
7. 说明计算厚度、设计厚度、名义厚度和有效厚度之间的关系。
8. 压力容器不另行开孔补强的最大开孔直径如何确定？
9. 采用补强圈补强应遵循哪些规定？
10. 压力容器壳体上允许开孔的最大直径如何确定？
11. 锅炉压力容器制造的主要程序是什么？
12. 何谓焊接工艺评定？如何进行焊接工艺评定？
13. 热处理的目的是什么？有几种热处理的方法？
14. 常见的焊接缺陷有哪些？它们对锅炉压力容器的安全运行有什么影响？
15. 锅炉压力容器在成形组装中易产生哪些缺陷？其控制要求是什么？
16. 焊接试板的作用是什么？如何制备？
17. 压力试验的目的是什么？试验中应注意什么问题？
18. 何谓锅炉压力容器质量保证体系？如何通过质量保证体系保证锅炉压力容

器的制造质量？

19. 一个由无缝钢管制成的内压容器，内压 $p=9.0$ MPa，钢管外径 $D_o=133$ mm。钢管厚度偏差 C_1 等于壁厚的 10%，钢管在使用条件下腐蚀余度 $C_2=0.5$ mm，材料许用应力 $[\sigma]=93$ MPa，计算确定钢管的名义厚度及有效厚度。

20. 一个上下均采用标准椭球形封头的立式容器，材料采用 Q235-B。其内径 $D_i=800$ mm，计算压力 $p_c=1.6$ MPa，设计温度为 200℃，焊缝系数 $\varphi=0.9$，试确定容器筒体和椭球形封头的计算厚度。

21. 承受内压的圆筒形薄壁立式容器，计算压力 $p_c=1.2$ MPa，最高温度 300℃，筒体采用 18MnMoNbR 钢板热卷成形后再双面对接焊制造，焊缝进行局部无损探伤，筒体底部采用球形封头，筒体顶部采用标准椭球形封头，封头材料与筒体相同。筒体内直径 $D_i=1\,800$ mm，筒体长度 $L=12$ m。求（1）分别计算筒体、球形封头、椭球形封头的名义厚度；（2）水压试验压力；（3）水压试验压力下筒体强度校核（筒体最大应力不得大于 $0.9R_{eL}$）。

已知：（1）容器内的介质为气体；（2）材料 18MnMoNbR 在常温时 $R_{eL}=440$ MPa，$[\sigma]=197$ MPa；（3）材料 18MnMoNbR 在 300℃时 $[\sigma]^t=177$ MPa，（4）厚度附加量 $C_1=0.8$ mm，$C_2=1.0$ mm；（5）局部探伤的焊缝系数 $\varphi=0.85$。

22. 有一 $\phi108\times6$ 的接管，平齐焊于内径为 $D_i=1\,400$ mm，壁厚 $\delta_n=16$ mm 的筒体上，接管材料为 10 号钢，筒体材料为 20R，容器的计算压力为 $p_c=1.8$ MPa，设计温度 $t=250$℃，壁厚附加量 $C=2.0$ mm，开孔未通过焊缝。接管外伸长度 200 mm。确定开孔是否需要补强，如果需要补强，确定补强圈的尺寸。

第五章 锅炉压力容器安全装置

本章学习目标

1. 熟悉锅炉压力容器安全装置的类型及设置原则。
2. 掌握锅炉压力容器安全泄放量及安全泄压装置排量的计算方法。
3. 熟习各类安全阀的结构特点、安装方法,掌握安全阀常见故障的排除方法。
4. 了解爆破片的种类、特点、选用、安装与更换要求。
5. 了解压力表、水位表等其他安全装置的作用、类型及安全要求。

第一节 概 述

一、安全装置种类及设置原则

1. 安全装置的种类

安全装置是为保证锅炉压力容器安全运行而装设的附属装置,也叫安全附件。为了防止锅炉压力容器由于超载而发生事故,除了从根本上采取措施消除或减少可能引起超载的各种因素外,装设安全装置是一个非常关键的措施。锅炉压力容器的安全装置,按其使用性能或用途可分为四类。

(1) 联锁装置。为防止操作失误而装设的控制机构,如联锁开关、联动阀等。锅炉中的缺水联锁保护装置、熄火联锁保护装置、超压联锁保护装置等均属此类。

(2) 警报装置。设备运行过程中出现不安全因素致使其处于危险状态时,能自动发出声光或其他明显报警信号的仪器,如高低水位报警器、压力报警器、超温报警器等。

(3) 计量装置。能自动显示设备运行中与安全有关的参数或信息的仪表、装置，如压力表、温度计等。

(4) 泄压装置。设备超压时能自动排放介质降低压力的装置。

2. 安全装置的设置原则

(1) 安全泄压装置设置原则。安全泄压装置是为保证锅炉压力容器安全运行，防止其超压的一种装置。安全泄压装置具有自动泄压和自动报警的功能。

每台锅炉至少独立装设一个安全阀。压力容器与锅炉不同，不一定每台容器都必须单独装设泄压装置。在连续的操作系统中，如果几台容器的许用压力相同，压力来源也相同，且气体压力在经过每台容器时不会自行升高，则在整个系统中（连接管道或其中一台容器上）装设一个安全泄压装置即可。常用压力容器中，必须单独装设安全泄压装置的有：液化气体储存容器；压缩机附属气体储罐；器内进行放热或分解反应、能使压力升高的反应容器；高分子聚合设备；由载热物料加热、使器内液体蒸发汽化的换热容器；经减压阀降压后进气（汽），且许用压力小于压源设备（如锅炉、气体压缩机储罐等）的容器等。

压力容器的安全阀不能可靠工作时，应装设爆破片，或采用爆破片与安全阀组合结构。采用组合结构应符合《钢制压力容器》(GB 150—1998) 附录B的有关规定。凡串联在组合结构中的爆破片在动作时不允许产生碎片。

安全泄压装置的类型和型式选用不当，往往会造成设备的超压爆炸。选用和装设安全泄压装置必须符合两个基本原则，即安全泄压装置的类型和型式必须与设备的工艺条件相适应，包括压力升高速率、物料特性、运行条件等；安全泄压装置的规格应能保证及时泄出气体，也就是说，安全泄压装置的排量不得小于设备的安全泄放量。

(2) 其他安全装置设置原则。

1) 容器最高工作压力低于压力源压力时，在容器进口管道上必须装设减压阀。如因介质条件减压阀无法保证可靠工作时，可用调节阀代替减压阀。在减压阀或调节阀的低压侧，必须装设安全阀和压力表。

2) 压力容器应装设能反映其承压部位真实压力的压力表。若压力源来自容器内部，则压力表应装设在容器的顶部；若压力源来自容器外部时，还应在压力源上装设压力表。

3) 对盛装气液介质，特别是液体介质占有较大空间或液体介质的标准沸点低于工作温度的压力容器，必须装设液位计。

二、安全泄压装置分类

安全泄压装置的功能是，当锅炉压力容器正常运行时，它保持严密不漏；一旦工作压力超过规定值，它就自动地、迅速地排出内部介质，使内部压力始终保持在最高许用压力范围之内。

安全泄压装置按其结构形式分为阀形、断裂形、熔化形和组合形等几种。

1. 阀形安全泄压装置

阀形安全泄压装置即安全阀。设备超压时，通过阀的自动开启排出介质来降低设备内部压力。安全阀的优点是：仅仅排出设备内高于规定的那部分压力，当压力降至正常操作压力时，它即自动关闭，避免设备一旦出现超压就得把全部介质排出而造成浪费和生产中断；装置本身可重复使用多次，安装调整也比较容易。其缺点是密封性能较差，在正常的工作压力下难免有轻微的泄漏；阀的开启有滞后现象，泄压反应较慢；介质不洁净时，有被堵塞或粘住的可能。

阀形安全泄压装置适用于介质比较洁净的气体，如空气、水蒸气等的设备，不宜用于介质具有毒性的设备，也不能用于器内有可能产生剧烈化学反应而使压力急剧升高的设备。

2. 断裂形安全泄压装置

常见的有爆破片和爆破帽，前者用于中低压容器，后者多用于超高压容器。这种安全泄压装置在较高压力下发生断裂而排放介质。其优点是密封性能较好，泄压反应较快，气体中的污物对装置组件的动作压力影响较小。缺点是泄压后组件不能继续使用，容器也得停止运行；爆破组件长期在高压作用下，易产生疲劳损坏，因而组件寿命较短。

断裂形泄压装置宜用于升压速度快或介质具有毒性的容器，不宜用于液化气体储罐。对于压力波动较大的容器也不宜采用。

3. 熔化形安全泄压装置

熔化形安全泄压装置即易熔塞，它是利用装置内的低熔点合金在一定温度下熔化，打开通道，使气体从孔中排出而泄放压力。其优点是结构简单，更换容易，由熔化温度而确定的动作压力较易控制。缺点是泄压后装置不能继续使用，容器也得停止运行，而且受易熔合金强度的限制，泄放面积较小。

熔化形泄压装置仅用于器内压力完全取决于介质温度的小型容器，如液化气体气瓶等。

4. 组合形安全泄压装置

组合形安全泄压装置同时具有阀形和断裂形或阀形和熔化形的泄放结构。常见的是弹簧式安全阀与爆破片的串联组合。这种类型的安全泄压装置同时具有阀形和断裂形的优点，它既可以防止阀形安全泄压装置的泄漏，又可以在排放过高的压力以后使容器继续运行。组合装置中的爆破片，可以根据不同的需要设置在安全阀的入口侧或出口侧。

由于结构复杂，组合形安全泄压装置一般用于剧毒或稀有介质容器；但因为安全阀的滞后作用，它不能用于器内升压速度极快的反应容器。

三、锅炉压力容器的安全泄放量

安全泄放量是指锅炉压力容器超压时，为保证其压力不再升高，在单位时间内必须泄放的介质量。确定设备的安全泄放量，是正确选用泄压装置的必要条件之一，即泄压装置必须有足够的口径和泄放面积，使其排量不小于设备的安全泄放量，才能在泄放介质后有效降压。

1. 气体储罐的安全泄放量

用于储存压缩气体或水蒸气的压力容器，其安全泄放量决定于单位时间内由产生气体压力的设备（如压缩机、蒸汽锅炉等）所能输入的最大气量；可按下式计算：

$$G' = H \tag{5—1}$$

式中　G'——容器的安全泄放量，kg/h；

　　　H——压气机排气量或锅炉最大蒸发量，kg/h。

由两台或两台以上的设备集中输气到一个储罐（集气罐）或由一台设备分别输气到几个储罐（分气罐）时，储罐的安全泄放量为：

$$G' = 7.55(\rho_0 \text{ 或 } \rho)Vd^2 p_d/T \tag{5—2}$$

压力罐相互输气时用 ρ，气罐向大气中泄放用 ρ_0。

式中　ρ——气体在排放状态下的密度，kg/m³；

　　　ρ_0——气体在标准状态下的密度，kg/m³；

　　　p_d——容器的排放压力，MPa（绝对）；

　　　T——容器的排放温度，K；

　　　d——容器的总进气管内径，mm；

　　　V——管内气体流速，m/s，对于一般气体，$V = 10 \sim 15$ m/s；饱和蒸汽，$V = 20 \sim 30$ m/s；过热蒸汽，$V = 30 \sim 60$ m/s。

【例 5—1】 固定式压缩空气储罐，设计压力为 0.8 MPa，设计温度为 50℃，进气总管的内径为 80 mm，试确定该容器的安全泄放量。

【解】 已知空气在标准状态下的密度为 $\rho_0 = 1.293 \text{ kg/m}^3$,压缩空气储罐的排放压力选择其设计压力,$p_d = 0.8 + 0.1 = 0.9 \text{ MPa}$,进气管的气体最大流速为 $V = 15 \text{ m/s}$,代入式(5—2),则该储罐的安全泄放量为:

$$G' = 7.55\rho_0 V d^2 p_d / T = 7.55 \times 1.293 \times 15 \times 80^2 \times 0.9 / 323 = 2611.3 \text{ kg/h}$$

2. 液化气体储罐的安全泄放量

用以储存液化气体的容器,以它受热时单位时间内器内所能蒸发、分解的最大气量来确定安全泄放量。

(1) 周围环境有火灾可能的液化气体储罐的安全泄放量。介质为可燃液化气体的压力容器或介质虽是非可燃的液化气体,但周围环境有发生火灾可能(如周围有燃料罐等)的压力容器,安全泄放量要按容器周围发生火灾情况下的蒸发量来考虑。

1) 无绝热材料保温层的液化气体储罐安全泄放量

$$G' = \frac{2.55 \times 10^5 F A^{0.82}}{q} \quad (5-3)$$

2) 具有完善的绝热材料保温层的液化气体储罐的安全泄放量

$$G' = \frac{2.61 \times (650 - t)\lambda A^{0.82}}{\delta q} \quad (5-4)$$

式中 G'——储罐的安全泄放量,kg/h;

q——在泄放压力下液化气体的汽化潜热,kJ/kg;

F——系数,容器装设在地面下用砂土覆盖时,$F = 0.3$;容器在地面上时 $F = 1$;对容器设置在大于 10 L/(m²·min) 的喷淋装置下时,$F = 0.6$;

t——泄放压力下介质的饱和温度,℃;

λ——常温下绝热材料的导热系数,kJ/(m·h·℃);

δ——保温层的厚度,m;

A——容器的受热面积,m²。可按下列方法选取,其中 D_o 为容器外径,L 为容器总长,L' 为器内最高液位。

① 封头为半球形的卧式容器:$A = \pi D_o L$。

② 封头为椭球形的卧式容器:$A = \pi D_o (L + 0.3 D_o)$。

③ 立式容器:$A = \pi D_o L'$。

④ 球形容器:$A = \pi D_o^2 / 2$ 或从地面起到 7.5 m 高度以下所包含的球壳外表面面积,取二者中较大者。

(2) 无火灾危险环境下的液化气体储罐的安全泄放量。介质为非可燃液化气体而且装设在不存在火灾危险的环境下（例如周围不存放燃料，或用耐火建筑材料与其他可燃物料隔离）的压力容器，安全泄放量可以根据其有无保温层分别选用不低于式（5—3）或式（5—4）计算值的 30%。

【例 5—2】 一台盛装液化氯化甲烷的圆筒形卧式储罐（封头为椭球形），内径 $D_i=2.0$ m，壁厚 $s=20$ mm，储罐总长 10 m，无保温和喷淋装置。已知氯化甲烷在泄放状态下的汽化潜热为 335 kJ/kg。试确定该容器的安全泄放量。

【解】 储罐的受热面积为：

$$A=\pi D_o(L+0.3D_o)=3.14\times(2.0+2\times0.02)\times(10+0.3\times2.04)$$
$$=67.98 \text{ m}^2$$

由式（5—3）可求得该储罐的安全泄放量为：

$$G'=\frac{2.55\times10^5 FA^{0.82}}{q}=\frac{2.55\times10^5\times1.0\times67.98^{0.82}}{335}=24\,212.96 \text{ kg/h}$$

【例 5—3】 球形液氨储罐，罐底离地面 1 m，外径 $D_o=10$ m，排放压力 $p=0.8$ MPa，容器用珍珠岩作保温层，其导热系数为 0.272 kJ/(m·h·℃)，厚度为 30 mm。试确定该容器的安全泄放量。

【解】 液氨在 0.8 MPa 的表压下，饱和温度 $t=21$℃，汽化潜热 $q=1.18\times10^3$ kJ/kg。储罐在地面上 7.5 m 高度以下所含的表面积为：

$$A=\pi D_o H=3.14\times10\times(7.5-1)=204.1 \text{ m}^2$$

此值大于半球形表面积 $\pi D_o^2/2$，故取其为储罐的受热面积，由式（5—4），球形液氨储罐的安全泄放量为：

$$G'=\frac{2.61\times(650-t)\lambda A^{0.82}}{\delta q}=\frac{2.61\times(650-21)\times0.272\times204.1^{0.82}}{0.03\times1.18\times10^3}$$
$$=988.39 \text{ kg/h}$$

3. 蒸发、反应容器的安全泄放量

由于器内液体受热蒸发而产生（或增大）压力，或由于介质的化学反应而使气体的体积增大（即反应后器内压力升高）的压力容器，其安全泄放量应分别根据输入载热体的最大热量或器内化学反应可能生成的最大气量，以及反应所需的时间来决定。

第二节 安　全　阀

安全阀的结构主要由三个部分组成：阀座、阀瓣（阀芯）和加载机构。有的阀座与阀体是一个整体，有的阀座与阀体组装在一起，它与设备连通。阀瓣连带有阀杆，紧扣在阀座上。阀瓣上面是加载机构，载荷的大小可以调节。当设备内的压力在规定的工作压力范围之内时，内部介质作用于阀瓣上的力小于加载机构加在阀瓣上的力，两者之差构成阀瓣与阀座之间的密封力，使阀瓣紧压着阀座，设备内的介质无法排出。当设备内的压力超过规定的工作压力并达到安全阀的开启压力时，内部介质作用于阀瓣上的力大于加载机构施加在它上面的力，于是阀瓣离开阀座，安全阀开启，设备内的介质即通过阀座排出。排气后，内部压力降回至正常工作压力，此时内压作用于阀瓣上的力又小于加载机构施加在它上面的力，阀瓣又紧压着阀座，介质停止排出，设备保持正常的工作压力继续运行。所以，安全阀通过作用在阀瓣上面两个力的不平衡作用，使其启闭，以达到防止设备超压的目的。

一、安全阀的种类与特点

1. 按整体结构及加载机构的类型分类

安全阀按其整体结构及加载机构的不同，可以分为重锤杠杆式、弹簧式和脉冲式三种。

（1）重锤杠杆式安全阀。重锤杠杆式安全阀是利用重锤和杠杆来平衡作用在阀瓣上的力，其结构如图5—1所示。根据杠杆原理，可以使用质量较小的重锤通过杠杆的增大作用获得较大的作用力，并通过移动重锤的位置（或变换重锤的质量）

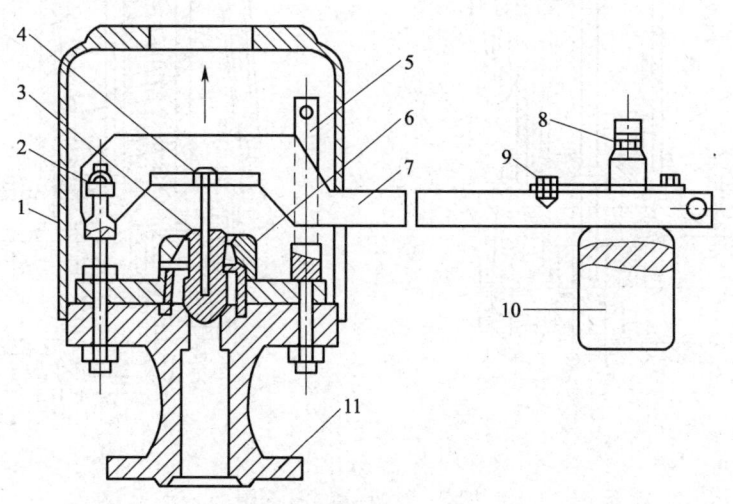

图5—1 重锤杠杆式安全阀

1—阀罩 2—支点 3—阀杆 4—力点 5—导杆 6—阀芯
7—杠杆 8—固定螺钉 9—调整螺钉 10—重锤 11—阀体

来调整安全阀的开启压力。这种安全阀结构简单，调整容易，所加的载荷不会因阀瓣的升高而增加，适用于温度较高的场合，如锅炉和温度较高的压力容器上。但重锤杠杆式安全阀结构较笨重，加载机构容易振动，并常因振动而产生泄漏；其回座压力较低，开启后不易关闭及保持严密。

（2）弹簧式安全阀。弹簧式安全阀是利用压缩弹簧的力来平衡作用在阀瓣上的力，其结构如图 5—2 所示。弹簧的压缩量可以通过转动其上面的调整螺母来调节，以校正安全阀的开启压力。这种安全阀结构轻便紧凑，灵敏度比较高，安装位置不受限制，而且对振动的敏感性小，所以可用于移动式的压力容器上。其缺点是所加的载荷会随着阀的开启而发生变化，即随着阀瓣的升高，弹簧的压缩量增大，作用

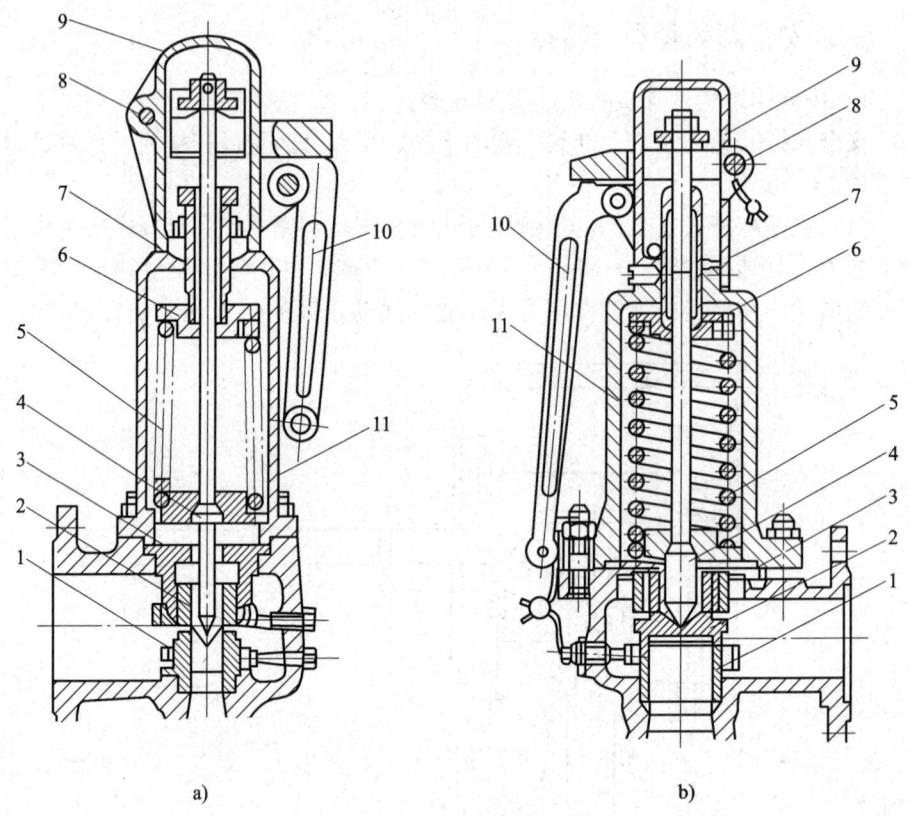

图 5—2　弹簧式安全阀
a）全启式　b）微启式
1—阀座　2—阀芯　3—阀盖　4—阀杆　5—弹簧　6—弹簧压盖
7—调整螺母　8—销子　9—阀帽　10—手柄　11—阀体

在阀瓣上的力也跟着增加,这对安全阀的迅速开启是不利的。另外,弹簧会由于长期受高温的影响而弹力减小。

(3) 脉冲式安全阀。脉冲式安全阀由主阀和辅阀构成,通过辅阀的脉冲作用带动主阀动作。其结构复杂,通常只适用于安全泄放量很大的锅炉和压力容器。

2. 按安全阀阀瓣开启高度分类

按照阀瓣开启的最大高度与安全阀流道直径之比来划分,可分为全启式安全阀和微启式安全阀。

(1) 全启式安全阀。全启式安全阀开启时阀瓣开启高度大于等于流道直径的1/4,即 $h \geqslant d_0/4$(d_0 为流道最小直径,又称喉径),如图 5—2a 所示。阀瓣升起时,阀瓣和阀座之间形成的圆柱形或圆锥形通道面积(帘面积)大于或等于流道面积(阀进口端到密封面间流道的最小截面积)。

(2) 微启式安全阀。微启式安全阀的开启高度小于流道直径的1/4,即 $h < d_0/4$,通常为流道直径的1/40~1/20,如图 5—2b 所示。为增加阀瓣的开启高度,一般在阀座上装设一个调节圈。微启式安全阀的制造、维修、试验和调节比较方便,宜用于排量不大、要求不高的场合。

二、安全阀的排量

1. 介质为气体的安全阀排量

安全阀开启排气时,其阀座的排气通道相当于一个渐缩喷管,可依据热力学中喷管流动的理论对安全阀的排气量进行分析计算。安全阀启动排放气体时,气体的流速分为临界流速和亚临界流速。安全阀排气时阀后与阀前的压力比小于等于临界压力比 $\beta = \left(\dfrac{2}{\kappa+1}\right)^{\frac{\kappa}{\kappa-1}}$(其中 κ 为绝热指数),排气的流速为临界流速;排气时阀后与阀前的压力比大于临界压力比 β,排气的流速为亚临界流速。

(1) 临界条件下安全阀排量。

临界条件,即 $\dfrac{p_0}{p_d} \leqslant \left(\dfrac{2}{\kappa+1}\right)^{\frac{\kappa}{\kappa-1}}$,排放量按式(5—5)确定。

$$G = 7.6 \times 10^{-2} CKp_d A \sqrt{\dfrac{M}{ZT}} \tag{5—5}$$

(2) 亚临界条件下安全阀排量。

亚临界条件,即 $\dfrac{p_0}{p_d} > \left(\dfrac{2}{\kappa+1}\right)^{\frac{\kappa}{\kappa-1}}$,排放量按式(5—6)确定。

$$G = 55.85 K p_d A \sqrt{\frac{M}{ZT} \cdot \frac{\kappa}{\kappa-1} \left[\left(\frac{p_0}{p_d}\right)^{\frac{2}{\kappa}} - \left(\frac{p_0}{p_d}\right)^{\frac{\kappa+1}{\kappa}}\right]} \qquad (5-6)$$

式中　G——安全阀的排量，kg/h；

　　　p_d——安全阀的排放压力，MPa（绝对），一般取 $p_d=1.1p_s+0.1$，p_s 为整定（开启）压力；

　　　p_0——安全阀的出口侧压力，MPa（绝对）；

　　　p_s——安全阀的整定压力，MPa；

　　　T——排气温度，K；

　　　M——气体摩尔质量，kg/kmol，对于多种气体组成的混合气体，可根据其组成成分计算混合气体的摩尔质量；

　　　C——气体特性系数，$C=520\sqrt{\kappa \left(\frac{2}{\kappa+1}\right)^{\frac{\kappa+1}{\kappa-1}}}$，见表5—1；

　　　Z——气体在操作温度、压力下的压缩系数；

　　　κ——气体绝热系数，$\kappa=C_p/C_v$；

　　　K——排放系数，与安全阀的结构有关，应根据实验数据确定；参考数据时，可按下述规定选取：全启式安全阀，$K=0.60\sim0.70$；带调节圈微启式安全阀，$K=0.40\sim0.50$；不带调节圈微启式安全阀，$K=0.25\sim0.35$。

　　　A——安全阀最小排气面积，mm²。

全启式安全阀：排放面积 A 等于流道面积，$A=\pi d_0^2/4$；

微启式安全阀：排放面积 A 等于帘面积。平面密封，$A=\pi D h$；锥面密封，$A=\pi d_0 h \sin\phi$。其中 h 为开启高度，mm；ϕ 为锥形密封面的半锥角；D 为安全阀阀座口径，mm；d_0 为安全阀最小流道直径，mm。

表 5—1　　　　　　　　　　不同 κ 值气体特性 C 值

κ	C	κ	C	κ	C	κ	C	κ	C
1.00	315	1.16	333	1.32	349	1.48	363	1.64	376
1.02	318	1.18	335	1.34	351	1.50	364	1.66	377
1.04	320	1.20	337	1.36	352	1.52	366	1.68	379
1.06	322	1.22	339	1.38	354	1.54	368	1.70	380
1.08	324	1.24	341	1.40	356	1.56	369	2.00	400
1.10	327	1.26	343	1.42	358	1.58	371	2.20	412
1.12	329	1.28	345	1.44	359	1.60	372		
1.14	331	1.30	347	1.46	361	1.62	374		

【例 5—4】 流道直径 d_0 为 40 mm 具有调节圈的微启式安全阀,密封面为平面,整定压力(整定压力是指安全阀开启时的压力)为 1.0 MPa(表压),排放的介质为压缩空气,排气温度为 50℃,排放方式为直排大气,试计算其排量。

【解】 空气在排放压力 $p_d = 1.0 \times 1.1 + 0.1 = 1.2$ MPa、温度为 50℃ 时的压缩系数 $Z \approx 1$,又空气的绝热指数 $\kappa = 1.4$,由表 5—1 查得 $C = 356$,带调节圈的微启式安全阀排放系数 $K = 0.5$。

$p_0/p_d = 0.083$,$\beta = \left(\dfrac{2}{\kappa+1}\right)^{\frac{\kappa}{\kappa-1}} = 0.52$,所以选式(5—5)计算该安全阀排量。

空气的摩尔质量 $M = 29$ kg/kmol,温度 $T = 273 + 50 = 323$ K,流道直径 $d_0 = 40$ mm,开启高度选为 $h = d_0/20 = 2$ mm,平面密封,排气截面积 $A = \pi d_0 h = 3.14 \times 40 \times 2 = 251.2$ mm²。

$$G = 7.6 \times 10^{-2} CKp_d A \sqrt{\dfrac{M}{ZT}}$$

$$= 7.6 \times 10^{-2} \times 356 \times 0.5 \times 1.2 \times 251.2 \times \sqrt{\dfrac{29}{1.0 \times 323}} = 1\,221.9 \text{ kg/h}$$

2. 介质为液体的安全阀排量

安装在以液体为主的容器上的安全阀或排放时必须排放液体的安全阀,其排量为:

$$G = 5.1 KA \sqrt{\rho \Delta p} \tag{5—7}$$

式中 G——安全阀的排量,kg/h;

ρ——阀门入口侧温度下的液体密度,kg/m³;

Δp——阀门前后压力降,MPa。

$$\Delta p = p_d - p_0$$
$$p_d = 1.2 p_s + 0.1$$

3. 介质为蒸汽的安全阀排量

饱和蒸汽中蒸汽含量不小于 98%,最大过热度为 10℃。

当 $p_d \leqslant 10$ MPa 时:

$$G = 5.25 KAp_d \tag{5—8}$$

其中,$p_d = 1.03 p_s + 0.1$

当 $10 \text{ MPa} < p_d \leqslant 22 \text{ MPa}$ 时:

$$G = 5.25 KAp_d \left(\dfrac{190.6 p_d - 6\,895}{229.2 p_d - 7\,315}\right) \tag{5—9}$$

其中，$p_d = 1.03p_s + 0.1$

4. 蒸汽锅炉安全阀排量

装于锅筒（锅壳）上的安全阀，所排放的介质为饱和水蒸气；装于过热器集箱上的安全阀，所排放介质为过热蒸汽。排放水蒸气介质的全启式安全阀，其排量按下式计算：

$$G = 0.235A(10.2p+1)K \tag{5-10}$$

式中 G——蒸汽锅炉安全阀排量，kg/h；

p——安全阀入口处的蒸汽压力，MPa（表压）；

A——安全阀的流通面积，mm^2；

K——安全阀入口处蒸汽比容修正系数，$K = K_p \cdot K_g$，其中 K_p 为压力修正系数；K_g 为过热修正系数，K、K_p、K_g 的选值见表5—2。

表5—2　　　　　　　　安全阀入口处各修正系数

p（MPa）	K	K_p	K_g	$K = K_p \cdot K_g$
$p \leqslant 12$	饱和	1	1	1
	过热	1	$\sqrt{V_b/V_g}$	$\sqrt{V_b/V_g}$
$p > 12$	饱和	$\sqrt{2.1/(10.2p+1)V_b}$	1	$\sqrt{2.1/(10.2p+1)V_b}$
	过热		$\sqrt{V_b V_g}$	$\sqrt{2.1/(10.2p+1)V_g}$

注：1. $\sqrt{V_b/V_g}$ 亦可用 $\sqrt{1000/(1000+2.7T_g)}$

2. 表中：V_g——过热蒸汽比体积，m^3/kg；V_b——饱和蒸汽比体积，m^3/kg；T_g——过热度，℃。

压力容器上所有安全阀的总排量，必须大于等于压力容器的安全泄放量；锅炉上所有安全阀的总排量，必须大于锅炉的最大连续蒸发量。

三、安全阀的安装、调试与维护

1. 安全阀的安装

安全阀能否正常工作与其安装是否正确有很大关系。安装位置、方式以及排放管道等不适当的安全阀，不但会失去应有的作用，而且还会导致意外事故。

（1）压力容器安全阀的安装。压力容器安全阀安装要求如下：

1）安全阀应垂直装设在容器的气相空间部分，或装设在与气相空间相连的管道上。容器与安全阀之间连接管的截面积不得小于安全阀的进口截面积，连接管尽量短而直。

2)杠杆式安全阀应有防止重锤自行移动的装置和限制杠杆越出的导架;弹簧式安全阀应有提开手把和防止随便拧动调整螺钉的装置。

3)容器一个连接口上装设两个或两个以上安全阀时,该连接口入口的面积不应小于这些安全阀进口截面积的总和。

4)安全阀与容器之间一般不宜装设截止阀门。对于盛装易燃介质,毒性程度为极度、高度、中度危害介质,腐蚀、黏性介质的压力容器,为便于安全阀的清洗与更换,可在安全阀与容器之间装设截止阀。截止阀的结构和通径应不妨碍安全阀的排放。容器正常运行期间,截止阀必须保证全开。

5)对易燃介质或毒性程度为极度、高度、中度危害介质的压力容器,应在安全阀的排出口装设导管,将排放介质引至安全地点。可燃气体可以排入大气中,也可以采取火炬排放。排入大气时,必须将其引至远离明火和易燃物且通风良好的地方,排放管必须逐段接地以防静电积累。如果可燃气体的排放温度高于其自燃点,应采取防火措施,或者将气体冷却到自燃点以下后再排入大气。用火炬排放的可燃液化气体只能是经过气液分离后的气体,如果是腐蚀性可燃气体,还应采取防腐措施。

6)安全阀装设位置,应便于检查和维修。

(2)锅炉安全阀的安装。锅炉安全阀安装要求如下:

1)蒸发量小于 0.5 t/h 的蒸汽锅炉,或额定功率小于 1.4 MW 的热水锅炉,或额定蒸发量小于 4 t/h 且装有可靠的超压联锁保护装置的蒸汽锅炉,可只装一个安全阀;热水锅炉上设有水封安全装置时,可不装设安全阀;其他锅炉每台至少应装设两个安全阀(不包括省煤器安全阀)。蒸汽过热器出口处和可分式省煤器出口(或入口)处必须装设安全阀。

2)安全阀应铅直安装在锅筒(锅壳)、集箱的最高位置。安全阀与锅筒(锅壳)之间或安全阀与集箱之间,不得装有取用蒸汽的出汽管和阀门。

3)几个安全阀如共同装设在一个与锅筒(锅壳)直接相连接的短管上,短管的流通截面积应不小于所有安全阀流道面积之和。

4)采用螺纹连接的弹簧式安全阀,其规格应符合《弹簧式安全阀参数》(JB 2202)的要求。此时,安全阀应与带有螺纹的短管相连接,而短管与锅筒(锅壳)或集箱应采用焊接连接。

5)安全阀排放管应有足够的流通截面积,保证排汽畅通。排放管应予以固定,以免使安全阀产生过大的附加应力或引起振动。排放管底部应装有接到安全地点的疏水管。两个以上的安全阀若共享一根排放管,则排放管的截面积不应小于所有安全阀出口截面积的总和。

2. 安全阀的调整

通过调节施加在安全阀阀瓣上的载荷（杠杆式安全阀调节重锤的位置，弹簧式安全阀调节弹簧的压缩量）来校正安全阀的整定压力（整定压力是指安全阀开启时的压力），使安全阀在规定的排放压力下开启排气。

装设在蒸汽锅炉锅筒和过热器上的安全阀，其整定压力应符合表 5—3 的规定。热水锅炉的安全阀的始启压力按制造厂的要求或按表 5—4 的规定。

表 5—3　　　　　　　锅筒、过热器安全阀的整定压力

额定工作压力 p（MPa）	安全阀的整定压力（MPa）	备　注
$p \leqslant 0.8$	工作压力＋0.03 工作压力＋0.05	控制安全阀 工作安全阀
$0.8 < p \leqslant 5.9$	1.04 倍工作压力 1.06 倍工作压力	控制安全阀 工作安全阀
$p > 5.9$	1.05 倍工作压力 1.08 倍工作压力	控制安全阀 工作安全阀

表 5—4　　　　　　　热水锅炉安全阀的始启压力

安全阀性质	安全阀的始启压力（MPa）
控制安全阀	1.12 倍工作压力，但不小于工作压力＋0.07
工作安全阀	1.14 倍工作压力，但不小于工作压力＋0.10

表中的额定工作压力是指装设安全阀处的工作压力。装有两个安全阀的锅炉，其中一个安全阀应按表中较低的整定压力校正。对有过热器的锅炉，过热器上的安全阀应在较低压力下开启。省煤器、再热器、直流锅炉启动分离器的安全阀整定压力为装设地点工作压力的 1.1 倍。

装设在固定式容器上的安全阀，其整定压力确定的原则是：整定压力不应大于容器的设计压力，阀的密封压力不应小于容器的工作压力。因此，安全阀的整定压力应是工作压力的 1.05～1.10 倍，且高于容器的最高工作压力。容器安装多个安全阀时，其中一个安全阀的开启压力不应大于容器的设计压力，其余安全阀的开启压力可适当提高，但不得超过设计压力的 1.05 倍。

整定压力校正后，还应调整排放压力和回座压力。蒸汽锅炉安全阀启闭压差一般应为整定压力的 4%～7%，最大不超过 10%。当整定压力小于 0.3 MPa 时，最大启闭压差为 0.03 MPa。

经过校正调整的安全阀，应进行铅封。

3. 安全阀的维护

要使安全阀经常处于良好的状态，保持灵敏正确，必须在锅炉和压力容器运行过程中加强对它的维护和检查。

(1) 保持安全阀清洁。用于空气、水蒸气以及带有黏滞性物质而又不会造成危害的气体的安全阀，应定期做排气试验。排气试验的间隔期限可根据气体的洁净程度确定。

(2) 经常检查安全阀的铅封是否完好，检查杠杆式安全阀的重锤是否有松动、被移动以及另挂重物的现象。设置在室外露天的安全阀，冬季气温过低时应检查有无冻结的可能性。

(3) 发现安全阀有渗漏迹象时，应及时进行更换或检修。禁止用增加载荷的方法减除阀的泄漏。

(4) 定期校验安全阀，一般每年至少校验一次。校验项目为整定压力、回座压力、密封性能等，校验后，应加锁或铅封。严禁用加重物、移动重锤、将阀瓣卡死等手段任意提高安全阀整定压力或使安全阀失效。锅炉运行中安全阀严禁解列。

四、安全阀常见故障及处理

1. 安全阀泄漏

在正常工作压力下，阀瓣与阀座密封面间发生超过允许程度的渗漏。其原因和排除方法如下：

(1) 密封面上有氧化皮、水垢、杂物等。可用手动排气去除或拆开清理。

(2) 密封面损伤或腐蚀。应根据损伤程度，采用研磨或车削后研磨的方法加以修复。

(3) 弹簧松弛造成整定压力降低，引起阀门泄漏。松弛是由于高温或腐蚀等原因造成的，应及时更换弹簧或阀门。

(4) 整定压力低。应对安全阀进行校验，对安全阀的整定压力进行适当调整。

(5) 阀杆弯曲变形或阀芯与阀座支撑面偏斜。查明原因，重新装配或更换阀杆等部件。

(6) 杠杆式安全阀的杠杆与支点发生偏斜，使阀芯与阀座受力不均。需校正杠杆中心线。

2. 不在规定的整定压力下开启

安全阀调整好后，实际开启压力相对于整定值有一定的偏差。其原因和排除方法如下：
(1) 工作温度发生变化。如在室温下调整的安全阀用于高温条件下，开启压力往往有所降低，可以通过适当旋紧螺杆来调节。如果由于安全阀选型不当而致使弹簧腔室温度过高，则应调换安全阀的型号（如选用带散热器的安全阀）。
(2) 阀杆与衬套间的间隙过小，受热时卡死。需适当增大阀杆与衬套的间隙。
(3) 阀座和阀瓣被粘住、腐蚀或冻结。应手动开启、吹洗。
(4) 由背压变动引起。当背压变化较大时，应选用背压平衡式安全阀。

3. 不能完全开启
其原因和排除方法如下：
(1) 安全阀的弹簧刚度太大。需重新选用安全阀。
(2) 阀瓣与阀座上协助阀瓣开启的机构设置不当，或者调节圈调整的不正确。应重新调整，必要时更换其他结构形式的安全阀。
(3) 阀瓣在导向套中摩擦增加。应清洗、修磨或更换部件。
(4) 安全阀的排放管设置不当，气体流动阻力大。应重新设置排放管路。

4. 阀瓣振动
阀瓣振动即阀门频繁启闭。其原因和排除方法如下：
(1) 安全阀排量过大。应当选择额定排量尽可能接近设备安全泄放量的安全阀。
(2) 进口管道太小或阻力太大，引起振荡。应使进口管内径不小于阀门进口通径或减少进口管阻力。
(3) 排放管阻力过大，造成排放时背压过大。应降低排放管道阻力。
(4) 调节圈调节不当，使回座压力过高。应重新调整调节圈位置。

5. 排气后阀瓣不能及时回座
其原因和排除方法如下：
(1) 由于装配不当、杂物混入或零件腐蚀等原因造成内部运动零件卡住。应查明原因予以清除。
(2) 弹簧式安全阀的调节圈调整不当。通过调节调节圈位置来调整回座压力。

五、安全阀的安全技术要求

1. 安全阀的选用
由操作压力决定安全阀的公称压力，由操作温度决定安全阀的使用温度范围，由计算出的安全阀的定压值决定弹簧或杠杆的定压范围，根据使用介质（毒性、腐蚀性、黏性、清洁程度等）决定安全阀的材质和结构形式，再根据安全阀泄放量计算出安全阀的喉径。选用安全阀的一般规则如下。

（1）确定阀型。热水锅炉可选用不封闭带扳手微启式安全阀；蒸汽锅炉可选用不封闭带扳手全启式安全阀，还可选用杠杆式安全阀。额定蒸汽压力小于等于 0.1 MPa 的锅炉，可采用静重式安全阀或水封式安全阀装置。

液体等不可压缩介质的容器一般选用封闭微启式安全阀，高压给水设备用封闭全启式安全阀，如高压给水加热器、换热器等。气体等可压缩性介质的容器可选用封闭全启式安全阀，如气体储罐、气体管道等。易燃、有毒气体用安全阀，选用不带扳手的。运送液化气体的槽车、储罐等一般用内装式安全阀；油罐顶部用液压安全阀时，需与呼吸阀配合使用。

（2）确定公称压力。安全阀的公称压力（p_N）系列为 1.6 MPa、2.5 MPa、4.0 MPa、6.4 MPa、10.0 MPa、16.0 MPa、32.0 MPa。公称压力表示安全阀在常温状态下的最高许用压力，高温容器选用安全阀时应考虑高温材料许用应力的降低。公称压力一般表示为

$$p_N \geqslant p \frac{[\sigma]}{[\sigma]^t}$$

式中 p_N——安全阀的公称压力，MPa；

p——容器的设计压力，MPa；

$[\sigma]^t$——阀体材料在工作温度下的许用应力，MPa；

$[\sigma]$——阀体材料在常温下的许用应力，MPa。

公称压力只表明安全阀阀体所能承受的强度，并不代表安全阀的排气压力，但排气压力必须在公称压力范围之内。为适应锅炉压力容器安全泄压的要求，同一公称压力范围内还分成若干压力级别，不同级别配备不同刚度的弹簧，以适用不同的排气压力。例如，公称压力为 1.6 MPa 的安全阀，按压力大小配备五种级别的弹簧，选用时应按设备的设计压力选定最接近的且稍大于排气压力的一种。

（3）确定公称直径。安全阀的公称直径也有标准系列。为了保证安全阀在排出气体后，器内的压力不再继续升高，要求安全阀的排量必须大于设备的安全泄放量，以此确定安全阀需要的排放面积 A'_0 及流通直径 d'_0。

例如临界条件下安全阀的排放面积 A'_0 和流通直径 d'_0 为：

$$A'_0 = \frac{G'}{7.6 \times 10^{-2} C K p_d \sqrt{M/(ZT)}}$$

微启式安全阀：$d'_0 = A_0/(\pi h \sin\phi)$

全启式安全阀：$d'_0 = 1.13\sqrt{A_0}$

根据 d'_0 值，取大于等于 d'_0 的标准系列直径 d_0。根据表5—5确定安全阀的公称直径 D_N。

表5—5　　　　　公称直径 D_N 和流通直径 d_0　　　　　（mm）

		公称直径 D_N	15	20	25	32	40	50	80	100	150	200
流通直径 d_0	全启式	p_N1.6, 2.5, 4.0, 6.4 MPa				20	25	32	50	65	100	125
		p_N10 MPa				20	25	32	40	50	80	
		p_N16, 32 MPa					15	20				
	微启式	p_N1.6, 2.5, 4.0, 6.4 MPa	12	16	20	25	32	40	65	80		
		p_N16, 32 MPa	8			12, 14						

如果安全阀铭牌上标注有排量，则可以选择排量略大于或等于容器安全泄放量的安全阀。但当容器的工作介质或设计压力、设计温度等与安全阀铭牌标注的条件不同时，则应该按铭牌上的排量换算成实际使用条件下的排量，并要求此排量不小于压力容器的安全泄放量。

【例5—5】　一台压缩空气储罐，设计压力为1.0 MPa，温度为50℃，进气总管内径为50 mm，装设一个规格为A41H-16C的安全阀，$D_N = 50$ mm，选择该安全阀是否符合要求？

【解】　A41H-16C的安全阀为弹簧式微启封闭型，密封面材料为合金钢，阀体为碳钢，用于介质为空气时，结构符合要求。

安全阀的公称压力为1.6 MPa，大于容器的设计压力，公称压力符合要求。

设安全阀的整定压力为容器的设计压力，阀的额定排放压力最高可达

$$p_d = 1.0 \times 1.1 + 0.1 = 1.2 \text{ MPa}$$

排放温度 $T = 50 + 273 = 323$ K，取进气管的气体最大气速为 $v = 15$ m/s，则按式（5—2）计算压缩空气储罐的安全泄放量

$$G' = 7.55 \rho_0 V d^2 p_d / T = 7.55 \times 1.293 \times 15 \times 50^2 \times 1.2 / 323 = 1.36 \times 10^3 \text{ kg/h}$$

$D_N = 50$ mm 安全阀的流道直径 $d_0 = 40$ mm，此类安全阀装有下调节圈，取开启高度为 $h = d_0/20 = 2$ mm，阀的排放面积为 $A = \pi d_0 h = 3.14 \times 40 \times 2 = 251.2$ mm²。

根据空气的压缩体系可知，排放压力为 $p_d = 1.2$ MPa、温度为50℃的空气，压缩系数为 $Z \approx 1$，又空气的绝热指数 $\kappa = 1.4$，由表5—1查得 $C = 356$。带调节圈的微启式安全阀排放系数 $K = 0.5$，空气的摩尔质量 $M = 29$ kg/kmol。

$p_0/p_d=0.083$,$\beta=\left(\dfrac{2}{\kappa+1}\right)^{\frac{\kappa}{\kappa-1}}=0.52$,选式(5—5)计算该安全阀排量为:

$$G=7.6\times10^{-2}CKp_dA\sqrt{\dfrac{M}{ZT}}$$

$$=7.6\times10^{-2}\times356\times0.5\times1.2\times251.2\times\sqrt{\dfrac{29}{1.0\times323}}=1\,221.9\text{ kg/h}$$

可见,安全阀的排量小于容器的安全泄放量,安全阀的规格不符合要求。

2. 对安全阀的基本要求

安全阀应符合以下基本要求:

(1) 动作灵敏可靠。当压力达到开启压力时,阀瓣迅速开启,顺利排出气体。

(2) 在排放压力下,阀瓣处于全开状态,排放出规定的气量。

(3) 密封性能良好,在正常工作压力下保持严密不漏,排气降压后能及时关闭,关闭后继续保持密封。

此外,安全阀还应结构紧凑、调节方便。

第三节 爆 破 片

一、爆破片的种类与特点

爆破片装置由爆破片和夹持器两部分组成。按照爆破片的外观特征,可分为平板形、正拱形、反拱形三类。

1. 平板形爆破片

爆破片呈平板形,有平板开缝形和平板带槽形两种。这种爆破片结构简单、安装方便,但抗疲劳性能较差,用于压力不高及压力较稳定的场合。

2. 正拱形爆破片

爆破片安装后,拱的凹面处于压力系统的高压侧,动作时爆破片发生拉伸破裂。与平板形爆破片相比,这种爆破片耐疲劳性能好,使用寿命长,爆破压力精度高。通常有以下三种形式。

(1) 正拱普通形爆破片。如图5—3a所示。它由单层塑性金属材料制成,容器超载后爆破片拉伸破坏。适用于静载中压或高压容器。

(2) 正拱开缝形爆破片。如图5—3b所示。它由两片曲率相同的普通正拱形爆破片组合而成。与介质接触的一面由耐腐蚀的金属或非金属材料制成,不开缝槽;

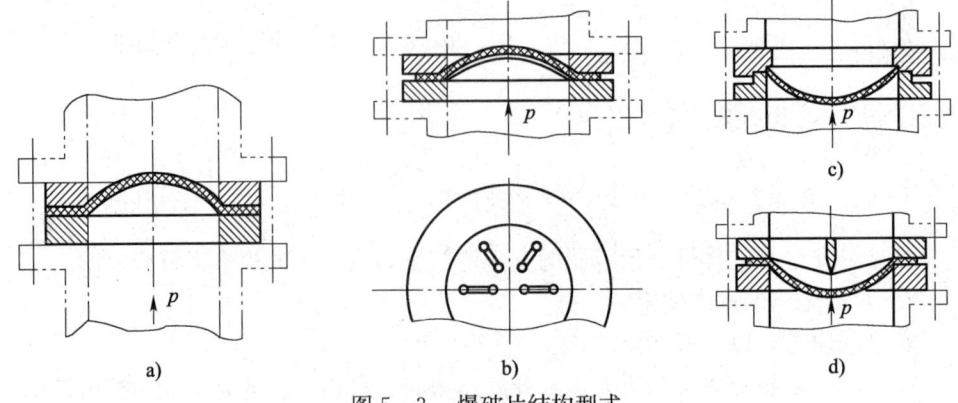

图 5—3 爆破片结构型式
a) 正拱普通形　b) 正拱开缝形　c) 反拱无刀具形　d) 反拱带刀具形

另一片由金属材料制成,拱形部分开设若干条穿透的槽隙,槽隙沿径向分布,两端有小孔,通过变动槽孔的疏密可调节爆破片的爆破压力。这种爆破片适用于中、高压静载荷或介质有腐蚀性的容器。

(3) 正拱带槽形爆破片。这种爆破片的拱面上带有槽形结构。

3. 反拱形爆破片(失稳破坏形)

爆破片安装后,拱的凸面处于压力系统的高压侧,动作时爆破片发生压缩失稳,失稳翻转后被装在原凹面上的刀具切破或整片脱落弹出,如图 5—3c 和图 5—3d 所示。反拱形爆破片抗疲劳性能良好,适用于承受脉动载荷且介质为气体的压力容器,如反应釜等。

二、爆破片的选用、安装与更换

1. 爆破片的选用

通常,压力容器多选用安全阀作为泄压装置,但在下列安全阀不适用的场合,必须装设爆破片:工作介质具有黏性或易于结晶,容易将安全阀阀瓣与阀座粘住或堵塞安全阀;由于化学反应或其他原因,器内压力急剧升高,安全阀不能及时开启泄压;工作介质为剧毒气体或稀有气体,用安全阀难免泄漏造成环境污染或浪费;排放口小于 12 mm 或大于 150 mm,要求全量泄放或泄放时无任何阻碍。

(1) 类型的选择。压力容器应根据介质的性质、工艺条件及载荷特性来选择爆破片。

1) 考虑介质在工作温度下对爆破片的腐蚀作用。如果爆破片的材质不耐腐蚀,则需在金属膜片接触腐蚀性介质的一侧覆盖或喷涂氟塑料膜。

2）如果介质是可燃气体，则不宜选用铸铁或碳钢等材料的爆破片，以免爆破片破裂时产生火花，引燃可燃气体。

3）采用爆破片与安全阀组合结构时，须选择无碎片的爆破片，如正拱带槽形、正拱开缝形爆破片。

4）介质为液体的容器，不宜选用反拱形爆破片。因为超压液体的能量不足以使反拱形爆破片失稳翻转。

5）承受脉动载荷的容器，宜选用反拱形爆破片。

6）承受高温的容器，应保证在操作温度下膜片材料的强度。爆破片材料最高工作温度见表 5—6。

表 5—6　　　　　　　　爆破片材料最高工作温度

爆破片材料	铝	铜	镍	奥氏体不锈钢	铜镍合金	铬镍合金	石墨
最高工作温度（℃）	100	200	400	400	430	480	200

（2）爆破压力的确定。爆破片是设置在容器上的一个薄弱环节，其爆破压力应大于容器的正常工作压力而小于容器的设计压力。

1）爆破压力的影响因素。爆破压力影响因素很多，主要有爆破片的材料、厚度、直径、类型、夹持情况、开缝情况和制造工艺等。一般来说，爆破压力正比于爆破片的材料强度与膜片厚度，反比于膜片直径。由于影响因素较多，爆破压力的计算结果往往是近似的，一般以试样的实测爆破结果为准，即在爆破温度下进行抽样爆破试验所得的实际爆破压力的平均值。

2）爆破压力与容器设计压力。为了确保容器不超压运行，爆破片的爆破压力 p_B 不得大于容器的设计压力，且不应小于容器最高工作压力 p_w 的 1.05 倍。容器设计时，如采用最大允许工作压力作为爆破片的依据，应在设计图样上和容器铭牌上注明。爆破片最低标定爆破压力 p_{Bmin} 可根据容器的最大工作压力 p_w 由表 5—7 确定。

表 5—7　　　　　　　　爆破片的最低标定爆破压力

爆破片类型	载荷性质	p_{Bmin}（MPa）
正拱普通形	静载荷	≥1.43p_w
正拱开缝形、正拱带槽形	静载荷	≥1.25p_w
正拱形	脉动载荷	≥1.70p_w
反拱形	静载荷、脉动载荷	≥1.10p_w
平板形	静载荷	≥1.70p_w

(3) 排放面积的确定。

1) 介质为气体。

①临界条件。即 $\dfrac{p_0}{p_d} \leqslant \left(\dfrac{2}{\kappa+1}\right)^{\frac{\kappa}{\kappa-1}}$，爆破片的排放面积为：

$$A \geqslant \dfrac{G'}{7.6 \times 10^{-2} C K p_B \sqrt{M/(ZT)}}$$

②亚临界条件。即 $\dfrac{p_0}{p_B} > \left(\dfrac{2}{\kappa+1}\right)^{\frac{\kappa}{\kappa-1}}$，爆破片的排放面积为：

$$A \geqslant \dfrac{G'}{55.85 K p_B \sqrt{\dfrac{M}{ZT}\dfrac{\kappa}{\kappa-1}\left[\left(\dfrac{p_0}{p_B}\right)^{\frac{2}{\kappa}} - \left(\dfrac{p_0}{p_B}\right)^{\frac{\kappa+1}{\kappa}}\right]}}$$

式中　G'——压力容器安全泄放量，kg/h；

　　　A——爆破片的排放面积，mm²；

　　　p_B——爆破片设计爆破压力（绝对压力），MPa；

　　　p_0——泄放侧压力，MPa；

　　　K——排放系数，与爆破片装置入口管道形状有关，见图5—4；

　　　T——排气温度，K；

　　　M——气体摩尔质量，kg/kmol，对于多种气体组成的混合气体，可根据其组成成分计算混合气体的摩尔质量；

　　　Z——气体在操作温度、压力下的压缩系数；

　　　κ——气体绝热系数，$\kappa = C_p/C_v$。

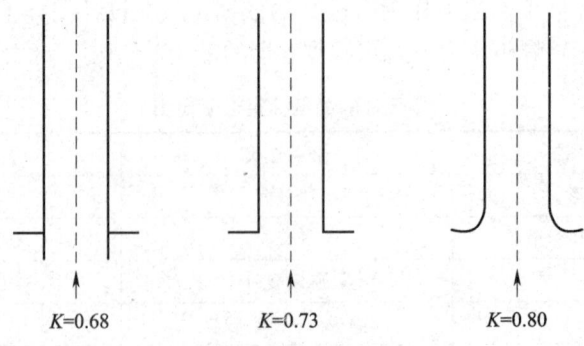

图5—4　爆破片装置入口管道形状

2) 介质为液体。介质为液体的爆破片的排放面积为：

$$A \geqslant \frac{G'}{5.1K\sqrt{\rho \Delta p}}$$

式中　K——排放系数，$K=0.62$；
　　　Δp——压力降，MPa，$\Delta p = p_B - p_0$；
　　　ρ——液体密度，kg/m³。

2. 爆破片的安装

(1) 爆破片的安装形式。爆破片安装时，应根据容器用途、介质性质及设备运转条件等来确定其布局。

1) 爆破片单独作为泄压装置。通常在爆破片的进口处装设一个截止阀，截止阀的泄放能力要大于爆破片的泄放能力，其作用是在更换爆破片时切断气流。正常工作时，阀处于全开状态，并加以固定。爆破片的泄放管道要有足够的支撑，以免负荷过重而使爆破片受到损伤。当爆破压力过高时，还要考虑爆破时的反冲力与振动问题。

使用两个或两个以上爆破片时，根据需要可以串联安装，也可以并联安装。串联时，必须在两个爆破片之间装设压力表和放气阀，用以观察前级爆破片有无泄漏及排放两爆破片之间可能积聚的压力。

2) 爆破片与安全阀串联使用。有两种形式：爆破片安装在安全阀进口处和爆破片安装在安全阀出口处，如图 5—5 所示。

爆破片安装在安全阀进口处是常见的安装形式。正常工作时，爆破片把安全阀与工作介质隔开，使安全阀不受工作介质侵蚀。如果系统中的压力达到爆破压力，爆破片首先爆破，然后安全阀开启泄压。压力下降后，安全阀重新闭合。这种布设方式避免了工作介质对安全阀的影响（腐蚀、粘结等）；现场检验安全阀时不必拆下安全阀，可直接向安全阀与爆破片之间充压。

爆破片安装在安全阀出口处，适用于比较洁净的昂贵气体或剧毒气体及有公共泄放管的情况，这种布设方式可使爆破片免受介质压力和温度的长期作用而产生疲劳，避免由于安全阀的泄漏而污染环境和造成浪费，并能防止公共泄放管内的其他安全阀泄放时的影响（腐蚀、对背压的影响）。

爆破片与安全阀串联使用时应注意，爆破片爆破后的碎片不能妨碍安全阀的工作，其出口通道面积不得小于安全阀的入口面积；爆破片与安全阀之间要装设压力表及排气阀，用以指示和排放积聚的介质。

3) 爆破片与安全阀并联使用。这种布设方式如图 5—6 所示。对因物理过程引起的超压由安全阀泄放,而剧烈化学反应引起的严重超压则由爆破片和安全阀共同泄放。安全阀是主要的泄压装置,爆破片则是意外情况下的辅助泄压装置。例如,液化气体储罐由于充装过量或环境温度过高引起超压时,安全阀开启泄压;当发生火灾或遇到外来热源加热发生超压时,爆破片和安全阀共同泄压。

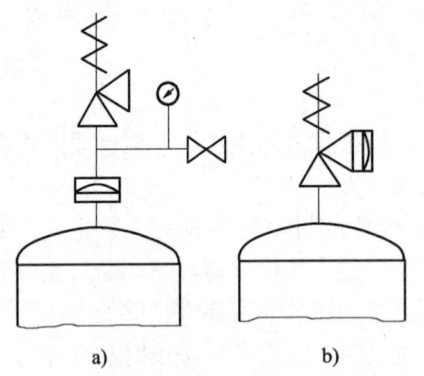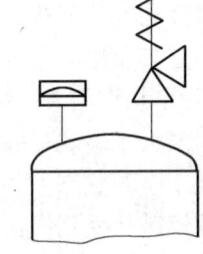

图 5—5　爆破片与安全阀串联使用　　　图 5—6　爆破片与安全阀并联使用
a) 爆破片安装在安全阀进口处
b) 爆破片安装在安全阀出口处

爆破片与安全阀并联使用,爆破片与安全阀泄放能力之和应大于容器的安全泄放量。

4) 爆破片与安全阀串、并联组合使用。这种布设方式是串联、并联两种方式的组合,如图5—7所示。并联的爆破片爆破压力应稍高,系统超压时,串联的爆破片爆破,如果容器的压力继续升高,并联的爆破片也爆破泄压。

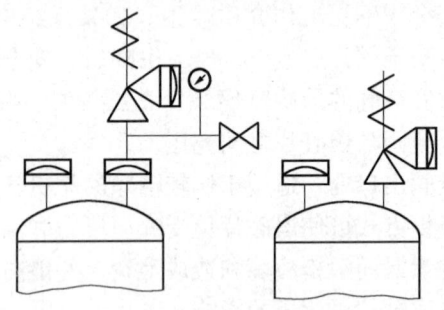

图 5—7　爆破片与安全阀串、并联组合使用

(2) 安装中注意的问题。安装前首先检查爆破片有无损伤,压边损伤会影响密封,拱顶损伤会影响爆破压力。安装时将夹持器与爆破片接触的两个表面擦拭干净,夹持螺栓应拧紧。爆破片与容器的接管应为直管,管道截面积不得小于爆破片

的泄放面积。若爆破片破裂时有碎片产生，则应装设拦网或采用其他避免碎片堵塞管道的措施。若介质易燃、有毒或有腐蚀性，应在图样上注明爆破片的材料，并将其引至安全地点。

3. 爆破片的更换

运行中应经常检查爆破片装置有无渗漏和异常。对于超过最大设计爆破压力而未爆破的爆破片，应立即更换；在苛刻条件下使用的爆破片，应每年更换；一般爆破片装置应在2～3年内更换（制造单位明确可延长使用寿命的除外）。使用单位可以根据本单位的实际使用情况和具体条件自行确定更换时间，但不能超出上述原则。

第四节 压 力 表

一、压力表的分类和工作原理

压力表是用以测量介质压力大小的仪表。锅炉及需要单独装设安全泄压装置的压力容器，都必须装有压力表。压力表的种类很多，按其结构和工作原理的不同，可以分为液柱式、活塞式、电量式和弹簧组件式四类。

液柱式压力表是根据液柱的高度差来确定所测的压力值，只适用于测量较低的压力，例如锅炉燃烧系统中烟风压力的测量，压力容器一般不使用这类压力表。

活塞式压力表是利用加在活塞上的力与被测压力的平衡，根据活塞面积和加在其上的力来确定所测的压力，只适宜作检验用的标准仪表。

电量式压力表是利用物体在不同压力下产生物理量（电量）的变化来确定所测的压力值，这类压力表可以测量快速变化的压力和超高压力。

弹性组件式压力表是利用弹性组件的弹力与被测压力的平衡，根据组件的变形程度来测定压力值。有单圈弹簧管式、多圈弹簧管式、薄膜式、波纹筒式和远距离传送式等多种形式。这类压力表广泛用于锅炉和压力容器介质压力的测量，其结构坚固，不易泄漏，具有较高的准确度，对使用条件的要求也不高。但使用期间必须经常检验，且不宜用于测定频率较高的脉动压力。

二、压力表的选用与装设

1. 压力表的选用

选用的压力表必须与锅炉压力容器内的介质相适应。压力表的最大量程（表盘上的刻度极限值）应根据设备的工作压力选定，应为工作压力的1.5～3.0倍，最好为工作压力的2倍。压力表还应具有足够的精度,其精度是以它的允许误差占表盘刻度极限值的百分数按级别来表示的,精度等级一般标在表盘上。低压容器和工作压力小于2.5 MPa的锅炉,压力表精度一般不应低于2.5级;中、高压容器和工作压力大于等于2.5 MPa的锅炉,压力表精度不应低于1.5级。为了清晰地显示压力值,压力表的表盘直径一般不应小于100 mm。如果压力表装得较高或离岗位较远,表盘直径还应增大。

2. 压力表的装设

(1) 压力表在安装前应进行校验,在刻度盘上划出指示最高工作压力的红线,并根据设备最高许用压力,在刻度盘上划上警戒红线。

(2) 压力表的接管应直接与承压设备本体相连接。为了便于更换和校验压力表,接管上应装有三通旋塞,三通旋塞上应有开启标记和锁紧装置。

(3) 锅炉或工作介质为高温蒸汽的压力容器,压力表的接管上要装有存水弯管,使蒸汽在这一段弯管内冷凝,以避免其直接进入压力表的弹簧管内。钢制存水弯管的内径不应小于10 mm,铜制的不应小于6 mm。为了便于冲洗和校验,在压力表与存水弯管之间应装设三通阀门或其他相应装置。

(4) 工作介质若对压力表有腐蚀作用,应在弹簧管式压力表与容器的连接管路上装设充填有液体的隔离装置。充填液不应与工作介质起化学反应或生成混合物。如果不能采取这种保护装置,则应选用抗腐蚀的压力表,如波纹平膜式压力表等。

(5) 装设压力表的地方应有足够的照明并便于检查,并防止压力表受到高温、辐射、冰冻或振动的影响。

三、压力表的维护与校验

1. 压力表的维护

(1) 保持压力表洁净,表盘上的玻璃要明亮清晰,使表盘内指针指示的压力值清楚易见。表盘玻璃破碎或表盘刻度不清的压力表应停止使用。

(2) 压力表的连接管要定期吹洗,以免堵塞。用于介质含有较多油污或黏性物料的压力表的连接管,应定期吹洗。

(3) 经常检查压力表指针的转动与波动情况,检查连接管上旋塞的开启状态。发现压力表指示不正常或有其他可疑迹象,应立即检验校正。

2. 压力表的校验

压力表必须定期校验,每次校验后必须加铅封,并注明下次校验的日期。未经检验合格、无铅封或逾期没有检验的压力表不准使用。

第五节 水 位 表

一、水位表的种类及适用范围

水位表是用来显示锅筒（锅壳）内水位高低的仪表，它是按照连通器的原理工作的。水位表的水连管和汽连管分别与锅筒的水空间和汽空间相连，水位表和锅筒构成连通器，所显示的水位即是锅筒内的水位。

1. 玻璃管式水位表

玻璃管式水位表由玻璃管、汽连管、水连管、汽旋塞、水旋塞、放水旋塞等组成，如图 5—8 所示。汽连管和水连管通过法兰或螺纹连接在锅筒的水位表管接头上。玻璃管由耐热玻璃制作，有 $\phi 5$ mm、$\phi 20$ mm 两种。这种水位表结构简单，在

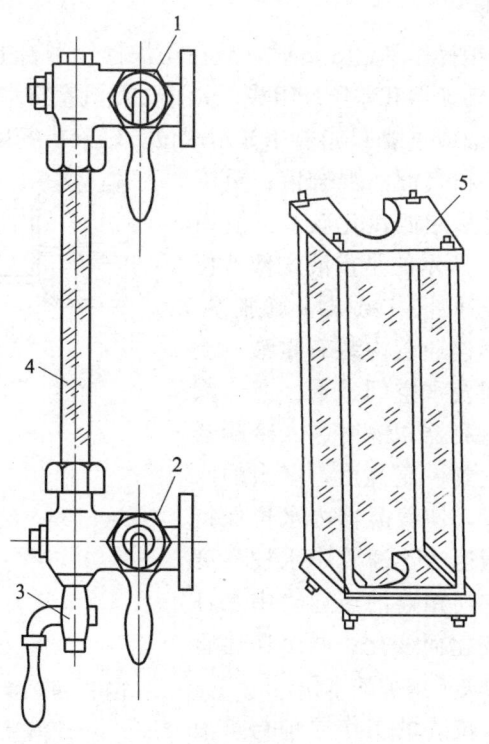

图 5—8 玻璃管式水位表
1—汽旋塞 2—水旋塞 3—放水旋塞 4—玻璃管 5—防护罩

低压小型锅炉上应用得十分广泛。但玻璃管的耐压能力有限，使用工作压力不宜超过 1.6 MPa。为防止玻璃管破碎喷水伤人，玻璃管外通常装有耐热的玻璃防护罩。

2. 玻璃板式水位表

玻璃板式水位表与玻璃管式水位表的区别在于用玻璃板代替了玻璃管，并且安装了金属框盒和压盖。玻璃板由耐热耐压的玻璃平板制作，玻璃平板一侧沿纵向刻有三棱形沟槽，嵌在金属框盒中，刻有沟槽的一面朝内，与框盒间垫有石棉橡胶板，并用螺栓将压盖紧压，使框盒、玻璃板、压盖三者严密配合。由于光线在沟槽中有折射作用，水位表中蒸汽呈银白色，水呈暗黑色，汽水界限明显。与玻璃管式水位表相比，玻璃板式水位表能耐受更高的压力和温度，不易泄漏，多用于中高压锅炉。

双色水位表由玻璃板式水位表改进而成。利用棱镜对水汽介质穿透、反射及折射情况的不同，以红绿两色分别显示水和蒸汽，使水位表内界限清晰，监视方便。

3. 低地位水位表

当水位表高于司炉操作平台 6 m 时，应在司炉操作平台上加装低地位水位表。低地位水位表由水位转换器和差压计组成，先通过凝汽室将水位转化为压差，然后用平衡这一压差的轻液或重液 U 形管来显示水位。轻液指密度比水小的显示液体，通常采用机油、煤油和汽油的混合液；重液的密度比水大，通常采用四氯化碳、三氯甲烷等有机液。图 5—9 所示的是重液式低地位水位表，它由 U 形连通管、冷凝器、膨胀器、溢流管等组成，U 形连通管内装有重液，上部分别与锅筒汽空间及水空间连通。在蒸汽连通管的上端装有冷凝器，锅筒进入冷凝器的蒸汽冷凝成水并达到一定高度，多余的水经溢流管流入水连管，使冷凝器内水位保持不变，即与汽空间相连的连通管中水柱高度保持不变，而与水空间相连的连通管中水柱高度却随锅筒水位变化而变化。两个连通管内水位高度之差，反映了锅炉的水位。

轻液式低地位水位表的工作原理与重液式的基本相同，但其 U 形管必须倒置，以使轻液浮在水面之上。

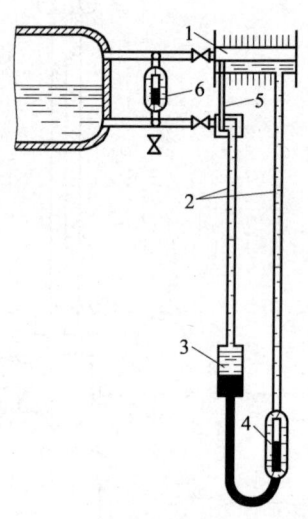

图 5—9 重液式低地位水位表
1—冷凝器　2—U 形连通管
3—膨胀器　4—低地位指示计
5—溢流管　6—高地位指示计

二、水位表的安全技术要求

每台锅炉至少应装设两个彼此独立的水位表。但符合下列条件之一的锅炉可只装一个直读式水位表：蒸发量小于等于 0.5 t/h 的锅炉；额定蒸发量小于或等于 2 t/h，且装有一套可靠的水位示控装置的锅炉；装有两套各自独立的远程水位显示装置的锅炉。

水位表水连接管和汽连接管应水平布置，以防止形成假水位；连接管的内径不得小于 18 mm，并尽可能地短，若长度超过 500 mm 或有弯曲时，内径应适当放大；汽水连接管上应装设阀门，并在锅炉运行中保持全开；水位表应有放水旋塞和放水管，汽旋塞、水旋塞、放水旋塞的内径及水位表玻璃管的内径，都不得小于 8 mm。

水位表应装在便于观察、冲洗的地方，并有足够的照明。表上有指示最高、最低安全水位的明显标志。水位表玻璃管（板）的最低可见边缘应比最高火界至少高 50 mm，且应比最低安全水位低 25 mm，最高可见边缘应比最高安全水位高 25 mm。

用远程水位显示装置监视水位的锅炉，控制室内应有两个可靠的远程水位显示装置，并保证有一个直读式水位表正常工作。

三、水位表的维护

锅炉运行中，水位表应定期冲洗，以保持水、汽连接管畅通。由于锅筒内的水面总是不断波动，水位表显示的水位也总是上下轻微晃动，若水位表内水面静止不动，则可能连接管或水旋塞被炉水中的杂质堵塞，此时应立即冲洗水位表。低地位水位表的玻璃板一般在运行中不冲洗，但每班应检查 1~2 次，并经常和锅筒上的水位表对照。

第六节　其他安全装置

一、温度测量仪表

测温仪表主要是用于测量工作介质的温度、设备金属壁面的温度，如额定蒸汽压力大于 9.8 MPa 的锅炉的过热器、再热器，应测定其蛇形管金属壁温，防止壁温超过金属材料允许温度。

1. 分类与工作原理

根据测量温度方式的不同,测温仪表可分为接触式和非接触式两种。接触式有液体膨胀式、固体膨胀式、压力式以及热电阻和热电偶等。非接触式有光学高温计、光电高温计和辐射式高温计等。非接触式温度计的感温元件不与被测物质接触,利用被测物质表面的亮度和辐射能的强弱来间接测量温度,各种温度计的使用范围与应用场合见表5—8。

表5—8　　　　　温度计的使用范围与应用场合

温度计类型		测量温度范围（℃）	应用
膨胀式		-200～600	常用于轴承、定子等处的温度作现场指示
压力式		-80～400	常用于测量易燃、有振动处的温度、传送距离不很远
热电阻	铂	-200～650	常用于液体、气体、蒸汽的中、低温测量,能远距离传送
	铜	-50～150	
热电偶		0～1 600	常用于液体、气体、蒸汽的中、高温测量,能远距离传送
辐射式		600～2 000	常用于测量火焰、钢水等不能直接测量的高温场合

2. 安装使用与维护保养

(1) 安装使用。

1) 介质温度测量。用于测量介质温度的温度计主要有插入式温度计和插入式热电偶测量仪,其特点是温感探头直接或带套管(腐蚀性介质或高温介质时用)插入设备内,与介质接触。测温热电偶通过导线将显示装置引至操作室或容易监控的位置。为防止插入口泄漏,设备上设有标准规格的温度计接口,接口连接形式有法兰连接和螺纹连接两种。

2) 壁面温度测量。此类测温装置的测温探头紧贴在设备的金属壁面上。常用的有测温热电偶、接触式温度计、水银温度计等。

(2) 维护保养。测温仪表必须根据其使用说明书的要求、实际使用情况及规定检验周期进行定期检验检测。壁温测量装置的测温探头必须根据设备的内部结构及介质温度的分布情况,装贴在具有代表性的位置上,并做好保温措施,以消除外界引起的测量误差。测温仪的表头或显示装置必须安装在便于观察和方便维修、更换、检测的地方。

二、排污装置

锅炉运行中,由于锅水的蒸发浓缩,以及锅内水处理时不断投放药剂,使得锅水中的浮垢、沉渣含量不断增加,盐、碱浓度增大。为保证锅水的质量,必须定期或连续地从锅炉中排放一部分盐碱浓度高的锅水、水渣和其他杂质。

排污装置有定期排污装置和连续排污装置两种。各种锅炉都应装设定期排污装置,有过热器的蒸汽锅炉,还应连续排污。

1. 排污装置的类型

(1) 定期排污装置。定期排污装置装设在锅筒(锅壳)、立式锅炉下脚圈、水冷壁下集箱的最低处,一般由两只串联的排污阀和排污管组成。常用的排污阀有旋塞式、齿条闸门式、摆动闸门式、慢开闸门式和慢开斜置球形等多种形式。由于需要反复排放,故要求排污阀启闭方便,开启后流道畅通,关闭后密封完好。

(2) 连续排污装置。连续排污装置装设在上锅筒水面附近,由截止阀、节流阀、排污管、吸污短管等组成,如图 5—10 所示。在上锅筒内沿轴向布置直径约为 75~100 mm 的排污管,其上设置多根敞口吸污短管,短管上端低于锅筒正常水位 30~40 mm,倾斜开成锥形敞口;锅水中高浓度的盐分及漂浮性污物可由短管吸入,经排污管汇合后流至炉外。截止阀及节流阀装在锅筒外部的排污管上,用以启闭管路和调节排污量。

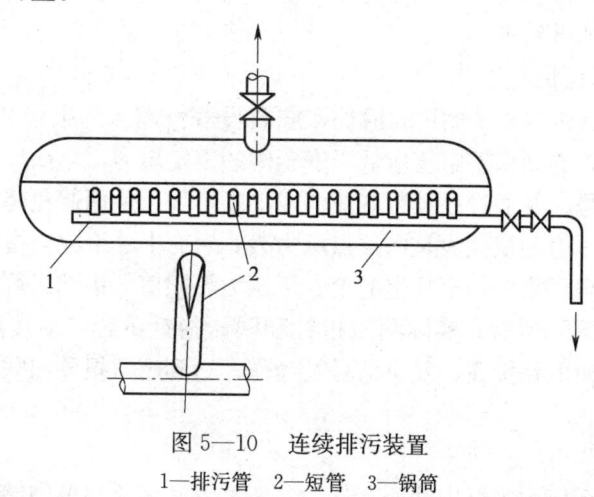

图 5—10　连续排污装置
1—排污管　2—短管　3—锅筒

2. 安全技术要求

锅筒、锅壳及每组水冷壁下集箱的最低处,都应装设排污阀。额定蒸发量大于等于 1 t/h 或额定蒸汽压力大于等于 0.7 MPa 的锅炉，排污管上应装设两个串联的排污阀。每台锅炉应有独立的排污管，排污管尽量减少弯头，保证排污畅通并接到安全地点或排污膨胀器。几台锅炉合用一根总排污管时，不得有两台或两台以上的锅炉同时排污。

排污阀、排污管不应采用螺纹连接；通路不直的截止阀不能用作排污阀；不能用加长手柄或锤打的方法开启排污阀。排污阀关闭一段时间后，用手触摸排污阀后的排污管，如果是热的，说明排污阀没有关严或因损坏而发生渗漏，应及时查明原因，以免造成锅炉缺水事故。

三、锅炉保护装置

1. 高低水位警报器

高低水位警报器是锅内水位达到最高或最低界限时，能自动发出警报信号的装置。额定蒸发量不小于 2 t/h 的锅炉，应装设高低水位警报器、低水位联锁保护装置。高、低水位警报的信号应能明显区分，低水位联锁保护装置最迟应在最低安全水位时动作。

高低水位警报器的构造形式有很多类型，按其装设的位置不同，可分为装在锅筒内和装在锅筒外两种。目前，装在锅筒外的高低水位警报器在工业锅炉中应用较多，其结构简单，体积较小，灵活可靠，易于调整。一旦损坏，只要将汽、水连管上的阀门关闭后即可修理。

2. 蒸汽超压保护装置

额定蒸发量大于等于 6 t/h 的锅炉，应装设蒸汽超压的报警和联锁保护装置。超压联锁保护装置的动作整定值应低于安全阀的整定压力，当锅炉出现超压时，发出声、光警报信号，并通过联锁装置减弱或中断燃烧，从而避免超压爆炸。常用的能发出电信号的压力测量仪表是电接点压力表，它有上、下限压指针和实际测压指针。先将上、下限压指针调至规定的上、下压力界限值，锅炉运行中当蒸汽实测压力达到上限值或下限值时，实际测压指针和限压指针重合，动接点和上限（或下限）接点接触，使电路接通，发出信号及动作，达到超压报警和联锁保护的目的。

四、液面计

液面计是显示压力容器内液面高低的装置。盛装液化气体的储运容器、用作液体蒸发用的换热容器、气液相反应容器等都应装设液面计。最常见的液面计有玻璃管式液面计和玻璃板式液面计两种，其结构、工作原理与水位计相同。板式液面计比管式液面计耐压、耐高温，安全可靠性好，易燃、有毒介质及高温高压容器均采用板式液面计。

1. 液面计的选用

根据容器的工作压力、使用温度和介质特性正确选用液面计。一般低压容器选用管式液面计，中、高压容器选用板式液面计。洁净或无色透明的液体可选用透光式玻璃板液面计；不洁净或有色泽的液体则选用反射式玻璃板液面计。盛装 0℃ 以下介质的容器，应选用防霜液面计；寒冷地区室外使用的容器，应选用夹套型或保温型的液面计；介质为易燃、毒性程度为极度、高度危害的容器，应采用磁性液面计或自动液面计，并应有防止泄漏的保护装置。大型储槽还应装设安全可靠的液面指示器。

要求液面指示平稳的，不应采用浮子（标）式液面计；移动式容器不得使用玻璃板式液面计，而应采用旋转管式或滑管式液面计。

2. 液面计的安装

液面计应安装在便于观察的位置，否则，应增加其他辅助设施。易燃、有毒介质的容器，照明灯应符合防爆要求，大型压力容器还应有警报装置。液面计上应有最高和最低安全液位的标志。在安装使用前，对低、中压容器用液面计应进行 1.5 倍液面计公称压力的液压试验；高压容器的液面计应进行 1.25 倍液面计公称压力的液压试验。试验合格后方可进行安装。

3. 液面计的使用与维护

根据实际运行情况及检修周期，对液面计进行定期检修，保持液面计完好和清晰。对气、液旋塞及排污旋塞要加强维护保养，保持灵敏可靠。使用中发现液面计泄漏时，应将液面计两端阀门关闭，待降压后再进行检修。出现下列情况之一者，应停止使用并更换：超过检修周期；玻璃板（管）有裂纹、破碎；阀件固死；出现假液位；液面计指示模糊不清。

本章小结

安全装置是为保证锅炉压力容器安全运行而设置的附属装置，按其使用性能或用途可以分为联锁装置、警报装置、计量装置、泄压装置四大类。本章重点介绍了安全泄压装置（安全阀、爆破片）的功能作用、结构特点、选用安装、校正维护等，较为详细地介绍了锅炉压力容器安全泄放量的计算方法和安全阀排量的计算方法，掌握这些内容对正确选用安全泄压装置和判断所装设的安全泄压装置是否符合要求具有重要意义。此外，本章还对其他常见的安全装置，如压力表、水位表、排污阀、液面计等也作了简要的介绍。

复习思考题

1. 何谓锅炉压力容器的安全泄放量？说明它与安全泄压装置排量的关系。
2. 比较安全阀与爆破片的优缺点，并列举其适用设备。
3. 一台液化气体储罐，介质具有毒性和严重的腐蚀性，储罐最适宜装设哪种类型的安全泄压装置？
4. 如何校正和调整安全阀的整定压力和排气压力？
5. 安全阀常见的故障有哪些？如何排除？
6. 常用的爆破片有哪几种形式？各有何特点？
7. 如何选用和安装压力表？
8. 选用液面计时应考虑哪些因素？
9. 简述锅炉排污装置的作用、类型及使用中应注意的问题。
10. 一台球形液化丙烷储罐，装在地面上，无保温措施，内径为 600 mm，壁厚为 20 mm，排气压力为 1.9 MPa，排气温度为 52℃。若装设一个 A42Y－2.5C、公称直径为 80 mm 的全启式安全阀，问安全阀的规格是否合适？

第六章 锅炉压力容器安全运行与管理

本章学习目标

1. 了解锅炉压力容器使用管理的基础工作，掌握锅炉安全运行与管理的基本知识。
2. 掌握压力容器运行中工艺参数的控制方法。
3. 了解锅炉压力容器停运和维护保养的方法。
4. 熟习气瓶充装、使用、储存、运输的安全要求。
5. 了解锅炉压力容器定期检验的周期和要求，熟习锅炉压力容器常用的检验方法。
6. 掌握锅炉压力容器常见缺陷的类型、缺陷的检查和处理方法。

第一节 锅炉压力容器使用管理基础工作

锅炉压力容器的使用管理必须从基础工作抓起。基础管理工作包括设备使用前的选购、验收、安装等过程管理以及技术档案、使用登记、统计报表等资料管理。

一、锅炉压力容器选购与验收

1. 锅炉压力容器选购

国家对锅炉压力容器的设计、制造有严格要求，实行资格许可制度。锅炉压力容器的制造单位必须具备保证产品质量所必需的加工设备、技术力量、检验手段和管理水平。购置、选用的锅炉压力容器应是定点厂家生产的合格产品，并附有产品设计图样、技术规范和质量证明等文件。

2. 锅炉压力容器验收

对锅炉压力容器的验收主要包括下列内容：

（1）检查产品铭牌是否与出厂技术资料相吻合，是否有通过质量技术监督部门检验的钢印标记等。

（2）依据竣工图对实物进行质量检查，包括总体尺寸、主体结构、焊缝布置及外观质量、内外表面质量、接管方位、材质钢印标记、油漆和包装等。

（3）按供货合同要求，检查随机备件、附件质量与数量以及规格型号是否满足需要。

验收过程中要做好相关的记录。经制造单位处理的超标缺陷，必须做好缺陷的处理记录，需上报当地质量技术监督部门的应将报告备份归档。

二、锅炉压力容器安装

1. 安装的有关规定

（1）锅炉安装规定。

1）安装许可制度。安装锅炉的施工单位应具备一定的条件，由省级特种设备安全监察部门审查批准，签发锅炉安装许可证，许可证上列出批准允许安装的锅炉类别。

2）安装质量的监督检验。锅炉安装前，用户须将锅炉平面布置图以及标明与有关建筑距离的图样，送交当地特种设备安全监察机构审查同意。由具有检验资格的检验单位，对安装过程的施工质量进行监督检验，并出具安装监检证书。

（2）压力容器安装规定。

1）安装许可制度。目前，只对第三类压力容器、容积大于等于 10 m^3 的压力容器、蒸球、成套生产装置中同时安装的压力容器、液化石油气储存容器、医用氧舱等实施安装许可制度。球形储罐的现场组装，可以由具备资格的制造厂进行，也可以由专门的安装单位进行。

2）安装质量的监督检查。球形储罐及医用氧舱安装质量的监督检验由设备使用单位所在地的省级特种设备安全监察部门批准的具有相应资格的检验单位进行，其他设备安装只需当地主管部门备案即可。

2. 安装要求

锅炉压力容器安装过程中，使用单位应派人员，对设备内部构件的安装质量、固定螺栓的紧固情况进行监督和检查，对保温层的施工质量及设备关键部件的安装质量进行监督和检查，对管线、梯子、平台等与容器相连部件的施焊质量进行监督和检查，对安全附件的调试情况进行监督和检查。安装工程竣工后，施工方应提交完整的安装技术资料及检查记录。

三、锅炉压力容器使用登记

锅炉压力容器投入使用前，必须到当地特种设备安全监察机构登记，经审查批准入户建档，取得使用登记证后方可启用。锅炉压力容器经重大修理、改造或拆迁过户，应重新办理使用登记证。锅炉压力容器报废后，使用单位应到原发证机关办理注销手续。

四、锅炉压力容器技术档案

锅炉压力容器的技术档案是其设计、制造、安装、使用、检修全过程的文字记载，是正确合理使用锅炉压力容器的主要依据，通过它可以使有关人员掌握设备的结构特征、介质参数和缺陷情况，防止由于盲目使用而发生事故；另外，技术档案还用于指导设备的定期检验及修理、改造工作，也是设备发生事故后用以分析事故原因的重要依据之一。因此，锅炉压力容器应逐台建立技术档案，保存设备设计、制造、安装、使用、修理、检验、改造等过程的技术资料。

技术档案包括原始技术资料、使用情况记录和安全附件技术资料等。

1. 原始技术资料

（1）设计资料。包括设备设计总图、主要受压部件图、技术条件和强度计算书，必要时设计单位还应提供设计、安装、使用说明书。

（2）制造资料。包括证明设备经过检验合格的出厂合格证，说明设备技术特性的说明书及质量证明书。

锅炉压力容器原始技术资料由设计和制造单位提供。在设备安装完毕后，由安装单位连同设备一并交给使用单位。

2. 使用记录

（1）操作条件。包括设备的操作压力、操作温度、工作介质、压力及温度的波动范围，间歇操作周期、工作介质的特性（对设备是否有腐蚀作用和在什么条件下可能有腐蚀作用）等。

（2）使用情况记录。包括开始使用日期、每次开停日期及变更使用条件的记录等。

（3）检验、修理情况记录。包括每次检验检测的时间、内容，修理计划、方案及内容，零部件更换情况、缺陷处理情况和结果。受压部件、内件等的修理或更换更应做好记录。

(4) 技术改造资料。包括改造方案、改造设计图样、改造申报资料及改造施工过程，改造部位和所用材料及其质量证明书，改造施工竣工后的交工技术文件和资料等。

(5) 安全附件校验、修理和更换记录。包括安全附件校验的时间、内容及故障处理情况。

(6) 事故资料。包括事故调查分析结果、整改防范措施以及事故处理情况、人员受到教育情况等。

五、锅炉压力容器统计报表

为了便于掌握锅炉压力容器的增减动态、检修和利用情况，应设置和填报统计报表。统计报表有以下三种：

(1) 年报表。统计当年某一确定时间在用锅炉压力容器的数量、类别及使用情况，报上级主管部门和质量技术监督部门。

(2) 检验和修理情况报表。包括当年定检计划及实际检验情况、下年的定检计划和维修计划等，以便相关部门考核当年生产指标和安排下年度生产计划，也利于与检验单位确定落实检验工作。

(3) 利用情况报表。主要反映锅炉压力容器运行及利用情况。

第二节　锅炉安全运行与管理

一、锅炉的启动

锅炉启动是指锅炉由非使用状态进入使用状态的过程，一般包括冷态启动和热态启动两种。冷态启动是指新装、改装、修理、停炉待用等锅炉的生火启动；热态启动是指压火备用锅炉的启动。冷态启动过程中，锅炉部件由冷态（室温）转变为受热状态，由不承压转变为承压，其物理形态、受力情况等发生很大变化，容易出现各种事故。冷态启动包括下面几个步骤。

1. 启动前的检查

对新装、改造和检修后的锅炉，在点火启动之前要进行全面检查，检查的重点是：对受热面和受压元件进行内外部检查，检查其有无积灰、铁锈、结焦、磨损、鼓包、变形和腐蚀等；对燃烧器、炉膛、烟道进行内外部检查，检查炉排和各部件动作是否灵活，炉膛是否完好；检查各种安全附件及测量仪表，保证其齐全、完好；检查锅炉构架、楼梯、平台等钢结构部分；检查辅助设备（如风机、水泵、磨煤机、排粉机等），必要时进行试运转；使各类门孔（包括人孔、手孔、看火孔、防爆门及各类阀门）、挡板处于启动所要求的位置。经检查确认符合启动要求后，方可进行下一步操作。

2. 上水

上水前应关闭锅炉各门孔，并把各阀门调到适当位置，例如所有排气阀及给水管路上的阀门应开启，排污阀、放水阀、疏水阀、主汽阀、吹灰阀应关闭。上水应通过省煤器，水上至锅筒最低水位线处即可停止上水，避免其受热膨胀后产生高水位。上水速度应缓慢，水温不宜过高，与筒壁温度之差不要超过50℃，以防止产生过大的温差应力。停止上水后，应检查各阀门及汽水系统有无泄漏。

3. 烘炉

新装、迁装、大修或长期停用的锅炉，其炉膛和烟道的墙壁非常潮湿，骤然接触高温烟气就会产生裂纹、变形，甚至发生倒塌事故。因此，这类锅炉在点火升压前应进行烘炉。特别是带炉墙或炉拱的锅炉，炉墙施工完毕或长期停用后，必须通过烘炉使其干燥。

烘炉就是在炉膛中用文火慢慢地烘烤炉墙，并使受热面逐渐受热膨胀。烘炉时，既要控制温升，又要保证加热均匀。如果干燥过快，炉墙内产生的水汽可挤压炉墙砖而使其移动，炉墙干湿不均会造成墙体裂缝及变形。一般的烘干标准是：炉墙外层砖缝里的泥浆应干燥，取样分析炉墙灰缝中的水分含量应为2.5%～3.0%，炉墙外层表面各部分的温度应达到50℃左右，并均匀一致。

烘炉的后期也可以和煮锅同时进行，以缩短煮锅的时间。

4. 煮锅

煮锅的目的是清除受热面内的铁锈、油垢和其他污物，并使受热面水侧形成一层钝化膜，防止水侧腐蚀，提高锅水和蒸汽的品质。煮锅的方法如下：将药品溶化，用加药泵注入锅筒，加热升温，使锅水沸腾，维持10～12 h之后减弱燃烧，进行排污，并保持水位；再加强燃烧12～24 h，然后停火冷却，排出锅水，并及时用清水冲洗干净，直至各部件水侧无污物为止。

煮锅的合格标准为：锅筒和集箱的内壁无油垢，颜色呈黑褐色；擦去壁面附着物之后金属表面无锈斑；锅内原有老垢基本疏松或脱落。

5. 点火与升压

（1）点火。锅炉点火时间的长短应根据锅炉类型、燃烧方式和水循环等情况而定，点火方法因燃烧方式和燃烧设备而异。对于使用不同燃料的锅炉，其点火安全要求也不同，见表6—1。

表6—1　　　　　　　燃用不同燃料锅炉的点火安全要求

燃料种类	点火安全要求
燃油锅炉	(1) 点火前，必须对烟道和炉膛进行强制通风，时间不少于5 min，以彻底排净可能积存的油气或可燃气体 (2) 点火时应维持炉膛负压 (3) 严禁先喷油，后插入火把 (4) 若一次点火不着或在运行中突然灭火，必须首先关闭油阀，并按第一条的要求充分通风排气后，再重新点火
燃气锅炉	(1) 点火前必须强制通风置换，时间不少于5 min (2) 通风置换前，严禁明火带入炉膛和烟道中，点火时炉膛保持负压 (3) 若一次点火不着必须立即关闭燃气阀，停止进气，待再次通风换气后，重新点火，严禁利用炉膛余火进行二次点火
燃煤锅炉	(1) 一般采用自然通风，通风时间5~10 min (2) 点火时如果自然通风不足，可启动引风机 (3) 点火有困难时，可在靠近烟囱底部处堆烧木材，保持通风
燃煤粉锅炉	(1) 点火前，应对一次风管逐根吹扫，每根吹扫2~3 min，以清除管内积存煤粉 (2) 点火前，必须强制通风置换，时间不少于5~10 min (3) 若一次点火不着或发生熄火，应立即停止送粉，对炉膛进行充分通风换气后，重新点火

注：由于冷炉点火时容易熄灭，故一般点火时使用两只点火器。

锅炉点火后，燃烧应缓慢加强，使锅炉各部件温度逐渐升高，防止温差应力过大。

(2) 升压。锅炉点火后，受热面被加热，水冷壁管和对流管束管中不断产生蒸汽，由于主蒸汽阀关闭，锅内压力不断升高。这个过程是从点火到正常运行的关键阶段。具体的升压过程如下：点火加热到一定程度，水开始沸腾，此时水面上的压力是大气压力，水沸腾的温度为100℃。水变成蒸汽后体积大大增加，而锅筒是封闭的，锅内产生的蒸汽聚集起来，水面上汽压急剧升高，水的饱和温度也随之升高，水中储存的热量不断增加，水在更高的温度水平下汽化。

锅筒内汽空间接有排汽管，排汽管上装有控制阀门。升压时，将阀门适当打开,排掉一部分锅筒内的蒸汽,此时锅内产生的蒸汽量大于排出的蒸汽量,锅筒内部压力逐步上升,直至达到规定的蒸汽压力。然后调整阀门的开度,维持锅内产生的蒸汽量等于排出的蒸汽量,使锅内压力保持不变。此时锅炉进入正常的运行状态——定压加热过程。

在升压过程中,应注意炉墙及各部件的膨胀情况,不得有异常的变形和裂纹。

(3) 点火升压阶段的安全注意事项。点火升压是锅炉启动过程中的关键环节,需要注意一些安全问题。

1) 防止炉膛爆炸。锅炉点火前,炉膛中可能残存可燃气体或其他可燃物,也可能预先送入可燃物,如果不注意清除,这些可燃物与空气混合后达到一定浓度,遇到明火即可能爆炸。燃气锅炉、燃油锅炉、燃煤粉锅炉等都有发生炉膛爆炸的危险。

防止炉膛爆炸的措施是:点火前,开动引风机通风 5~10 min,没有引风机的可自然通风 5~10 min,以清除炉膛及烟道内的可燃物质。气、油、煤粉炉点燃时,应先送风,之后投入火炬,最后送入燃料,而不能先送入燃料后点火。一次点火未成功需要重新点火时,一定要在点火前给炉膛和烟道重新通风,待充分清除可燃物后再进行点火操作。

2) 控制升温升压速度。升压过程也是锅水饱和温度不断升高的过程。由于锅水温度的升高,锅筒和蒸发受热面的金属壁温也随之升高。为防止产生过大的热应力,升压过程一定要缓慢。同时,要对各承压部件的膨胀情况进行监督,发现膨胀不均匀时,可在水冷壁下集箱膨胀较小的一端放水,促使水冷壁管膨胀均匀。锅炉中的连接螺栓,受热后也会膨胀伸长,造成连接结构的松动泄漏。因而,当锅炉升压至 0.1~0.2 MPa 时,应紧固人孔、手孔及各法兰上的螺栓。

3) 严密监视和调整指示仪表。点火升压过程中,锅炉的蒸汽参数、水位及各部件的工作状况都在不断变化,为了防止异常情况及事故的出现,必须严密监视各种指示仪表,将锅炉压力、温度和水位控制在允许范围内。同时,各种指示仪表本身也要经历从冷态到热态、从不承压到承压的过程,也会产生热膨胀,在某些情况下甚至会发生卡住、堵塞、转动不灵等故障。因而在点火升压过程中,保证指示仪表的可靠准确是十分重要的。

点火一段时间后,当蒸汽从空气阀(或提升的安全阀)冒出时,即可将空气阀关闭(或将安全阀恢复原状)。此时应密切监视压力表,在一定时间内压力表的指针应离开原点。如果锅内已有压力而压力表指针不动,则需将燃烧减弱或熄灭,校验压力表并清洗压力表管道,待压力表正常后,方可继续升温升压。

当锅内压力升至 0.1 MPa 左右时，应冲洗水位表，并检查水位表指示水位的正确性；当压力升到 0.2～0.3 MPa 时，应冲洗压力表存水弯管及其他热工仪表导管；当压力升至 0.3～0.4 MPa 时，应试用排污装置，依次对下锅筒及下部各集箱排污放水，放水时应注意水位的变化，并检查排污阀是否正常；当压力升至工作压力时，再次冲洗水位表，并校验安全阀。

4）保证强制流动受热面的可靠冷却。由于锅炉启动过程中不向用户提供蒸汽及不连续经省煤器上水，省煤器、过热器等强制流动受热面中没有连续流动的水汽介质冷却，因而可能被外部连续流过的烟气烧坏。所以，必须采取可靠措施，保证强制流动受热面在锅炉启动过程中不致过热损坏。

对过热器的保护措施是：在升压过程中，开启过热器出口集箱的疏水阀、对空排汽阀，使一部分蒸汽流经过热器后被排出，从而使过热器得到足够的冷却。对省煤器的保护措施是：对钢管省煤器，在省煤器与锅筒间连接再循环管。在点火升压期间，将再循环管上的阀门打开，使省煤器中的水经锅筒、再循环管重回省煤器，进行循环流动。但在上水时应将再循环管上的阀门关闭。可分式省煤器通常设有旁烟通道，点火升压期间应将旁烟通道打开，让烟气不流经省煤器而直接经旁烟通道排入烟囱。如果无旁烟通道，应经省煤器向锅筒上水，必要时，可由锅炉下部集箱放水，以冷却省煤器，并保持省煤器出口水温至少比同压力下的饱和温度低 20℃。

6. 暖管与并汽

所谓暖管，即用蒸汽缓慢加热管道、阀门、法兰等元件，使其温度缓慢上升，避免向冷态或较低温度的管道突然供入蒸汽，而造成热应力过大而损坏管道、阀门等元件。通过暖管还可将管道中的冷凝水驱出，防止在供汽时发生水击。

暖管一般与锅炉升压同时进行，也可以在升压至 2/3 工作压力时进行。几台锅炉共用一条蒸汽母管时，暖管的范围是新启动锅炉主汽阀之后到蒸汽母管之间的管段及管道附件。点火时或刚升压时，开启锅炉主汽阀及隔绝阀的疏水阀，用锅炉产生的蒸汽不断加热管道直至并汽。单独运行的锅炉，其暖管范围是主汽阀出口至用汽设备之间的蒸汽管道。

并汽，也叫并炉、并列，即投入运行锅炉向共用的蒸汽总管供汽。并汽前应减弱燃烧，打开蒸汽管道上的所有疏水阀，充分疏水以防止水击；冲洗水位表，并使水位维持在正常水位线以下；使启动锅炉蒸汽压力稍低于蒸汽总管内压力（低压锅炉低 0.02～0.05 MPa；中压锅炉低 0.1～0.2 MPa）；之后缓慢打开主汽阀及隔绝阀，使启动锅炉与蒸汽总管连通。

单台运行的锅炉，在暖管之后即可向用汽设备供汽，其操作注意事项与并汽相似。

二、锅炉运行中的监督调整与管理

锅炉正常运行过程中,其负荷(用户所需蒸汽量)有时比较稳定,有时则经常变化。负荷的变化会引起蒸汽参数的变化。为了满足用户对蒸汽参数的要求,需要随时调节汽压、汽温、水位及燃烧工况,使之适应锅炉自身的安全运行要求和负荷变化要求。

锅炉运行监督调节的主要任务是:维持蒸发量与负荷相适应;保持蒸汽参数稳定;维持锅炉水位在正常范围内;保证蒸汽品质(干度和含盐量)。此外,要保证燃烧及传热良好,即维持较高的炉膛温度、较高的炉膛火焰充满度及适当的炉膛出口过量空气系数;控制炉膛负压为 20~30 Pa;控制排烟温度;消烟除尘,保证排烟含尘量符合环保要求。

1. 水位的监督调节

锅炉运行中,水位应保持在正常水位线处,并允许在正常水位线上、下50 mm之内波动。对连续供水的锅炉,当负荷稳定时,如果给水量与蒸发量(及排污量)相等,则锅炉水位就比较稳定;如果给水量与蒸发量不相等,水位就会变化。间断上水的小型锅炉,由于给水量与蒸发量不相适应,水位总在变化,易造成各种水位事故,更需加强运行监督和调节。

对负荷经常变动的锅炉来说,水位的变化主要是由负荷变化引起的。负荷变动引起蒸发量的变动,蒸发量的变动导致给水量与蒸发量的差异,造成水位升降。例如,负荷增加,蒸发量相应加大,如果给水量不随蒸发量增加或增加较少,水位就会下降。因而,水位的变化在很大程度上取决于给水量、蒸发量和负荷三者之间的关系。当负荷突然变化时,由于蒸发量一时难以跟上负荷的变化,锅炉压力就会突然变化,压力的变化会引起水位变化。例如,负荷骤然增大,锅炉压力会突然下降,饱和温度随之下降,导致部分饱和水突然汽化,使水面以下汽体容积突然增加而造成水位的瞬时上升,形成"虚假水位"。运行调整中应考虑到虚假水位出现的可能,在负荷突然增加之前适当降低水位,在负荷突然降低之前适当提高水位。因此,锅炉低负荷运行时,水位应稍高于正常水位,以防负荷增加时水位降得过低;锅炉高负荷运行时,水位应稍低于正常水位,以免负荷降低时水位升得过高。

为对水位进行可靠的监督,在锅炉运行中要定期冲洗水位表,一般要求每班冲洗 2~3 次。冲洗时要注意阀门开关次序,不要同时关闭进水及进汽阀门,否则会使水位表内温度和压力升降过于剧烈,导致玻璃破碎。当水位表出现异常不能显示水位时，应立即采取措施。

2. 汽压的监督调节

汽压的变动通常也是由负荷变动引起的，当锅炉蒸发量和负荷不相等时，汽压就要变动。若负荷小于蒸发量，汽压就上升；负荷大于蒸发量，汽压就下降。所以，调节锅炉汽压就是调节其蒸发量，而蒸发量的调节是通过燃烧调节和给水调节来实现的。故应根据负荷的变化，相应增减燃料量、风量、给水量来改变锅炉蒸发量，使汽压保持相对稳定。例如，当锅炉负荷降低使汽压升高时，如果此时水位较低，可先适当加大进水使汽压不再上升，然后酌情减少燃料量和风量，减弱燃烧，降低蒸发量，使汽压保持正常；如果汽压高时水位也高，应先减少燃料量和风量，减弱燃烧，同时适当减少给水量，待汽压、水位正常后，再根据负荷调节燃烧和给水。当锅炉负荷增加使汽压下降时，如果此时水位较高，可适当控制进水量，观察燃烧和蒸发量的情况，如果燃烧正常，蒸发量未达到额定值，则可增加燃料量和风量，强化燃烧，加大蒸发量，使汽压恢复正常；如果汽压低时水位也低，则可先调节燃烧，同时适当调节给水，使汽压水位恢复正常。

3. 汽温的监督调节

影响过热蒸汽温度变化的因素主要是烟气温度、饱和蒸汽温度、饱和蒸汽流量、减温水温度等的变化。不同形式的过热器，其内部蒸汽温度随负荷的变化也不相同。辐射式过热器的汽温随负荷的增加而降低，对流式过热器则正好相反。

过热蒸汽温度的调节包括从蒸汽侧对汽温进行调节和从烟气侧对汽温进行调节两种方式。前者是利用改变蒸汽侧的吸热量来达到维持额定出口汽量的目的。目前大中型锅炉主要采用喷水式减温进行调节，它是根据过热器内汽温的高低，适当开大或关小相应的减温水调节阀，改变进入减温器内的减温水量。后者是通过调节流入过热器的烟气量来改变过热器的吸热量，由此控制汽温的变化。这种方法只能作为辅助调节手段，只有在无法使用减温器调节的情况下才能使用。

4. 燃烧的监督调节

火焰在炉膛内的分布应尽量保持均匀。当负荷变动需要调整燃烧时，应注意风与燃料增减的先后次序、风与燃料的协调及引风与鼓风的协调。对层燃炉，燃料量的调节应采用变更加煤间隔时间、改变链条转速、改变炉排振动频率等手段，而不要轻易改变煤层的厚度。在增加风量的时候，应先增引风，后增鼓风；在减小风量的时候，应先减鼓风，后减引风，以使炉膛保持在负压下运行。

5. 炉膛负压的调节

锅炉正常运行时，炉膛负压值应控制在 20 Pa 左右。负压值太小或变成正压时，易发生炉膛向外喷火、喷烟现象；负压过大则会使炉膛漏风处吸入过多的冷空气，从而降低炉温，增大热损失。

调节炉内负压主要是调节风量，而风量的调节必须与燃烧情况相适应。送风量大而引风量小则负压值减小甚至变成正压，送风量小而引风量大则负压值增大。风量是否合适可以通过观察燃烧状况来判断，如需增大风量，应先增大引风再增大送风；如需减小风量，应先减小送风再减小引风，这样可避免出现正压喷火现象。锅炉负荷增大时，应先增大风量，而后再增大燃料量；锅炉负荷减小时，应先减少燃料量，然后再减小风量。

6. 排污和吹灰

（1）排污。锅炉运行中，为了保持锅水清洁，避免汽水共腾及蒸汽品质恶化，除了对给水进行有效的处理外，还需定时排污。排污量根据水质要求由计算确定，通常约为蒸发量的5%～10%，并根据锅水品质情况适当增减排污量，每班至少一次，在低负荷时进行。排污前锅炉水位应稍高于正常水位，排污时必须严密监视水位。每一循环回路的排污持续时间，当排污阀全开时不宜超过半分钟，以防排污过分干扰水循环。不得使两个或更多排污管路同时排污，快、慢排污阀的先后开启次序应当固定。排污应缓慢进行，防止水冲击。如果管道发生严重振动，应停止排污。排污后应把各排污阀关闭严密。如两台或多台锅炉使用同一排污母管，而锅炉排污管上又无逆止阀时，禁止两台锅炉同时排污。

（2）吹灰。燃煤锅炉的烟气中含有飞灰微粒，烟气流经蒸发受热面、过热器、省煤器及空气预热器时，一部分烟灰就积沉到受热面上。烟灰的导热能力很差，严重影响受热面传热。清除积灰最常用的办法就是吹灰，即用具有一定压力的蒸汽或压缩空气，定期吹扫受热面。

吹灰应在锅炉低负荷时进行。吹灰前要增加引风，使炉膛负压适当增大；吹灰应按烟气流动的方向依次进行。锅炉两侧装有吹灰器时，应依次吹灰，不能同时使用两台或更多的吹灰器。使用蒸汽吹灰时，蒸汽压力约为 0.3～0.5 MPa，吹灰前应首先对吹灰器疏水，避免把水吹入炉膛或烟道。用压缩空气吹灰时，空气压力约为 0.4～0.6 MPa。

三、停炉及停炉后的保养

1. 停炉

锅炉停炉可分为压火停炉、正常停炉和紧急停炉三种情况。前两种是有计划的停炉，应缓慢地中断燃烧，降低负荷，直至锅炉的负荷降低到零。后一种是锅炉在运行中发生事故后，紧急中断燃烧，使锅炉的负荷急剧降到零。

(1) 压火停炉。当外界负荷减小时可以用压火的方法，暂停一台或数台锅炉运行，这样，当负荷增加时，停止运行的锅炉能以最快的速度恢复正常运行，免去点火的准备工作和缩短升压时间。

压火停炉的操作应按规定的次序进行。对于燃煤蒸汽锅炉，压火前先适当地降低锅炉负荷，并根据停炉时间的长短，适当加厚煤层；停止炉排转动，关闭风机，同时适量关小分段送风的调节挡板和烟道挡板，让煤维持微弱燃烧；进行排污，之后将水位升到最高允许水位。当锅炉需要恢复运行时，只要启动引、鼓风机，调整烟、风挡板和分段送风调节挡板的开度，待燃烧正常时，调整煤层厚度，开动炉排，即可恢复运行。

由于压火停炉期间锅内仍有汽压，故须注意监视。若压火停炉时间超过 6 h，应在压火一段时间后关闭锅炉主汽阀，开启过热器出口集箱的疏水阀，以冷却过热器。如关闭主汽阀后汽压上升，可用向锅炉内上水并同时排污的方法降压。压火停炉期间应适当排污，排除锅内的沉淀物。装有铸铁省煤器的锅炉，在锅炉停止给水后，应关闭省煤器烟道挡板。

(2) 正常停炉。正常停炉是计划内的停炉。停炉时防止降压降温过快，避免锅炉部件因降温收缩不均匀而产生过大的热应力。正常停炉的次序是：先停止燃料供应，随之停止送风，减小引风；逐渐降低锅炉负荷，减少锅炉上水，但应维持水位稍高于正常水位。对于燃气、燃油锅炉，炉膛停火后，引风机至少要继续引风 5 min 以上。锅炉停止供汽后，隔断与蒸汽母管的连接，排汽降压。为防止过热器金属超温，可打开其出口集箱疏水阀适当放汽。待锅内无汽压时，再开启空气阀降温。

停炉时，应打开省煤器旁通烟道，关闭省煤器烟道挡板，但锅炉进水仍需经省煤器。对钢管式省煤器，锅炉停止进水后，应开启省煤器再循环管；无旁通烟道的可分式省煤器，应密切监视其出口水温，并连续经省煤器上水、放水，使省煤器出口水温低于相应压力下饱和温度 20℃。

为防止锅炉降温过快，在正常停炉的 4~6 h 内，应紧闭炉门和烟道挡板。之后打开烟道挡板，缓慢加强通风，适当放水。停炉 18~24 h，在锅水温度降至 70℃ 以下时，方可全部放水。

(3) 紧急停炉。紧急停炉是指锅炉发生事故时，为了避免事故扩大危及人身与设备安全而进行的立即停止锅炉运行的操作。锅炉遇有下列情况之一者，应紧急停炉：水位低于水位表的下部可见边缘，不断加大进水，但水位仍继续下降；水位超过最高可见水位（满水），经放水仍不能见到水位；给水泵全部失效或给水系统故障，不能向锅炉进水；水位表或安全阀全部失效；设置在汽空间的压力表全部失效；锅炉元件损坏危及运行人员的安全；燃烧设备损坏，炉墙倒塌或锅炉构件被烧红等，严重威胁锅炉运行安全。

紧急停炉的操作次序是：立即停止添加燃料和送风，减弱引风；与此同时，设法熄灭炉膛内的燃料。对于一般的层燃炉可用砂土或湿灰灭火，链条炉可以加快炉排运转，把红火送入灰坑。灭火后即把炉门、灰门及烟道挡板打开，加强通风冷却；快速降压并更换锅水，锅水冷却至 70℃左右允许排水。但因缺水紧急停炉时，严禁给锅炉上水，并不得开启空气阀及安全阀快速降压。

应注意的是，紧急停炉是为了防止事故扩大而不得不采用的非正常停炉方式，有缺陷的锅炉应尽量避免紧急停炉。

2. 停炉保养

锅炉停炉放水后，锅内湿度较大，在空气中的氧和酸性气体的作用下，金属壁面会腐蚀生锈。锈蚀的锅炉重新投入使用后，在锅内介质的作用下会加大腐蚀的深度和扩大腐蚀的面积。而受热面的烟气侧因沾附烟灰，在潮湿的空气中也会发生腐蚀。腐蚀造成金属壁面厚度减薄，承受能力降低，因而严重威胁锅炉的安全运行，缩短锅炉的使用寿命。

停炉保养是指汽水系统内部为避免或减轻腐蚀而进行的防护保养。造成腐蚀的原因是锅炉壁面潮湿或有氧气存在，只要保持壁面干燥或隔绝氧气，就能有效地防腐。根据这个机理，锅炉停炉保养的方法主要有压力保养、湿法保养、干燥剂法保养、充气保养等几种。

(1) 压力保养。压力保养也称热力保养。停炉过程终止之前使汽水系统（包括过热器）充满水，并维持余压 $0.05\sim0.1$ MPa，维持锅水温度高于 100℃，使锅内不具备含氧气的条件，还可以阻止外界空气的进入。维持锅内压力和温度的方法可以利用其他锅炉进行加热。对于单台停用的锅炉，可以定期升火来加热锅水。此保养方法适用于热备用停炉或停炉时间较短的锅炉。

(2) 湿法保养。指向汽水系统灌注碱性溶液以进行保养的方法。具有适当碱度的水溶液能与金属表面形成一层稳定的氧化膜，可以防止腐蚀继续进行。一般停炉时间不超过 1 个月的锅炉，可以采取湿法保养。

锅炉停炉、灭火、放水、清扫、检修之后，封闭人孔和手孔，隔断与其他锅炉的联系，然后将配制好的碱性保护溶液充满锅炉及省煤器。对过热器应先注入无盐软化水，然后再充入保护液。停炉过程中，应定期化验溶液的浓度，如浓度降低应予补充。如果温度太低，可以定期生微火烘炉。在锅炉准备重新投入使用前，应将锅内保护液排净，冲洗干净。

(3) 干燥剂法保养。如果停炉时间较长，可利用干燥剂来保持锅内干燥。在锅炉停炉、锅水放净、锅内外清扫干净后，利用炉体的余热将锅内外的水分烘干。然后在锅内和炉膛内放置干燥剂（生石灰或无水氯化钙等），严密封闭所有的孔、门及烟道挡板。如果阀门关闭不严，可用盲板隔断。干燥剂可用敞口容器盛装，将其在锅内、炉膛及烟道内均匀排开。由于干燥剂失效后体积会膨胀，所以盛装的干燥剂只能占容器容积的 $1/3\sim1/2$。停炉期间，应定期检查干燥剂。如果干燥剂粉化失效，应及时更换。

(4) 充气保养。指向锅内充入氮气（N_2）或氨气（NH_3）进行保护的方法。充气后锅内压力维持在 $0.05\sim0.1$ MPa，以阻止空气进入。此法既适用于短期停用的锅炉，也适用于长期停用的锅炉。对短期停用的锅炉，可以不放掉锅内的水而直接充入氮气，保持锅水 pH>10。对于长期停用的锅炉，应将锅水放掉后再充气。充气完毕后各阀门严密关闭，发现锅内压力下降随时补充充气。

四、锅炉房的综合管理

1. 锅炉房要求

锅炉房应满足《蒸汽锅炉安全技术监察规程》的要求，内外布置应符合下列规定：

(1) 锅炉一般应装在单独建造的锅炉房内。在人口密集的房间（如浴室、教室、餐厅、观众厅、候车室等）内或其上面、下面、贴邻或主要疏散出口的两旁不得设置锅炉房。

(2) 锅炉房如设在多层或高层建筑的半地下室或第一层中，必须符合以下条件：

1) 每台锅炉的额定蒸发量不超过 10 t/h、额定蒸汽压力不超过 1.6 MPa，且有可靠的超压联锁保护装置和低水位联锁保护装置。

2) 锅炉的安全附件和联锁保护装置齐备，用油或气体作燃料的锅炉还必须装设可靠的点火控制程序和熄火保护装置。

3) 锅炉间的建筑结构应具备相应的抗爆能力。

4) 锅炉房必须有安全疏散通道。

(3) 锅炉房若与生产厂房相连（但不得与甲、乙类及使用可燃液体的丙类火灾危险性厂房相连），应用防火墙隔开，余热锅炉不受此限制。

(4) 锅炉房建筑耐火等级和防火要求相应符合《建筑设计防火规范》及《高层

民用建筑设计防火规范》的规定。锅炉间的外墙或层顶至少有相当于锅炉间占地面积 10% 的泄压面积（如玻璃窗、天窗、薄弱墙等）。泄压处不得与聚集人多的房间和通道相邻。

（5）锅炉房每层至少应有两个出口，分别设在两侧。锅炉前端的总宽度（包括锅炉之间的过道在内）不超过 12 m，且面积不超过 200 m^2。单层锅炉房可以只开一个出口。锅炉房通向室外的门应向外开，在锅炉运行期间不得锁住或闩住，出入口和通道应畅通无阻。

（6）在锅炉房内的操作地点以及水位表、压力表、温度计、流量计等处，应有足够的照明。锅炉房应有备用的照明设备和器具。露天布置的锅炉应有操作间，并应有防雨、防风、防冻、防腐的措施。

（7）锅炉房还应符合下列要求：锅炉房内设备的布置应便于操作、通行和检修；有足够的光线和良好的通风以及必要的降温和防冻措施；地面平整无台阶；承重梁柱等构件与锅炉应有一定距离或采取其他措施，以防受高温损坏。

2. 规章制度

锅炉房应建立和完善各项规章制度。

（1）岗位责任制。根据本单位具体情况，分别规定单位分管锅炉房的领导、管理人员、司炉班长、司炉工、维修工、水处理工的职责范围和要求。

（2）锅炉及其辅机的操作规程。主要内容包括：设备投运前的检查与准备，启动与正常运行的操作方法，正常停运和紧急停运的操作方法等。

（3）巡回检查制度。主要内容包括：每班巡回检查的路线、区域、设备，巡回检查后的记录。

（4）设备维修保养制度。主要内容包括：锅炉本体、安全装置、仪表及辅机的维护保养周期、内容和要求。

（5）交接班制度。规定司炉人员和水处理人员交接班的要求和程序，对交接班过程中出现的特殊情况（如发生事故）予以说明。

（6）水质管理制度。主要内容包括：水质分析人员的任务和职责；使用单位确定的锅炉给水、锅水及蒸汽品质的指标；水质定时化验的时间、项目和合格标准；水处理规程和药剂使用规程。

（7）清洁卫生制度。主要内容包括：清洁卫生工作的安排及清洁程度要求。

（8）事故处理制度。主要内容包括：事故报告、调查、处理程序及有关规定。

3. 各项记录

根据《锅炉房安全管理规则》的要求，锅炉房至少应有下列记录：锅炉及附属设备的运行记录、交接班记录、水处理设备运行及水质化验记录、设备检修保养记录、单位主管领导和锅炉管理人员的月查和周查记录、事故记录。

第三节 压力容器安全运行与管理

一、压力容器的投用

1. 准备工作

压力容器投用前，使用单位应做好基础管理和现场管理的运行准备工作。

(1) 基础管理工作。

1) 规章制度。压力容器运行前必须制定安全操作规程（或操作方法）和各种管理制度。对于初次投入运行的容器，还必须制订试运行方案（或开车方案和开车操作票）、安全注意事项等。

2) 人员。压力容器运行前必须根据工艺操作的要求和确保安全操作的需要而配备足够的操作人员和管理人员。操作人员必须持证上岗，熟悉容器的结构、类别、主要技术参数和技术性能，掌握操作要求和处理一般事故的方法。压力容器初次运行，应由压力容器的管理人员和生产技术人员共同组织和指挥，并对操作人员进行具体的操作分工和培训。

3) 设备。投用的容器必须办理使用登记手续，取得质量技术监督部门发给的使用证。

(2) 现场管理工作。包括对压力容器本体、附属设备及安全装置等进行必要的检查，具体要求如下：检查容器内有无遗留工具、杂物，容器本体表面有无异常，防腐层或保温层是否完好；检查电、气等的供给是否恢复，连接部位、接管等是否良好，该抽的盲板是否抽出，阀门是否处于规定的启闭状态；检查附属设备及安全附件是否齐全、灵敏。

2. 开车与试运行

试运行前需对容器、附属设备、安全附件、阀门及关联设备等进一步确认检查。对设备管线作吹扫贯通，对需预热的容器进行预热，对带搅拌装置的容器再次检查内部是否有妨碍搅拌装置转动的异物、杂物；检查容器的进、出口管道阀门及其他控制阀门是否处于适当位置。因工艺或介质特性要求不得混有空气等其他杂气的容器，还需进行气体置换，直至取样分析符合要求。需要热紧密封的系统，应在升温的同时进行均匀热紧。当温度升到规定值时，热紧工作应停止。需要预充压的容器，在充压后检查容器各连接处是否有跑、冒、滴、漏等现象。

在上述工作完成后，容器开始进料，此时应密切注意工艺参数（温度、压力、液位、流量等）的变化。操作人员要沿工艺流程线路跟随物料进程进行检查，防止物料泄漏或流错方向。

二、运行中工艺参数的控制

对压力容器运行的控制主要是对运行过程中工艺参数的控制，即压力、温度、流量、液位、介质配比、介质腐蚀性、交变载荷等的控制。

1. 压力和温度

压力和温度是压力容器使用过程中两个主要的工艺参数。压力控制的要点主要是控制容器的操作压力不超过最高工作压力；对经检验认定不能按原最高工作压力运行的容器，应在所限定的工作压力范围内运行。温度的控制主要是控制介质的温度，以保证器壁的温度不高于或不低于设计温度。此外，还应考虑温度、压力上升的惯性及温度、压力显示的滞后性。特别是内部有催化剂、填料或有衬里、隔热等内件的容器，不宜以设计压力和设计温度等作为操作的控制指标，应根据介质的特性及物理、化学反应所引起的增压升温速度，设定与设计值有一定缓冲（升、降）空间的压力、温度极限控制值。

容器运行中，操作人员要严格按照操作规程进行操作，严禁盲目提高工作压力。可通过联锁装置、实行挂牌制度等防止操作失误。反应容器必须按照规定的工艺要求进行投料、升温、升压和控制反应速度，注意投料顺序，并按照规定的顺序进行降温、卸压和出料；盛装液化气体的容器，应按规定的充装量进行充装，并防止意外受热；储存易于发生聚合反应的碳氢化合物的容器，为防止物料发生聚合反应，应在物料中加入相应的阻聚剂，同时限制这类物料的储存时间。

2. 流量和介质配比

对一些连续生产的压力容器，必须控制介质的流量、流速等，以防止其对容器造成严重的冲刷、冲击和振动；对反应容器还应严格控制各种反应介质的流量、配比，以防反应失控。因此，操作人员除密切注意温度、压力的变化外，还应留意进口的各种介质的流量、配比和出口介质的流量，有条件的反应容器可在出口端加装反应产物自动分析仪。

3. 液位

液位控制主要是针对盛装液化气体的容器和部分反应容器的介质比例而言。盛装液化气体的容器，应严格按照规定的充装系数充装，以保证在设计温度下容器内部有足够的气相空间；反应容器则通过控制液位来控制反应速度和某些不正常反应的发生。

4. 介质腐蚀性

要防止介质对容器的腐蚀，首先应在设计时根据介质的腐蚀性及容器的使用温度、使用压力选择合适的材料，并规定一定的使用寿命。由于工艺条件对介质的腐蚀性有很大影响，因此必须严格控制介质的成分及杂质含量、流速、水分及 pH 值等工艺指标，以减小腐蚀速度、延长使用寿命。

(1) 杂质含量。选材时，往往只注意介质的主要成分，忽略了工艺中不可避免的某些杂质。在特定条件下，杂质的存在会造成严重腐蚀。通常影响较为严重的是氯离子、氢离子及硫化氢等。如液化石油气储罐检查中发现的诸多危及安全使用的隐患，除制造质量外，介质中硫化氢含量高也是重要原因之一。某些储存容器，因杂质会在上部液面或容器底部积聚，使得这些地方腐蚀严重。

(2) 含水量。气体、液化气体中水分的存在，可加速介质对器壁的腐蚀作用。由于水能溶解多种杂质而形成电解质溶液，从而导致电化学腐蚀的产生。如无水的氯不会腐蚀器壁，但在少量水存在的情况下，会对容器产生强烈的腐蚀，尤其是奥氏体不锈钢材料的容器，更易造成晶间腐蚀。

5. 突变载荷

压力容器在反复变化的载荷作用下会产生疲劳破坏。疲劳破坏往往发生在开孔、接管、焊缝、转角及其他几何形状不连续的区域。为了防止疲劳破坏，除了在结构设计时尽可能地减少应力集中外，还应在容器运行中保持压力、温度升降平稳，避免不必要的加压和卸压。

三、压力容器的停运

压力容器停止运行有正常停止运行和紧急停止运行两种情况。

1. 正常停止运行

压力容器按照有关规定进行定期检验、检修、技术改造，或因原料、能源供应不及时，内部填料定期处理、更换或因工艺需要采取间歇式操作等原因而停止运行，均属于正常停止运行。停运过程是一个变操作参数过程，在较短的时间内容器的操作压力、操作温度、液位等不断变化，要进行切断物料、卸出物料、吹扫、置换等操作。为保证压力容器停运顺利及操作人员安全，停运应按下列要求进行。

(1) 编制停运方案。方案内容包括：停运周期及停运操作的程序和步骤；停运过程中控制工艺参数变化幅度的具体要求；压力容器内剩余物料的处理、置换、清洗方法及要求；停运检修的内容、要求，组织实施及有关制度。

(2) 控制降温、降压速度。停运中应严格控制降温、降压速度，因为急剧降温会使压力容器壳壁产生较大的热应力，严重时会使压力容器产生裂纹、变形、零部件松脱、连接部位泄漏等现象。对于储存液化气体的容器，由于器内的压力取决于温度，所以必须先降温，才能实现降压。

(3) 清除剩余物料。压力容器内剩余物料多为有毒、易燃、腐蚀性介质，若不清理干净，操作人员无法进入压力容器内部检修。如果单台压力容器停运，需在排料后用盲板切断与其他压力容器及压力源的连接；如果是整个系统停运，需将整个系统装置中的物料用真空法或加压法清除。对残留物料的排放与处理应采取相应的措施，特别是可燃、有毒气体应排至安全区域。

(4) 准确执行停运操作。停运操作不同于正常操作，要求更加严格、准确无误。开关阀门要缓慢，操作顺序要正确，如蒸汽介质压力容器，要先开排凝阀，待冷凝水排净后关闭排凝阀，再逐步打开蒸汽阀，防止因水击损坏设备或管道。停运操作期间，压力容器周围应杜绝一切火源。

2. 紧急停止运行

压力容器运行过程中，如果突然发生故障，严重威胁设备和人身安全时，操作人员应立即采取紧急措施，停止压力容器运行。

(1) 应立即停止运行的异常情况：

1) 工作压力、介质温度或器壁温度超过允许值，在采取措施后仍得不到有效控制。

2) 主要承压部件出现裂纹、鼓包、变形、泄漏、穿孔、局部严重超温等危及安全的缺陷。

3) 安全装置失效、连接管件断裂、紧固件损坏，难以保证安全运行。

4) 充装过量或反应容器内介质配比失调，造成压力容器内部反应失控。

5) 压力容器液位失去控制，采取措施后仍得不到有效控制。

6) 压力容器与管道发生严重振动，危及安全运行。

(2) 紧急停止运行的操作要求。紧急停运时，操作人员必须做到"稳、准、快"，即保持镇定，判断准确，操作正确，处理迅速。同时，还必须做好与前后相关岗位的联系工作。紧急停运前，操作人员应根据压力容器内介质状况做好个人防护。压力容器紧急停止运行时应进行如下操作：

1) 压力来自器外的压力容器，如换热容器、分离容器等，应迅速切断压力来源，开启放空阀、安全阀强制排气泄压。

2）器内产生压力的压力容器，超压时应根据压力容器实际情况采取降压措施。如反应容器超压时，应迅速切断电源，使向压力容器内输送物料的设备停止运行，同时联系有关岗位停止向压力容器内输送物料；迅速开启放空阀、安全阀或排污阀，必要时开启卸料阀、卸料口进行紧急排料，在物料未排尽前，搅拌不能停止；对产生放热反应的压力容器，还应增大冷却水量，使其迅速降温。液化气体介质的储存容器，超压时应迅速采取强制降温措施。

四、压力容器的维护保养

压力容器运行中，由于内部压力、温度及介质化学特性的变化，流体流动时的磨损、冲刷，以及外界载荷的作用，特别是一些带有搅拌装置的压力容器，其内部还会因搅拌部件转动造成振动及运动磨损，必然会使压力容器的技术状况发生变化，出现紧固件松动、容器内外表面腐蚀和磨损、仪表及阀门损坏失灵等问题。所以，必须做好压力容器的维护保养工作，保证压力容器在完好状态下运行。

1. 使用期间的维护

压力容器使用期间日常维护保养工作的重点是防腐、防漏、防露、防振以及对仪表、仪器、管线、阀门、安全装置等的日常维护。

（1）消除跑、冒、滴、漏现象。压力容器的连接部位及密封部位往往由于磨损或密封面损坏，或因热胀冷缩、设备振动等原因使紧固件松动或预紧力减小，出现跑、冒、滴、漏现象，这种现象若不及时消除就会加速局部腐蚀，不仅浪费原料、污染环境，还会引起器壁穿孔。因此，压力容器运行中，要加强巡回检查，及时消除跑、冒、滴、漏现象。

（2）保持防腐层和保温层完好。工作介质对材料有腐蚀性的压力容器，通常采用防腐层来防止介质对器壁的腐蚀，如涂层、搪瓷、衬里、金属表面钝化处理等。但防腐层一旦损坏，介质将直接接触器壁而产生严重腐蚀。所以要注意经常检查防腐层有无脱落、衬里有无开裂等现象，发现防腐层损坏时，即使是局部的，也应妥善修补。带有搅拌器的压力容器，应防止搅拌器叶片与器壁碰撞。内装填料的压力容器，填料环应布放均匀，防止流体介质偏流造成磨损。

有保温层的压力容器，保温层一旦脱落或局部损坏，就会使局部温差变大，产生温差应力，引起局部变形。因此，要注意检查保温层是否完好，防止器壁裸露。

（3）消除或减小振动。振动不但会使压力容器上的紧固螺钉松动，影响连接效果，还会使压力容器接管根部产生附加应力，引起应力集中，特别是当振动频率与压力容器的固有频率相同时，会发生共振现象，造成压力容器的倒塌。因此当发现压力容器存在较大振动时，应采取适当措施，如隔断振源、加强支撑等，消除或减轻压力容器的振动。

（4）保持安全装置灵敏可靠。定期检查、试验和校正安全装置和计量仪表，发现不准确或不灵敏时，应及时检修和更换。安全装置上面及附近不得堆放任何有碍其动作、指示或影响其灵敏度、精度的物料、介质，保持安全装置外表整洁。安全装置不得任意拆卸或封闭不用，没有按规定装设安全装置的压力容器不能使用。

2. 停用期间的保养

停止运行的压力容器尤其是长期停用的压力容器，一定要将内部介质排放干净，清除内壁的污垢、附着物和腐蚀产物。对于腐蚀性介质，排放后还需经过置换、清洗、吹干等技术处理，特别要注意清除压力容器"死角"内积存的腐蚀性介质。为了减轻大气对停用压力容器外表面的腐蚀，应保持压力容器表面及周围环境干燥清洁。另外，要保持压力容器外表面的防腐油漆完好无损，发现油漆脱落或刮落时要及时补涂。有保温层的压力容器，还要注意保温层下的防腐和支座处的防腐。

第四节 气 瓶 安 全

一、气瓶基础知识

气瓶是盛装永久气体、液化气体或乙炔气体的小型移动式压力容器，包括车用气瓶、低温绝热气瓶、纤维缠绕气瓶等多种类型。气瓶在使用方面具有某些特殊性，要保证其安全使用，除需满足压力容器一般的安全要求外，还要满足一些特殊的要求。

1. 气瓶的分类

（1）按结构分类。常用的有无缝气瓶、焊接气瓶、溶解乙炔气瓶三种结构。无缝气瓶有凹形和凸形带底座两种；焊接气瓶的本体结构和一般低压容器的结构一样，由钢板卷焊的圆筒体和两端的封头组焊而成；溶解乙炔气瓶的外形与焊接气瓶基本相同，但内部装有溶解和分散乙炔用的溶剂和多孔性填料。

（2）按压力分类。分为两大类、九个压力级别，见表6—2。

表 6—2　　　　　　　　　　气瓶压力级别分类

压力级别	高压（MPa）	低压（MPa）
公称工作压力	30，20，15，12.5，8	5，3，2，1
水压试验压力	45，30，22.5，18.8，12	7.5，4.5，3，1.5

气瓶的公称工作压力，对于盛装永久气体的气瓶，是指在基准温度时（一般为20℃），所盛装气体的限定充装压力；对于盛装液化气体的气瓶，是指温度为60℃时，瓶内气体压力的上限值；对于盛装溶解乙炔气的气瓶，是指在充装量下，温度为60℃时，瓶内乙炔气的压力。

气瓶的水压试验压力一般为公称工作压力的1.5倍。

(3) 按临界温度分类。气瓶按其盛装气体的临界温度 t_c 可分为三类，即盛装 $t_c < -10℃$ 气体的永久气体气瓶，盛装 $-10℃ \leq t_c \leq 70℃$ 的高压液化气体气瓶，盛装 $t_c > 70℃$ 的低压液化气体气瓶。

2. 气瓶的标记

(1) 钢印标记。气瓶的钢印标记包括制造钢印标记和检验钢印标记，是识别气瓶的依据。制造钢印标记是气瓶的原始标志，由制造单位打印在气瓶肩部、筒体、瓶阀护罩上。检验钢印标记是气瓶定期检验后，由检验单位打印在气瓶上。在检验钢印标记上，还应按年份涂检验色标。

(2) 颜色标记。气瓶颜色标记是指气瓶外表的瓶色、字样、字色和色环。气瓶喷涂颜色标记的主要目的是方便辨别气瓶内的介质，即能非常清晰地从外表的颜色上迅速地辨别出气瓶所盛装的气体，避免错装和错用。此外，气瓶外表喷涂带颜色的油漆，还可以防止气瓶外表面生锈。

二、气瓶充装安全

气瓶是一种移动式容器，其使用环境经常发生变化，瓶内介质温度也会随环境温度而发生变化。由于瓶内容积有限，介质温度的升高会导致压力的升高，使气瓶处于不安全状态。为了保证气瓶在使用或充装过程中，不因环境温度的升高而超压，必须对气瓶的充装量加以严格控制。

1. 永久气体气瓶的充装

永久气体是指临界温度低于 $-10℃$ 的气体，如常用的空气（$t_c = -140.6℃$）、氧（$t_c = -184℃$）、氮（$t_c = -146.9℃$）、氢（$t_c = -239.9℃$）、甲烷（$t_c = -82.5℃$）等，它们在瓶内以单一的气相存在。

(1) 充装前的检查。气瓶充装前应逐只进行检查，检查内容包括：气瓶外表面的颜色标记是否与所装气体规定的标记相符；瓶阀出口螺纹形式是否与所装气体规定的螺纹相符，即可燃性气体瓶阀出口的螺纹左旋，非可燃性气体瓶阀出口的螺纹右旋；瓶内有无剩余压力，如有剩余气体，应进行定性鉴别；气瓶外表面有无裂纹、严重腐蚀、明显变形及其他严重外部损伤缺陷；气瓶是否在规定的检验期限内；气瓶的安全附件是否齐全。对检查中发现的不符合充装要求的气瓶，应做出明显标记，以防与合格气瓶相混淆。

(2) 气瓶的充装量。永久气体气瓶充装量确定的原则是：瓶内气体的压力在基准温度（20℃）下应不超过其公称工作压力；在最高使用温度（60℃）下应不超过气瓶的许用压力。我国目前所用的永久气体气瓶的公称工作压力按标准规定有 30 MPa、20 MPa 和 15 MPa 三种，许用压力则为公称工作压力的 1.2 倍。

永久气体气瓶的充装量是以充装结束时的温度和压力来计量的，各种永久气体应根据气瓶的许用压力按不同的充装（结束时）温度确定不同的充装压力。

(3) 充装中的注意事项。气瓶充装过程中，须注意下列事项：

1) 用卡子代替螺纹连接进行充装时，必须检查确认瓶阀出口的螺纹与充装气体所规定的螺纹形式相符。

2) 充气速度不得大于 8 m^3/h（标准状态气体），且充装时间不应少于 30 min。

3) 用充气排管按瓶组进行充装时，在瓶组压力达到充装压力的 10% 以后，禁止再插入空瓶。

4) 氧或强氧化性介质气瓶的充装人员，其手套、服装、工具等均不得沾有油脂，也不得使油脂沾染到阀门、管道、垫片等一切与氧气接触的装置物件上。

2. 液化气体气瓶的充装

(1) 充装前的检查。充装前的检查内容及对不符合充装要求气瓶的处理方法与永久气体气瓶的基本相同，它们的主要区别在于：判别瓶内气体性质的方法不同，液化气体气瓶充气前还需称瓶内剩余气体的质量。

(2) 低压液化气体的充装量。低压液化气体是指临界温度大于 70℃ 的液化气体，也称高临界温度液化气体。如常用的氨（t_c=132.4℃）、氯（t_c=144℃）等。低压液化气体的临界温度高于气瓶的最高使用温度，在其充装、储存、运输和使用过程中都不会发生相变，只要充装量不超过规定，瓶内压力始终是液化气体的饱和蒸气压力且总保持在安全范围以内。但是，如果介质充装过多，气相容积不够，甚至消失，当温度升高，致使液体无法膨胀，则瓶内压力会急剧升高，甚至会造成气瓶破裂。

为了避免气瓶因液体膨胀而产生过大的压力，必须使气瓶在最高使用温度下，液相不会"充满"气瓶全部容积。因此，低压液化气体气瓶充装量的确定原则就是要求瓶内所装入的介质，即使在最高使用温度下也不会发生瓶内满液，也就是控制气瓶的充装系数（单位容积内充装液化气体的质量）不大于所装介质在气瓶最高使用温度下的液相密度，即不大于液体介质在60℃时的密度。考虑到液化气体称重衡器等的误差及确保气瓶安全的需要，还应留有适当的裕量，一般为所充装液化气体在60℃时液相密度的95%～98%，这样，即使气瓶在使用过程中瓶内的温度上升至最高使用温度，瓶内还留有2%～5%的气相空间。

低压液化气体气瓶满液后的压力增值，由下式计算：

$$\Delta p = \frac{\beta - 3\beta_0}{\alpha + F_v} \Delta t$$

式中　Δp——自满液起算的压力增值，MPa；

Δt——自满液起算的瓶内介质温度升高值，℃；

β——液化气体在 $\Delta t = t_2 - t_1$ 温度区间的体积膨胀系数，℃$^{-1}$；

β_0——气瓶材料的线膨胀系数，℃$^{-1}$；

α——液化气体的压缩系数，MPa^{-1}；

F_v——钢制气瓶在压力升高时的容积增大系数，MPa^{-1}，在气瓶承压的弹性变形阶段，由气瓶的外内径比值 K 确定，其值见表6—3。

表6—3　　　　　　　气瓶在压力升高时的容积增大系数

气瓶外内径比 K	1.02	1.03	1.04	1.05	1.06	1.07
容积增大系数 F_v（MPa^{-1}）	4.90×10^{-4}	3.26×10^{-4}	2.45×10^{-4}	1.98×10^{-4}	1.66×10^{-4}	1.43×10^{-4}
气瓶外内径比 K	1.08	1.09	1.10	1.15	1.20	1.50
容积增大系数 F_v（MPa^{-1}）	1.25×10^{-4}	1.12×10^{-4}	1.02×10^{-4}	0.74×10^{-4}	0.57×10^{-4}	0.29×10^{-4}

(3) 高压液化气体的充装量。高压液化气体是指临界温度大于等于-10℃而小于等于70℃的液化气体，也称低临界温度液化气体，例如二氧化碳（$t_c=31$℃）、乙烯（$t_c=9.2$℃）等。高压液化气体在瓶内的聚集状态会随环境温度的变化而变化。一般情况下，充装时温度较低（低于它的临界温度），介质在瓶内处于气液两相并存状态。但在储存、运输和使用过程中，由于环境温度的影响，瓶内介质的温度逐渐升高。当温度高于它的临界温度时，介质就会发生相变，即由气液两相并存

变为单一的气相,瓶内的压力迅速升高并高于它的临界压力。在这种情况下,瓶内介质的状态就与永久气体一样。因此,高压液化气体的充装量也应与永久气体一样,即保证瓶内气体在最高使用温度下所达到的压力不超过气瓶的许用压力。所不同的是,永久气体的充装量是以充装结束时的温度和压力来计量的,而高压液化气体因充装时是液态,故只能以它的充装系数来计量。

(4) 充装中的注意事项。液化气体气瓶在充装过程中,须注意下列事项:

1) 称重衡器应保持准确,使用前进行校正,并设有超装警报和自动切断气源的装置。

2) 液化气体的充装量必须精确计量和严格控制,禁止用储罐减量法(即根据气瓶充装前后储罐存液量之差)来确定充装量。

3) 实行充装量复验制度,严禁过量充装。充装过量的气瓶,必须及时将超装的液量妥善排出。

三、气瓶储存与运输安全

1. 气瓶运输

气瓶在运输和搬运过程中容易受到振动或冲击,如果气瓶原来存在一些缺陷,就很容易使缺陷扩大而发生事故。气瓶受到碰撞,还可能造成瓶阀损坏,致使气瓶喷气飞动伤人,或引起喷出的可燃气体着火燃烧。为确保气瓶在运输中的安全,运输和装卸气瓶时,应遵守下列规定:

(1) 运输工具上应有明显的安全标志,运输可燃、易爆和有毒气体气瓶的车辆,应挂有"危险品"标志,并备有与瓶内气体相适应的灭火器材和防毒用具。

(2) 气瓶必须佩戴好瓶帽(有防护罩的除外),并配置符合要求的防震圈。装卸气瓶时,必须轻装轻卸,避免气瓶相互碰撞或与其他坚硬物体碰撞,严禁用抛、滑、滚、摔等方式装卸气瓶。

(3) 气瓶装在车上,应妥善固定。横放时,气瓶头部应朝向一侧,垛高不得超过车厢高度,且不超过5层;立放时,车厢高度应在瓶高的2/3以上。

(4) 瓶内气体相互接触能引起燃烧、爆炸、产生毒物的气瓶,不得同车运输;易燃、易爆、腐蚀性物品或与瓶内气体起化学反应的物品,不得与气瓶一起运输。

(5) 夏季运输应有遮阳设施,避免暴晒。

2. 气瓶储存

瓶装气体品种多,性质复杂,往往具有不同程度的爆炸、燃烧、助燃、毒害和腐蚀等危险性。储存气瓶的单位应按照储存气体的性质,制定相应的管理制度,并对管库人员进行专业培训。

气瓶入库储存前,应逐只检查验收准备入库储存的气瓶(包括空瓶),发现来历不明的气瓶,不论其情况如何,一律不准入库储存。对检查中发现的缺陷,应随时做好记录。检查验收合格的气瓶,应逐只登记。气瓶入库储存,应符合下列要求:

(1) 入库的空瓶与实瓶应分开放置,并有明显标志。

(2) 毒性气体气瓶和瓶内气体相互接触能引起燃烧、爆炸、产生毒物的气瓶,应分室存放,并在附近设置防毒用具或灭火器材。

(3) 气瓶入库后,一般应直立储存于指定的栅栏内;卧放的气瓶,应妥善固定,防止其滚动。

(4) 对于限期储存的气体(如光气等)以及不宜长期存放的气体(如氯乙烯、甲醚等),应注明储存期限;容易发生聚合反应或分解反应的气体,也必须注明储存期限,并避开射线源。这类气瓶限期存放到期后,要及时处理。

(5) 气瓶储存期间,特别是夏季,应定时测试库内的温度和湿度,并作记录。库房最高允许温度视瓶装气体性质而定。

(6) 毒性气体或可燃性气体气瓶入库后,要连续 2~3 天定时测定库内空气中毒性或可燃性气体的浓度。如果浓度可能达到危险值,应强制换气,并查出库内危险气体浓度增高的原因,予以彻底解决。如果测定结果表明无危险时,则以后的检查可改为定期性检查。

气瓶的储存单位应建立并执行气瓶进出库制度,做到账物相符,数量准确。

四、气瓶使用安全

使用气瓶的单位应根据所使用气体的性质,制定相应的管理制度和安全操作规程,并对使用气瓶的人员进行专业培训和技术考核。气瓶使用过程中应做到:

(1) 专瓶专用,不得擅自更改气瓶的钢印和颜色标记。

(2) 气瓶使用时,一般应立放。不得靠近热源,安放气瓶地点周围 10 m 范围内,不应进行有明火或可能产生火花的操作。

(3) 气瓶在夏季使用时,应防止暴晒、雨淋和水浸。

(4) 使用氧气瓶和氧化性气体气瓶时,操作者的双手、手套、工具以及减压器、瓶阀等不得沾染油脂。

(5) 开启或关闭瓶阀时,只能用手或专用扳手缓慢进行,不准使用锤子、管钳、长柄螺纹扳手,以防损坏阀件或操之过猛产生摩擦热和静电火花。

(6) 瓶阀冻结时，用浸湿的、温度不高于 40℃ 的清洁布裹住瓶阀使其解冻。严禁用温度超过 40℃ 的热源对瓶阀加热。

(7) 瓶内气体不得用尽，必须留有剩余压力。永久气体气瓶的剩余压力应不小于 0.05 MPa；液化气体气瓶应留有不少于 0.5%～1.0% 规定充装量的剩余气体。

第五节　锅炉压力容器定期检验

一、定期检验的内容与要求

锅炉压力容器定期检验是指在设计使用期限内，每隔一定时间，即采取适当方法和手段，对其承压部件和安全装置进行检查或做必要的试验。

1. 定期检验的周期

锅炉压力容器定期检验包括外部检验、内部检验和耐压试验三种。外部检验是在设备运行状态下对其安全状况进行的检验；内部检验是在设备停运状态下对其安全状况进行的检验；耐压试验是以水或气体为介质，以规定的试验压力对受压部件强度和严密性进行的检验。

(1) 锅炉定期检验的周期。锅炉的外部检验一般每年进行一次，内部检验一般每两年进行一次，水压试验一般每六年进行一次。对于无法进行内部检验的锅炉，应每三年进行一次水压试验。锅炉只有在内部检验、外部检验和水压试验的合格有效期内，才能投入运行。

除正常的定期检验外，锅炉在下列情况下，还应按规定进行检验。

1) 移装锅炉开始投运时，锅炉停止运行一年以上恢复运行时，锅炉的燃烧方式和安全自控系统有改动后，需要进行外部检验。

2) 新安装的锅炉在运行一年后，移装锅炉投运前，受压元件经重大修理或改造后及重新运行一年后，根据上次内部检验结果和锅炉运行情况对设备安全可靠性有怀疑时，根据外部检验结果和锅炉运行情况对设备安全可靠性有怀疑时，需要进行内部检验。

3) 移装锅炉投运前，受压元件经重大修理或改造后，需要进行水压试验。

当内部检验、外部检验和水压试验在同期进行时，应依次进行内部检验、水压试验和外部检验。

(2) 压力容器定期检验的周期。

1) 正常情况下的检验周期。

①外部检验。每年至少一次。

②内部检验。安全状况等级为1～3级的压力容器，每隔6年至少一次；安全状况等级为3～4级的压力容器，每隔三年至少一次。

对安全状况等级为4级的压力容器，应提出相应的监控条件和措施，且监控时间不宜过长；安全状况等级为5级的压力容器，在缺陷未经处理之前，不可再作为承压设备使用。

③耐压试验。每10年至少一次。

2）检验周期予以缩短的情况。有下列情况之一的压力容器，内外部检验期限应予适当缩短：

①介质对压力容器材料的腐蚀情况不明，或介质对压力容器材料的腐蚀速率大于0.25 mm/a，以及设计时所确定的腐蚀数据严重不准确的。

②材料焊接性能差，在制造时曾多次返修的，如碳钢容器在制造时超过三次以上返修，奥氏体不锈钢超过两次以上返修的。

③首次检验的。

④使用条件差，管理水平低的。

⑤使用期超过15年，经技术鉴定，确认不能按正常检验周期使用的。

3）检验周期可以适当延长的情况。有下列情况之一的压力容器，内外部检验期限可以适当延长：

①非金属衬里完好的，但其检验周期不应超过9年。

②介质对材料的腐蚀速率低于0.1 mm/a的或有可靠的耐腐蚀金属衬里的容器，通过一至两次内外部检验，确认符合原要求的，但检验周期不应超过10年。

③装有触媒的反应容器以及装有填充物的大型压力容器，其定期检验周期由使用单位根据设计图样和实际使用情况确定。

2. 定期检验的内容

（1）锅炉定期检验的内容。

1）外部检验。主要内容有：检查安全附件、自控仪表、保护装置是否灵敏、可靠；检查人孔、手孔、检查孔以及汽水阀门、法兰和管道是否漏水、漏汽；检查辅助设备（风机、水泵等）运行是否正常；检查锅炉可见部位的受热面是否有变形、严重结焦、结渣。

2）内部检验。主要检验锅炉承压部件是否在运行中出现裂纹、起槽、过热、变形、泄漏、腐蚀、磨损等影响安全的缺陷。需要进行内部检验的承压部件有：锅筒（壳）、封头、管板、炉胆、回燃室、水冷壁、烟管、对流管束、集箱、过热器、省煤器、下降管、下脚圈、锅炉范围内的管道等；分汽（水）缸原则上应跟随一台锅炉进行同周期的检验。内部检验的重点是：

①历次检验有缺陷的部位，应采用同样的检验方法或增加相应的检验方法对存有缺陷或缺陷修复的部位进行重点复检复测。

②对锅筒（壳）、封头、管板、炉胆、回燃室和集箱等进行检查，重点查看内、外表面和对接焊缝及热影响区有无裂纹；锅筒底部、管孔区、水位线附近、立式锅炉的下脚圈等部位是否有严重的腐蚀、磨损和结垢；受高温辐射和较大应力的部位是否有裂纹和严重的变形；胀接口是否严密，胀接管口和孔桥有无裂纹和苛性脆化。

③对管子进行检查。重点查看烟管、对流管束等受烟气高速冲刷的部位和尾部烟道易受低温腐蚀的管束是否有严重的腐蚀和磨损；管子表面是否有裂纹。

④对于 T 形接头焊缝，应检查其是否有变形和表面裂纹。

⑤检查燃烧设备（燃烧器、炉排等）有无变形、烧损；炉拱、保温层是否脱落；炉排是否卡住；燃油、燃气锅炉是否有漏油、漏气现象。

⑥安全附件是否有明显的缺陷。

3）水压试验。水压试验时，环境温度不应低于 5℃，试验用水温度不应低于大气的露点温度，且不得对锅炉材料有腐蚀。加压前，各个部件内部上满水，不得残留气体。检查结果符合下列情况的判定为合格：受压元件金属壁和焊缝上没有水珠和水雾；当压力降到工作压力后胀口处不滴水珠；没有明显残余变形。

（2）压力容器定期检验的内容。

1）外部检查。外部检查以宏观检查为主，必要时再进行测厚和腐蚀性介质含量测定等。外部检查的内容包括：检查容器外表面有无裂纹、局部变形等缺陷，有无泄漏等现象；检查容器各承压部件是否发生腐蚀；检查保温层有无破损、脱落、潮湿、跑冷等现象；检查容器与相邻管道有无异常振动、响声等现象；检查安全附件是否齐全、灵敏可靠。

除上述内容外，还要对压力容器运行中稳定情况进行检查；安全状况等级为 4 级的压力容器，还要检查其实际运行参数是否符合监控条件。

2）内部检查。内部检查的目的是发现压力容器内部存在的缺陷，包括新产生的缺陷以及原有缺陷的发展情况，以确定压力容器能否继续运行。内部检查的重点是：

①结构检查。检查筒体与封头的连接方式；检查容器是否按规定开设了人孔、检查孔、排污孔，开孔处是否按规定补强；检查焊缝布置情况。

②几何尺寸检查。压力容器使用一段时间后，一些几何尺寸可能会发生变化，如同一截面上最大直径与最小直径差，封头凹凸量，绕带式容器相邻钢带的间隙等。对于运行中可能发生变化的尺寸，应重点检查和复核。而对于一些不会发生变化的尺寸，如焊缝对口错边量、焊缝余高、焊缝宽度、角焊缝的焊脚高度、焊缝间距等，如已进行过检查，有据可依，一般不再重复检查。

③表面缺陷检查。对压力容器内外表面母材和焊缝部位造成的机械损伤、腐蚀、变形、开裂等现象进行检查。

④壁厚测定。

⑤材质检查。包括两项内容：压力容器选材是否符合有关规程和规范的要求；经过一定时间的使用，材质变化后是否还能满足使用要求。

⑥覆盖层检查。检查保温层、涂层、堆焊层、金属衬里等是否完好。

⑦焊缝埋藏缺陷检查。通过射线检测或超声波检测抽查，确定焊缝内部是否存在缺陷。

⑧安全附件和紧固件检查。对安全阀、紧急切断阀等进行解体检查、修理和调整；校验安全阀的开启压力、回座压力；爆破片应按有关规定进行更换。

3) 耐压试验。内外部检验合格后，按照检验方案的要求或依据被检压力容器的实际情况，还要考虑进行必要的耐压试验。根据压力容器使用工况、安装位置等具体情况，由检验人员确定进行液压试验还是气压试验。

3. 定期检验结论

(1) 锅炉定期检验结论。

锅炉定期检验工作完成后，根据实际检验情况，得出如下检验结论：

1) 允许运行。内、外部检验合格，未发现缺陷或只有轻度不影响安全的缺陷。

2) 整改后运行。发现影响锅炉安全运行的缺陷，必须对缺陷部位进行处理。

3) 限制条件运行。不能保证锅炉在原额定参数下安全运行，或需缩短检验周期；对于需降压运行的应附加强度校核计算书。

4) 停止运行。锅炉损坏严重，不能保证其安全运行。

(2) 压力容器安全状况等级评定。压力容器经定期检验后，根据检验结果，对其安全状况进行评定，并以等级的形式反映出来，以其中评定项目等级最低者作为最终评定结果的级别。安全状况划分为五个等级。

1级：出厂技术资料齐全；设计、制造质量符合有关标准要求；在规定的定期检验周期内，在设计条件下能安全使用。

2级：出厂技术资料基本齐全；设计、制造质量基本符合有关标准要求；存在某些不危及安全可不修复的一般性缺陷；在规定的定期检验周期内，在规定的操作条件下能安全使用。

3级：出厂资料不够齐全；主体材质强度、结构基本符合有关标准要求；制造时存在的某些问题或缺陷，未发现由于使用而发展或扩大；焊接质量存在超标的体积性缺陷，经检验确定不需要修复；在使用过程中造成的腐蚀、磨损、损伤、变形等缺陷，其检验报告确定为能在规定的操作条件下，按规定的检验周期安全使用。

4级：出厂技术资料不全；主体材质不符合有关规定，或材质不明，或虽属选用正确，但已有老化倾向；强度经校核尚满足使用要求；主体结构有较严重的缺陷，但未发现由于使用因素而发展或扩大；焊接质量存在线性缺陷；在使用过程中造成的磨损、腐蚀、损伤、变形等缺陷，其检验报告确定为不能在规定的操作条件下，按规定的检验周期安全使用，必须采取有效措施，改善安全状况等级，否则只能在限定的条件下使用。

5级：缺陷严重，难于或无法修复，或修复后仍难以保证安全使用的压力容器，应予判废。

需要指出的是，安全状况等级中所述缺陷，是压力容器最终存在的状态，如缺陷已消除，则以消除后的状态确定该压力容器的安全状况等级。压力容器只需具备安全状况等级中所述问题与缺陷其中之一，就可确定该压力容器的安全状况等级。

二、常用的检验方法

锅炉压力容器技术检验的内容很多，需采用各种不同的检验方法。检验过程中，各种检验方法要灵活使用，根据缺陷的性质合理选择。

1. 宏观检查

宏观检查可以直接发现设备内、外表面比较明显的缺陷，为利用其他方法作进一步检查提供线索和依据。宏观检查包括直观检查和量具检查两种。

（1）直观检查。直观检查是凭借检验人员的感觉器官对设备内、外表面进行检查。通过直观检查可以判断设备结构与焊缝布置是否合理；设备有无整体变形或凹陷、鼓包等局部变形；表面有无腐蚀、裂纹及损伤；有无成形组装缺陷；容器内外壁的防腐层、保温层、衬里等是否完好等。直观检查的方法有以下几种。

1) 目视检查。用肉眼直接观察设备的表面情况，对肉眼检查有怀疑的部位，可用 5～10 倍放大镜进一步观察。

2) 灯光检查。用手电筒贴着设备表面平行照射，此时表面上的微浅坑槽及鼓包变形等能清楚地显示出来。如果被检部位比较狭窄，无法直接观察，可将反光镜或内窥镜伸入内部进行检查。

3) 锤击检查。用手锤轻轻敲击设备的金属表面，根据锤击时所发出的声响和手感小锤弹跳的程度来判断检查部位是否存在缺陷。

(2) 量具检查。使用工量具（直尺、样板、游标卡尺、塞尺等）对直观检查所发现的缺陷进行测量，以确定缺陷的严重程度，如表面腐蚀的面积和深度、沟槽和裂纹的长度、变形程度，以及受压元件的结构尺寸是否符合要求等。

2. 无损检测

无损检测是在不损伤被检工件的情况下，利用材料中缺陷所具有的物理特性来检测材料内部或表面存在的缺陷。常用的无损检测方法有磁粉检测、渗透检测、射线检测和超声波检测。

(1) 磁粉检测。磁粉检测是利用铁磁性材料在缺陷处的磁导率不同因而磁阻不同的原理来检验缺陷的，通过磁化后工件表面上磁粉痕迹的形状和大小来判断缺陷的情况。磁粉检测属于表面检测，只适用于铁磁性材料，可检测表面缺陷和近表面缺陷，对裂纹等线性缺陷的检测灵敏度较高，但缺陷的显现程度与缺陷同磁力线的相对位置有关。

(2) 渗透检测。渗透检测是用渗透性较强的液体喷涂在被检工件表面上，再在工件表面涂上吸附性强的显像剂，将渗入缺陷内的渗透液吸附出来，工件表面便显现出缺陷情况。渗透检测也属于表面检测，适于检查表面裂纹等缺陷。渗透检测不受部件几何形状、尺寸大小的限制，缺陷的显示也不受缺陷方向的限制，但检测程序多，且灵敏度较磁粉检测低。

(3) 射线检测。当射线通过有缺陷部分时，其强度衰减程度较通过无缺陷部分的要小。由于射线穿过有缺陷部分和无缺陷部分强度衰减程度的不同，反映在底片上的影像也不同，于是可以显示出金属内部缺陷的存在。射线检测可以显现出缺陷形状、平面位置和大小，直观性强，对气孔、夹渣、未焊透等体积性缺陷较灵敏。

(4) 超声波检测。当超声波束通过探头自工件表面进入内部遇到缺陷时，会发出反射波束，在荧光屏上形成脉冲波形，根据这些脉冲波形的不同特征可以判断缺陷的位置和大小。由于超声波的穿透能力强，因此特别适用于检查厚度较大的工件，易发现危险性的线状或平面状缺陷，尤其对裂纹更为敏感。但对缺陷尺寸定量判断困难，检测结果无直接见证记录。

无损检测还有涡流检测、声发射检测等。涡流检测能确定缺陷的位置和相对尺寸，但难以判定缺陷的类型。声发射检测是一种动态无损检测方法，它能连续监视容器内部缺陷发展的全过程。

3. 耐压试验与气密性试验

锅炉压力容器的耐压试验是一种验证性的综合检验,目的是检验受压部件的强度,验证其是否具有设计压力下安全运行所需要的承压能力。

耐压试验原则上应以水压试验为主。因为试验压力要高于最高工作压力,设备在试验时发生破裂的可能性较大。考虑到液体的爆炸能量比气体的小,而水的来源方便且具备作为试验介质的性能,所以常用水作为耐压试验的介质。只有因结构或支撑原因,不能向设备内安全充灌液体,以及运行条件不允许残留液体的压力容器,才能以气体作为试验介质,进行气压试验。

(1) 水压试验。以水为介质进行水压试验时,其所用的水必须是洁净的。奥氏体不锈钢制容器用水,其氯离子含量不超过 25 mg/L,否则应在试验后将水渍清除干净。

1) 试验温度。为防止锅炉压力容器在水压试验过程中因温度过低而发生低应力脆性破坏,试验时必须控制试验介质温度和环境温度。碳素钢、16MnR 和正火 15MnRV 制容器,试验时水的温度不得低于 5℃;其他低合金钢制容器,水的温度不得低于 15℃。

2) 试验程序与方法。

①试验准备工作。试验前,应先将容器内部的残留物清除干净,特别是与水接触后能引起器壁腐蚀的介质必须彻底除净。外部有保温层或其他覆盖层的,为了不影响对器壁渗漏情况的检查,最好将这些覆盖层拆除。有衬里的容器,经检查确认衬里完好无损,可以不拆除衬里。

设备上各连接部位的紧固螺栓必须装配齐全,紧固妥当。试验系统至少有两个量程相同并经过校验合格的压力表,试验现场有可靠的安全防护设施。

②试压和检查。确认设备已注满水,气体从顶部排气口排净,壁温与水温相同后,才能缓慢升压。先将压力缓慢升至最高工作压力,确认无泄漏后继续升压到规定的试验压力,保压 30 min,然后将压力降至规定试验压力的 80%,保压进行检查。重点检查各连接处有无泄漏,有无局部或整体的异常变形。检查期间压力表应保持不变,不得采用连续加压以维持试验压力不变的做法。

水压试验完毕后,卸压至零,打开排汽阀和排水阀将内部水排净,然后打开各孔盖,让设备自然通风晾干。如果工作介质遇水后对器壁会产生腐蚀,放水后应用压缩空气将内壁吹干。

3) 试验结果评定。水压试验后,符合下列情况,即认为合格:设备本体和各处焊缝、连接部位无渗漏；无可见的异常变形；试验过程中无异常的响声。

(2) 气密性试验。气密性试验又称致密性试验，用以检验压力容器的严密性。介质毒性程度为极度、高度危害或设计上不允许有微量泄漏的压力容器，必须作气密性试验。已作过气压试验的压力容器，可不再作气密性试验。

气密性试验必须在水压试验合格之后进行。试验前，将容器上的安全装置、阀门、仪表装配齐全，不参与气密性试验的部分用盲板隔断。试验时，缓慢通气，升压到试验压力的10%，检查连接部位及焊缝，若无泄漏或异常现象可继续升压。压力达到试验压力后，保压10 min，检查各连接部位及焊缝有无泄漏，确认无泄漏即为合格。

4. 其他检验方法

(1) 力学性能试验。锅炉压力容器检验中，一般不进行力学性能试验，但当构件材质不明，无法确定材料的机械强度和其他力学性能时，可以取样进行力学性能试验。力学性能试验包括拉伸试验、冲击试验和弯曲试验。

1) 拉伸试验。通过拉伸试验可以测出材料的比例极限 σ_p、弹性极限 σ_e、屈服强度 R_{eL}、抗拉强度 R_m、断后伸长率 A 和断面收缩率 Z 等，从而了解材料的弹性、塑性、断裂及变形时的性质。

2) 冲击试验。金属材料承受冲击负荷的能力称为冲击韧度 α_K，冲击试验即可测定冲击韧度。另外，冲击韧度对材料的脆性转化很敏感，可用低温冲击试验测定钢的冷脆性。

3) 弯曲试验。测定金属承受规定弯曲程度的弯曲变形性能，并显示其缺陷。

(2) 化学成分分析。在用锅炉压力容器检验中，化学成分分析的目的是复核和验证材料的元素含量是否符合标准要求，或者鉴定材质在运行一段时间后是否发生变化。如果对材质的变化情况进行鉴定，应在特定部位取样，如在容器接触介质的一侧，刮取表面的金属屑进行成分分析。

(3) 金相分析。金相组织是指金属材料的内部组织结构。由于材料的性能取决于其化学成分和组织结构，因此，金相分析如同化学分析一样，是评价材质优劣的一种重要手段，同时有助于判定材料腐蚀、断裂的类型，分析造成设备失效的原因。

金相检验分为宏观金相检验和微观金相检验两种。宏观金相检验是用肉眼或低倍（5~10倍）放大镜对待检部位进行观察；微观金相检验是用显微镜观察待检部位的金属组织状况及周围的缺陷情况，必要时采用金相复膜技术，即用特制的薄膜将金相磨面上的组织结构复制下来进行观察。

三、常见缺陷的检查与处理

1. 腐蚀的检查与处理

(1) 腐蚀的检查。腐蚀是锅炉压力容器使用过程中最容易产生的一种缺陷,它是金属材料与工作介质产生化学或电化学反应而引起的,特别是石油化工生产中的压力容器,在高温、高压等不利因素下运行,腐蚀尤为严重。腐蚀有多种形式,常见的有大气腐蚀、酸碱等腐蚀性介质引起的腐蚀、应力腐蚀、疲劳腐蚀、氢脆和氢腐蚀,以及锅炉常见的氧腐蚀、低温硫腐蚀等。不管哪种腐蚀,严重时都会导致设备的失效。

一般采用直观检查的方法对锅炉压力容器内外表面的腐蚀情况进行检查。检查时,要充分考虑可能产生的各种腐蚀及发生腐蚀的部位,对容易产生腐蚀的部位进行重点检查。均匀腐蚀和局部腐蚀,应测定腐蚀部位的剩余壁厚;应力腐蚀及疲劳腐蚀,一般难以通过直观检查发现,对运行条件有可能引起这类腐蚀的部件,可作金相检验、化学成分分析和硬度测定。

腐蚀检查的重点部位是:

1) 容易积存水分、湿气或腐蚀性沉淀物的部位。如压力容器的排液管周围、底部、"死角"处和外壁支座附近等;立式锅炉炉胆下脚圈处、卧式锅炉锅壳底部、水管锅炉下锅筒底部和集箱底部等。

2) 容器防腐层损坏处,包括涂层脱落、镀层磨损、衬里开裂或凸起的地方。

3) 焊缝及热影响区,开孔及结构不连续部位。

4) 气体流速局部过大的部位,如弯管的外弯处、气流近路处等。

5) 可能产生应力腐蚀的部位,如焊缝渗漏、稀液浓缩的部位,卧式锅炉炉胆扳边圆弧处等。

6) 可能产生氧腐蚀和低温硫腐蚀的部位,如锅炉的省煤器、尾部烟道内的空气预热器等。

(2) 腐蚀的处理。

1) 不作修理的情况。对于分散的点腐蚀,若腐蚀深度不超过设备计算壁厚(扣除腐蚀裕量的计算壁厚)的20%,在直径为200 mm的圆周内,点腐蚀的总面积不超过40 cm^2,且在此范围内,沿任意一条直线上的点腐蚀的长度总和不超过40 mm,腐蚀点周围不存在裂纹,一般可不予处理。

2) 堆焊修理。受压元件腐蚀的程度在下列范围内,允许用堆焊方法修理:

① 受压元件剩余壁厚大于等于原来壁厚的60%,且面积小于等于250 mm^2。

②任何深度的个别腐蚀凹坑，当直径小于等于 40 mm，且相邻两凹坑距离大于等于 120 mm。

3）挖补修理。对于上述情况以外的严重腐蚀应采取挖补或更换处理。挖补处理，即挖除元件包括缺陷部分的钢板，然后用相同材料和厚度的钢板，补焊在被挖之处。挖补往往带来新的缺陷及残余应力，所以必须注意挖补件的材料、结构、焊缝形式及焊接质量，焊后应进行局部消除应力处理。

4）更换。锅炉中最常更换的元件是各种受热面管子。除管子外，钢板、炉胆等元件如缺陷过于严重，挖补范围超过元件结构尺寸一半以上，也应将整个元件割除更换。

2. 裂纹的检查与处理

（1）裂纹的种类。裂纹是锅炉压力容器承压部件上常见的缺陷之一。按其产生的原因可以分为原材料裂纹、焊接裂纹、过载裂纹、疲劳裂纹、热应力裂纹、蠕变裂纹、腐蚀裂纹等。不同裂纹产生的部位不同，并具有不同的形貌。

1）原材料裂纹、焊接裂纹。一般情况下，原材料裂纹比较少见，而焊接裂纹则较常见，有的是在制造时微小缺陷在使用中发展而成的，也有的是在焊补时产生的。因此，焊接裂纹既与焊缝本身的原始缺陷有关，也与各种外部运行因素有关。

2）过载裂纹。过载裂纹是外加载荷超过了金属的强度极限而产生的裂纹，常发生在部件受力较大或应力集中的部位，如没有加强的大孔边缘，管孔之间的孔桥区，扳边转角圆弧处，表面弧坑等结构不连续处。

3）疲劳裂纹。疲劳裂纹是金属材料经过反复加载卸载或压力波动之后产生的裂纹，常见的有机械疲劳裂纹和热疲劳裂纹。设备接管、开孔、转角及存在缺陷的部位，易产生机械疲劳裂纹；温度经常波动的部件上，如锅筒进水管孔附近、水循环出现汽水分层的界面处，易产生热疲劳裂纹。

4）蠕变裂纹。蠕变裂纹是在金属发生蠕变过程中产生的裂纹，多发生在锅炉过热器、蒸汽管道、水冷壁等高温部件中，并伴有蠕胀变粗。

5）腐蚀裂纹。腐蚀裂纹是在金属腐蚀过程中伴随产生的裂纹。典型的腐蚀裂纹是苛性脆化裂纹和氢脆裂纹。

（2）裂纹的检查。裂纹检查的主要方法是直观检查和无损检测。往往是先通过直观检查发现裂纹迹象或可疑线索，再借助无损检测手段加以确定。

裂纹检查的重点部位是焊缝及热影响区、开孔边缘、结构形状或尺寸变化部位等。焊缝及热影响区常会存在焊接裂纹，应认真检查每条焊缝的表面，包括熔注金属与母材交接处和热影响区，特别是焊缝表面有缺陷的地方，如咬边、错边、弧坑等处。焊接返修的部位更应注意。焊缝和焊缝附近还容易产生疲劳裂纹，特别是在焊缝的交叉口、角焊缝、接管焊缝和焊缝表面缺陷处。

局部应力过高的部位容易产生疲劳裂纹和应力腐蚀裂纹，因此，对设备开孔周围、管板桥带处、封头过渡部分、壳体与管板连接处、加焊附近的终止处等应重点检查。

此外，有些容器还要根据其使用情况，重点检查容易产生裂纹的地方。例如，对具备产生应力腐蚀条件的容器，应注意检查易于积聚腐蚀物的部位，如有漏水现象的焊缝与胀接处。

（3）裂纹的处理。发现裂纹缺陷后，应首先根据裂纹所在的部位、数量、尺寸、分布情况以及设备的工作条件等，分析裂纹产生的原因，然后根据裂纹的严重程度，确定对裂纹及对存在裂纹设备的处理方法。

对于焊接裂纹，可将其铲除后补焊。由于结构不良、局部应力过高而产生疲劳裂纹的设备，不应继续使用。因为消除原有裂纹后留下的坑痕或补焊操作会使该处应力进一步增加，在重新使用中会产生新的裂纹。同理，具有应力腐蚀裂纹的设备也不应将裂纹铲除或焊补后继续使用。

在特殊情况下，含有裂纹的容器可按规定进行安全评定，以决定容器是否继续使用或判废。评定后继续使用的容器，要有可靠的监护措施，严密监视裂纹的发展情况，并适当缩短检验周期。

3. 变形的检查与处理

变形是指设备在使用中整体或局部发生几何形状的改变。产生变形后，改变了原有的结构形状，在变形部位造成结构不连续和应力集中，并伴有其他缺陷，如壁厚减薄、裂纹、金属组织恶化等。

（1）变形产生的原因。锅炉压力容器部件的变形通常有以下三种。

1）超压变形。设备内部压力超过金属材料的屈服强度而发生的变形。这种情况一般发生在受压元件结构不合理处及壁厚过分减薄处，如容器发生大面积的腐蚀，壁厚显著减薄，在内压作用下会发生鼓包或鼓起变形；锅壳式锅炉炉胆承受外压，超压时失稳而向火侧内陷。

2）过热变形。受压元件局部承受高温，引起过热，过热部位金属材料强度迅速降低，以致在正常工作压力下产生塑性变形。对于锅炉，变形往往是由于缺水、水循环不良和结垢严重造成的。

3）其他原因引起的变形。包括锅炉各部件受热不均、材质夹层而造成的变形，或是在加工、安装过程中引起的局部凸起和凹陷等。

(2) 变形的检查。变形一般用直观检查的方法进行检查。较严重的局部凹陷、鼓包、管子塌陷，通过肉眼观察是不难发现的。严重的整体膨胀变形，往往呈现腰鼓形，也可以通过直观检查发现；不太严重的变形，可以利用平直尺、样板等量具进行检查。

(3) 变形的处理。产生变形缺陷的设备，除了不太严重的局部凹陷外，一般不宜继续使用。对于锅炉管板，若局部鼓包的高度不超过管板直径的2%，且小于25 mm，在排除钢板质量问题和其他缺陷的情况下，可不作修理；若局部鼓包的高度超过管板直径的2%，在排除钢板质量问题和其他缺陷的情况下，应用加热法顶回；若局部鼓包的高度超过3 mm，或有裂纹、严重过热等缺陷，应切换管段或挖补修理。

4. 钢材组织缺陷的检查与处理

(1) 钢材组织缺陷的检查。钢材组织缺陷是指钢材金相组织在一定条件下发生了具有危险性的变化，也称作组织恶化。焊接中的过烧、疏松等属于组织缺陷，运行中的腐蚀、严重变形也往往伴有组织缺陷，如钢材脆化、过烧、脱碳等。常见的组织缺陷有珠光体球化和石墨化（已在第四章作过介绍）。

单纯的组织缺陷是在金属组织内部发生和发展的，在外观上常常没有征兆，难于发现和防范，因此，当怀疑操作条件有可能对设备造成组织缺陷时，可通过适当的检验方法检查确定。例如，对于在用设备材料的珠光体球化和石墨化的检查，可采用金相检验法、化学成分分析法、硬度测定法及力学性能试验法等方法进行检查，以确定组织缺陷的严重程度。

(2) 组织缺陷的处理。对于一般的石墨化，若材质符合设计使用要求，为防止石墨化继续恶化，应控制工况条件，特别是使用温度，保证不超温运行；若材质难以保证使用要求，原则上进行设备更新或限制条件运行。对于严重的石墨化，应立即停止使用或提出限制性措施，限期更换。

四、检验中的安全问题

1. 检验前的准备

(1) 查阅有关资料，了解设备情况。对于设备设计、制造、安装及改造情况，可以通过查阅设计图样、强度计算书、材料和焊接质量证明书、产品合格证等技术资料进行了解。对于设备的使用情况、检验情况、锅炉水处理情况及规章制度的执行情况等，可通过查阅设备的使用情况记录（台账、交接班记录等）、检验记录、水质化验记录等进行了解。

(2) 检验前设备的停运。检验前的停运属于正常停运，应让设备缓慢地降温、降压。停运后，首先切断与其他设备连接的通路，特别是与可燃或有毒介质设备连接的通路，不但要关闭阀门，还必须用盲板严密封闭，并设置明显的安全标志。

将所有门、孔打开，使空气对流。在打开锅炉门孔时，要注意防止锅炉内积存的热水、蒸汽突然喷出伤人。对于盛装易燃、助燃、毒性或窒息性介质的容器，还必须进行置换、中和、消毒、清洗等技术处理，并经取样分析，分析结果应达到有关规范和标准的规定。

清理或拆除影响内外表面检验的附件或其他物体。需要进行检验的表面，特别是腐蚀部位和可能产生裂纹性缺陷部位，应彻底清扫干净，并按要求进行打磨。

(3) 检验工具、装备准备。根据检验项目和检验程序，选择配置相应的检测仪器、设备。仪器、设备应灵敏可靠，保证检测数据、结果准确无误。

做好各项安全防护工作，如需进行现场射线检测，应隔离出透照区，设置安全标志；需进入易燃、有毒介质的设备内进行检查时，要配备呼吸器、面具、安全帽等防护装备。

2. 检查中的安全事项

锅炉压力容器定期检验的重点是内部检验，检验人员需进入设备内部，因而安全问题尤为重要。

(1) 做好安全隔离。安全隔离就是将检验人员进入的工作场所与某些可能产生事故的危险性因素严格隔绝开来，即切断被检设备与其他设备以及与物料、水、电、气（汽）等动力部分的联系。隔断用的盲板要有足够的强度，以免被运行中的高压介质鼓破。切断与容器有关的电源后，应挂上严禁送电的明显标志。

(2) 加强通风。在进入设备内部前，应将设备上所有的门、孔打开，使空气对流一定时间。检查中也应保证通风，一般情况下保证自然通风，必要时应强制通风。

(3) 定期进行安全分析。虽然检验前对容器进行了清洗、置换、中和等技术处理，并经取样分析合格，但随着检验工作的进行，可能会产生新的不安全因素，因此，应根据具体情况，定时取样，进行安全分析。安全分析主要包括：易燃气体含量分析、氧含量分析、有毒气体含量分析等。取样分析时，要注意采样的位置，根据容器内部的具体情况和介质特性，在最具代表性的部位取样。

(4) 注意用电安全。进入设备内检查时，应使用 12 V 或 24 V 的低压防爆灯或手电筒。检测仪器和修理工具的电源超过 36 V 时，必须采用绝缘良好的胶皮软管，并有可靠的接地。

(5) 有专人监护。检验人员进入设备内工作时，由于存在中毒、窒息、触电、燃烧爆炸等危险因素，同时人员进出困难，联系不便，容易造成发生事故而不能及时被发现的情况。因此，在检验过程中，必须要有专人在设备外监护，并有可靠的联络措施。

(6) 做好安全防护。检验人员在进入检验场所前，应穿戴好防护服，不可穿易打滑或带铁钉的鞋。进行射线检测时，应计算出安全距离，采取可靠的屏蔽措施，并做好辐射区的警戒工作。在进行耐压试验和气密试验时，不得在升卸压过程中进行检验。

本章小结

对锅炉压力容器运行状况进行监控，加强对锅炉压力容器本体及安全附件的维护保养，是保证其安全运行的重要手段。本章主要介绍了锅炉压力容器使用管理的基础工作，重点介绍了锅炉启动、停运的操作程序、须注意的安全问题，以及锅炉运行中汽压、汽温、水位、燃烧的监督调节方法；并着重叙述了压力容器运行中工艺参数的控制方法以及维护保养要求，并对移动式压力容器——气瓶的充装、运输、储存、使用的安全要求作了介绍。

锅炉压力容器定期检验是及早发现缺陷、消除隐患的一项行之有效的措施。本章介绍了锅炉压力容器定期检验的内容和要求，检验中常用的方法和手段。重点介绍了锅炉压力容器常见的缺陷，及这些缺陷的检查和处理方法。此外，对检验中应注意的安全问题也作了说明。

复习思考题

1. 锅炉压力容器安全管理的基础工作有哪些？
2. 锅炉启动包括哪些步骤？点火升压阶段应注意什么问题？
3. 锅炉运行中主要对哪些参数进行监督调节？如何调节？
4. 常用的停炉保养方法是什么？
5. 压力容器运行过程中需要对哪些工艺参数进行控制？如何控制？
6. 锅炉压力容器在什么情况下必须紧急停止运行？
7. 如何做好压力容器维护保养工作？
8. 气瓶为何要严格按照充装系数进行充装？充装系数是怎样确定的？

9. 气瓶运输和使用过程中应注意哪些安全问题?
10. 为何要对锅炉压力容器进行定期检验?检验周期是怎样确定的?
11. 锅炉压力容器内部检验有哪些项目?
12. 常用的检验方法有哪些?它们适用于哪些项目的检查?
13. 锅炉压力容器常见的缺陷是什么?如何对这些缺陷进行检查?
14. 锅炉压力容器检验前应做好哪些准备工作?
15. 锅炉压力容器检验中应注意哪些安全问题?
16. 设一个外内径之比 $K=1.02$ 的钢瓶,在温度为 10℃时,瓶内被液氯所充满,计算当温度升至 20℃时瓶内的压力增量。已知液氯在温度为 10~20℃时的体积膨胀系数 $\beta=2.05\times10^{-3}$,压缩系数 $\alpha=1.63\times10^{-3}$,钢瓶的线膨胀系数为 $\beta_0=1.2\times10^{-5}$。

第七章 锅炉压力容器事故分析

本章学习目标

1. 了解锅炉压力容器的断裂形式,掌握各种形式断裂的特征、原因及预防措施。
2. 熟习锅炉常见事故的原因和处理方法。
3. 了解锅炉压力容器事故调查的程序,掌握事故分析的方法。

第一节 锅炉压力容器的断裂形式

一、延性断裂

1. 延性断裂的过程

延性断裂是指材料经过明显的塑性变形后发生的断裂。发生延性断裂的容器,其材料的变形过程大致分为三个阶段,即弹性变形、塑性变形和断裂。当容器内的压力超过材料的屈服强度时,器壁产生明显的塑性变形,容器容积迅速增大,进入全面屈服状态。如果压力继续增加,容积将进一步增大,至器壁上的应力达到材料的抗拉强度时,容器即发生延性断裂。

容器在延性断裂前产生的大量容积变形,可有效地缓解内部压力的增高,甚至可以避免容器破裂。卸压后,会留下较大的容积残余变形,用平尺检查甚至用肉眼观察即可发现。圆筒形容器一般呈现两端较小而中间较大的腰鼓形。

2. 延性断裂的特征

(1) 整体形态。

1) 容器整体或在较大的局部区域内有明显的塑性变形,表现为周长增大和壁厚减薄。

2) 延性断裂的容器，因为材料具有良好的塑性和韧性，所以断裂方式一般不是碎裂，即不产生碎片，而只是裂开一个口。开裂的部位一般位于筒体中部，裂缝走向沿筒体的轴线方向，裂缝端部常有分叉。

3) 断裂处一般有切变边，即断裂的宏观表面平行于最大切应力方向而与拉应力成 45°角。

(2) 断口形貌。碳钢和低合金钢延性断裂时，由于纤维空洞的形成、长大和聚集，所以最后形成锯齿形的纤维状断口，多数属于穿晶断裂，断口没有金属光泽而呈现暗灰色。

3. 延性断裂的原因

延性断裂的直接原因就是器壁的应力超过材料的强度极限。产生高应力的原因主要是：

(1) 壁厚过薄引起应力过高。壁厚过薄大致有以下两种情况：一是容器强度设计不合理，在承受规定工作压力时，致使应力过高；二是由于器壁被腐蚀而减薄。

(2) 设备使用中超压。由于操作失误或零部件损坏引起设备内部压力显著增大，而安全泄压装置又没有发挥作用，因而造成超压破坏。

(3) 液化气体容器充装过量。这种情况多见于气瓶。液化气体的体积膨胀系数较大，而压缩系数却很小。当器内液体温度受环境影响升高时，体积即急剧膨胀，造成容器的压力迅速上升并产生塑性变形，最后造成断裂事故。

(4) 器内化学反应失控。在化工过程中，许多反应是放热反应，如聚合反应、氧化反应、硝化反应、氯化反应、中和反应等。承担这些反应的设备，一般都装有搅拌装置和冷却设施，如果冷却不充分，器内就会积蓄反应热，物料的温度将大幅度升高，促使反应速度加快，随之而来的是反应热不断增加和温度急剧升高，这就是反应失控。这种恶性循环有时会在很短时间内使反应器内的温度和压力激增，并造成容器破裂。在聚合反应中，这种失控现象又称为"爆聚"。

4. 延性断裂事故的预防

要防止锅炉压力容器发生延性断裂事故，最根本的措施是保证器壁上的应力在任何情况下都不超过材料的屈服强度，为此必须做到：

(1) 锅炉压力容器必须按规范和标准进行设计，承压部件必须经过强度验算，未经正规设计计算的锅炉压力容器禁止使用。

(2) 锅炉压力容器应按规定装设性能和规格都符合要求的安全泄压装置,并经常维护检查,保持其灵敏可靠。

(3) 操作人员应严格执行安全操作规程,设备运行中注意监督检查。发现工作压力有上升趋势时,应立即采取措施加以控制;严重时,应立即停止设备的运行。

(4) 做好锅炉压力容器的维护保养工作,采取有效措施防止腐蚀性介质及大气对设备的腐蚀,对长期停用的锅炉压力容器,更应加强保养。

(5) 定期对锅炉压力容器进行技术检验,发现器壁因腐蚀而严重减薄,或设备在使用中发生显著塑性变形时,应停止设备的使用。

二、脆性断裂

1. 脆性断裂的特征

锅炉压力容器材料在某些使用条件下有产生脆化的可能,特别是高参数的厚壁容器,通常采用低合金高强钢制造,在高压、高温、缺陷、残余应力等因素的影响下,脆性断裂就成为其主要的失效形式之一。由于脆性断裂时的应力远远低于材料的抗拉强度,有的甚至比屈服强度还低,即断裂是在较低的应力状态下发生的,故又称为低应力破坏。

脆性断裂的破裂形状、断口形貌等与延性断裂的不同。

(1) 整体形态。

1) 没有明显的残余变形。许多发生脆性断裂的容器,其压力与容积增量的关系在断裂前基本上呈线性关系,说明容积变形处于弹性状态。有些碎裂成多块的容器,若组拼起来再测量其周长,往往与原有的尺寸相差无几,壁厚一般也没有减薄。

2) 断裂无固定的部位,也没有规则的方向。但总是在有缺陷的部位或几何形状突变处,如焊接裂纹、焊缝错边或角变形等地方首先开裂。

3) 一般都产生碎块。由于脆性断裂的容器材料韧性较差,而且脆断的过程又是裂纹迅速扩展的过程,断裂往往是在一瞬间发生的,容器内的压力难以只通过一个小裂口释放,所以脆性断裂的容器常裂成碎块。

4) 断口齐平。脆性断裂一般是正应力引起的断裂,所以裂口齐平,并与正应力方向垂直。

(2) 断口形貌。断口有金属光泽,在器壁较厚的容器断口上,还常常可以见到人字形纹路(辐射状),这是脆性断裂重要的宏观特征之一。人字形的尖端指向裂纹源，始裂点往往就是缺陷处。

此外，由于锅炉压力容器钢材多有冷脆倾向，所以脆性断裂常在较低温度下发生，包括较低的水压试验温度和较低的使用温度。

2. 脆性断裂的原因

脆性断裂必须同时具备两个条件，一是有起触发作用的裂源；二是材料在工作条件和环境下的韧性较差。这两个因素往往是由下列具体原因引起的。

（1）容器材料或壳体存在严重缺陷。承压部件在制造过程中产生的缺陷常常是脆性断裂的根源，特别是焊接缺陷，如裂纹、咬边等。导致容器脆性断裂的焊接裂纹，可以是热裂纹，也可以是延迟裂纹。原材料中存在的缺陷，如钢材中的白点、非金属夹杂物等也可能触发脆性断裂。

（2）材料呈现脆性。材料的脆性倾向是发生脆性断裂的主要条件，因为即使材料存在较严重的缺陷，若其韧性较好，也不会导致脆性断裂。材料的韧性较差，有的是材料本身的问题，有的是制造过程中因不良的工艺造成的，如焊后热处理不良等。容器运行中，由于工艺过程或使用环境的影响而致器壁温度下降，材料也会呈现脆性。

（3）存在较高的附加应力或残余应力。结构设计不合理或组装质量不良的容器，可能存在很高的附加应力和残余应力，当这些应力大到能产生裂纹或使裂纹扩展时，如果材料的韧性较差，容器就会在不承受载荷的情况下自行破裂。

3. 脆性断裂事故的预防

按照断裂力学的观点，构件缺陷处及其附近的应力应变较大，当达到材料的断裂韧性指标时，缺陷就会迅速扩展而发生脆性断裂。因此，防止脆性断裂最基本的措施就是减小或消除构件内的缺陷，并使材料具有良好的韧性。

（1）减少部件结构的应力集中。裂纹是造成断裂的主要因素，而应力集中又是产生裂纹的主要原因。发生脆性断裂的容器，大都是在应力集中处先产生裂纹，然后以很快的速度扩展而致整体破坏。

引起应力集中的因素是多方面的，如结构形状不连续、焊缝及开孔布置不当、焊接质量不符合要求等。因此，必须在设计及制造工艺上采取有效措施，避免和降低应力集中。

（2）确保材料在使用条件下具有较好的韧性。材料的韧性差是造成脆性断裂的另一个重要因素，要防止容器的脆性断裂，必须要求制造容器的材料具有较好的韧性。在材料选用方面，应根据容器的使用条件合理选材，要求它在使用温度下具有良好的韧性。在低温下使用的容器，其材料应按规定进行低温冲击试验并合格。在制造方面，要防止焊接、热处理不当造成材料的韧性降低。在使用方面，要防止恶劣的使用条件造成材料韧性降低。

(3) 消除残余应力。有些容器虽然工作载荷产生的名义应力不大，但结构存在较大的残余应力，两者相互叠加，使得结构中的实际应力水平达到裂纹失稳扩展的应力值，造成脆性断裂。

焊接残余应力是焊接容器最主要的残余应力，特别是在一些布置不合理的焊缝中尤为严重。所以必须通过焊后热处理等方式加以消除。此外，还应消除容器在制造过程中因冷加工变形、组装成形而产生的残余应力。

(4) 加强对部件的检查。按规定对在用锅炉压力容器进行定期检验，及早发现缺陷，及时消除或严格监控。

三、疲劳断裂

1. 疲劳断裂的原因

(1) 金属疲劳现象。金属疲劳是指金属材料经过载荷反复作用以后所产生的破坏现象，这种破坏通常发生在金属材料使用了一段时间以后，所以人们就把这种破坏归因于材料的"疲劳"。疲劳断裂时载荷交变的周次 N，称为疲劳寿命。由此看来，引起疲劳破坏的主要因素是应力的反复作用，而不是设备使用时间的长短。

(2) 高周疲劳与低周疲劳。一般转动机械发生的疲劳断裂，往往应力水平较低而疲劳寿命较高，疲劳断裂时载荷交变周次 $N \geqslant 1 \times 10^5$，称作高周疲劳或简称疲劳。若交变载荷引起的最大应力超过材料的屈服强度，而疲劳寿命 $N = 10^2 \sim 10^5$，则为大应变低周疲劳或简称低周疲劳。

(3) 锅炉压力容器承压部件的疲劳。锅炉压力容器承压部件的疲劳断裂，绝大多数属于金属的低周疲劳，其特点是承受较高的交变应力而应力交变的周次并不太高。这种情况在许多锅炉压力容器中是存在的。

1) 存在较高的局部应力。承压部件的接管、开孔、转角及其他几何形状不连续的部位，焊缝及其他存在缺陷的部位，都有程度不同的应力集中。这些部位的局部应力往往比设计应力大很多，并有可能达到或超过材料的屈服强度。较高的局部应力如果仅仅是几次的作用，并不会造成部件的断裂，但如果反复地加载和卸载，就会在受力最大处产生塑性变形并形成裂纹，裂纹逐步扩展最终导致断裂。

2) 存在交变载荷。承压部件承受的交变载荷及器壁上出现的反复应力主要产生于下列条件下：间歇操作的设备反复加载和卸载；设备运行中压力在较大范围内变动；操作温度周期性地变化；部件强迫振动并由此产生较大的局部应力；气瓶多次充装等等。

2. 疲劳断裂的特征

（1）整体形态。疲劳断裂的容器，整体和外形的特征主要有：

1) 部件没有明显的塑性变形。承压部件的疲劳断裂，首先是在局部应力较高的部位产生细微裂纹，然后逐步扩展，最后剩余截面上的应力达到材料的抗拉强度而发生开裂。它和脆性断裂相似，一般没有明显的塑性变形。

2) 开裂的位置不固定，但总是在应力集中的部位首先开始。有开孔接管的容器，绝大部分发生在接管与壳体的连接处。

3) 疲劳断裂的容器，一般不会裂成碎块，仅仅裂开一个较小的缝口，容器因泄漏而失效。

（2）断口形貌。

1) 宏观形貌。存在两个区域，即疲劳裂纹扩展区和断裂区。前者光滑，后者粗糙。

2) 微观特征。存在一系列相互平行略带弯曲的条纹，一般塑性好的材料，条纹比较清晰，而高强度钢的疲劳断口则难以发现典型的疲劳条纹。

3. 疲劳断裂事故的预防

锅炉压力容器的疲劳断裂既然是由于反复的交变载荷以及过高的局部应力引起的，要防止疲劳断裂事故的发生，就要在以下两方面加以注意：

（1）设备运行中注意平稳操作，尽量避免反复频繁地加载和卸载，减少温度和压力大幅度（大于20%）的波动。

（2）设计时采取适当的措施。在保证结构静载强度的前提下，选用塑性较好的材料；结构设计合理，尽量避免或减少应力集中。

四、应力腐蚀断裂

1. 断裂的条件

金属构件在应力与腐蚀性介质共同作用下导致脆性断裂的现象，叫应力腐蚀断裂，这是介质腐蚀造成构件断裂中最常见、危害最大的一种。

（1）金属材料与腐蚀性介质的特定组合。介质必须在特定的条件下（如温度、压力、湿度等），才会对某些金属材料产生应力腐蚀，没有绝对的腐蚀性介质。常用金属材料发生应力腐蚀的介质见表7—1。

表7—1　　　　　　　常用金属材料发生应力腐蚀的介质

介　质 （以杂质形式存在或很小含量）	钢　材	温　度
氢氧化物（NaOH、KOH、LiOH）	碳钢，Fe—Cr—Ni合金	>100℃
氢（常压下）	低合金高强度钢	室温
氢（高温高压下）	中低强度钢	>200℃
硫化氢气体	低合金高强度钢	室温
水溶液中硫化物	中、高强度钢	室温
液氨	碳钢	室温
硝酸盐水溶液	碳钢	>100℃
$CO-CO_2-H_2O$	碳钢	室温
水溶液中的碳酸盐离子	碳钢	100℃
氯	低合金钢	室温
气态HCl和HBr	低合金高强度钢	室温
水溶液中的卤化物	高强度钢、奥氏体不锈钢	室温

(2) 承受拉伸应力。能引起应力腐蚀断裂的应力必须是拉伸应力，且应力可大可小，较低的应力水平也可能导致应力腐蚀破坏。应力既可由载荷引起，也可是焊接、装配或热处理引起的残余应力。

2. 应力腐蚀断裂的特征

发生应力腐蚀破坏的构件，其宏观特征一般表现为表面局部腐蚀严重，而且常常是脆性断裂。但也有些构件表面没有宏观的局部腐蚀而仅仅是发生断裂。

(1) 整体形貌。

1) 无明显的塑性变形，断裂处壁厚基本不减薄。

2) 断裂无固定的方位，但总是发生在应力集中部位或腐蚀介质富集处，例如在溶液容易被蒸发浓缩的泄漏部位。

3) 断裂面大部分垂直于最大拉伸应力方向，最后断裂的瞬裂区一般都有剪切边。

(2) 断口形貌。

1) 宏观形貌。断口分为腐蚀裂纹扩展区和最后断裂区，前者颜色较深，有腐蚀产物伴随，后者颜色较浅且洁净。

2）微观特征。裂纹扩展的途径，有的是沿晶的，有的是穿晶的，而有的则可能是两种情况的混合，没有明显规律。

3. 应力腐蚀断裂的预防

由于目前对应力腐蚀的机理尚缺乏深入了解和共识，因而实践中常以控制应力腐蚀产生的条件作为预防应力腐蚀断裂的主要措施。

（1）根据设备的使用条件和介质的腐蚀特点，选用合适的材料，不使介质与金属材料形成特定的组合。如不用奥氏体不锈钢制作接触卤化物溶液的容器。

（2）使腐蚀性介质与承压壳体隔离。常用的方法是在容器内壁涂上防腐层或加上衬里。

（3）消除能引起应力腐蚀的因素。结构设计中避免过大的局部应力；制造时采用成熟合理的焊接工艺及装配成形工艺，并进行必要的热处理，消除残余应力和其他附加应力。

（4）设备使用中注意防湿防潮，以减小水分及潮湿环境对应力腐蚀的影响。

五、蠕变断裂

1. 蠕变断裂的原因

金属材料在应力与高温的共同作用下，会产生缓慢而持续的塑性变形，这种现象称为蠕变现象。高温承压部件如果长期在金属蠕变的温度范围内工作，就会因蠕变而使部件的壁厚逐渐减薄，强度也有所下降，严重时会导致承压部件的断裂。

锅炉中的锅筒、锅壳、炉胆等大型结构，尽管接触火焰和受热介质，但由于介质的可靠冷却及介质的温度较低，使得这些部件的壁温达不到蠕变温度，因而在正常运行工况下不会产生蠕变及蠕变断裂。但大型高温高压锅炉的过热器及蒸汽管道，在正常运行工况下即有蠕变及蠕变断裂的可能。

压力容器的蠕变破坏也较少见，因为在高温下操作的容器所占的比例较小，而且这些容器在结构上或工艺流程上均采取措施使壁温保持在较低的水平上。所以蠕变断裂一般只见于容器的个别部件，如管子等，而且多发生在不正常的使用情况下。

2. 蠕变断裂的特征

金属材料的蠕变断裂有穿晶形断裂和沿晶形断裂两种形式。穿晶形断裂在断裂前有大量塑性变形，断裂后的伸长率高，断口呈延性形态，因而也叫蠕变延性断裂。沿晶形蠕变断裂在断裂前塑性变形很小，断裂后的伸长率很低，这种断裂也叫蠕变脆性断裂。

蠕变断裂形式的变化与温度、压力等因素有关。高应力及低温度下蠕变时，发生穿晶形蠕变延性断裂；在低应力及较高温度下蠕变时，发生沿晶形蠕变脆性断裂。锅炉的过热器及蒸汽管道，由于应力水平较低而温度水平较高，因而其蠕变断裂常呈沿晶形脆性断裂。

3. 蠕变断裂事故的预防

在高温下运行的构件，一般难以避免蠕变现象和蠕变过程，但可以采取措施，控制蠕变速度，使之在规定的使用期限内仅发生减速及恒速蠕变，而不发生蠕变加速及蠕变断裂。预防蠕变断裂可从以下几个方面考虑：

(1) 合理进行结构设计和介质流程布置，尽量避免高压容器的器壁直接承受高温，并避免局部高温和过热。

(2) 根据操作温度和压力，合理选材并确定许用应力，使金属材料在使用条件下及使用期限内具有足够的常温及高温强度。

(3) 采用合理的焊接、热处理及其他加工工艺，防止在制造、维修中降低材料的抗蠕变性能。

(4) 严格按照操作规程操作设备，防止因超温超压而加快蠕变速度。

第二节 锅炉常见事故

一、锅炉事故与故障

1. 锅炉事故

锅炉运行中，受热面、炉膛、烟道、构架、附件、炉墙等发生损坏，造成人身伤亡，使得锅炉被迫停炉或减少负荷的现象，叫做锅炉事故。锅炉在运行中发生事故，按设备的损坏程度分为三类：

(1) 爆炸事故。指锅炉主要承压部件（锅筒、锅壳、集箱、炉胆、管板等）发生破裂爆炸的事故。这种事故常常导致设备损坏、房屋倒塌、人员伤亡，后果非常严重。

(2) 重大事故。指锅炉无法维持正常运行而被迫停炉的事故。这类事故也常常造成设备损坏和人员伤亡，并导致生产的中断。

(3) 一般事故。指锅炉在使用中，受压部件轻微损坏而不需要停止运行进行修理的事故。

2. 锅炉故障

锅炉在运行中，由于辅助设备，如燃烧装置、鼓引风机、给水泵或水处理设备、除尘及除灰设备等发生异常，但经过及时处理后，又恢复正常运行的，叫做锅炉故障。

二、锅炉爆炸事故

1. 锅炉爆炸能量来源

锅炉中容纳水及水蒸气较多的大型部件，如锅筒、水冷壁集箱等，在正常工作时，处于水汽两相共存的饱和状态，或者充满饱和水，内部压力等于或接近锅炉的工作压力，水的温度则是该压力对应的饱和温度。容器一旦破裂，器内水面上的压力瞬间降为大气压，与大气压相对应的水的饱和温度是100℃。原工作压力下高于100℃的饱和水此时成了极不稳定、在大气压下难于存在的"过饱和水"，其中一部分即瞬时汽化，体积骤然剧增，在容器周围空间形成爆炸。由此可见，锅炉爆炸的能量主要是由饱和水的瞬间汽化造成的，而原来水面上的水蒸气降压后的膨胀是次要的。

2. 锅炉爆炸的原因

（1）超压导致爆炸。超压爆炸是小型锅炉常见的爆炸情况之一。造成超压的原因有：操作人员对压力监控不严；安全阀、压力表等安全附件不齐全或者失效；蒸汽管道阀门关闭或关小；无承压能力的锅炉改作蒸汽锅炉等。超压致使锅炉主要承压部件如锅筒、集箱、炉胆等的压力超过其承载能力而破裂爆炸。

（2）缺陷导致爆炸。锅炉主要承压部件存在缺陷，如裂纹、严重变形、腐蚀、组织变化等，使得部件的承压能力降低，在应力未超过许用应力的情况下，即发生破裂爆炸。

（3）严重缺水导致爆炸。锅炉一旦严重缺水，其主要承压部件如锅筒、炉胆等就得不到正常冷却，甚至被干烧，长时间缺水干烧后就可能爆炸。若给严重缺水的锅炉上水，已被烧红温度很高的金属遇到给水，也可能引起爆炸事故。

三、锅炉重大事故

1. 缺水事故

锅炉运行中，当水位低于水位表最低安全水位刻度线时，即形成了缺水事故。缺水会使锅炉蒸发受热面管子过热变形甚至爆破；管子胀口渗漏或脱落；炉墙损坏。处理不当时，还会导致锅炉爆炸。

（1）锅炉缺水的征状。锅炉缺水时，水位表内看不到水位；低水位报警器发出水位警报；过热蒸汽温度急剧升高；给水量不正常地小于蒸汽流量。缺水严重时，可闻到焦味，从炉门可见到烧红的水冷壁管。若造成炉管破裂，可听到爆破声，蒸汽和烟气将从炉门、看火门处喷出。

(2) 常见的缺水原因。造成缺水的原因有：对水位监视不严，当锅炉负荷增大时，未能及时调整进水；冲洗水位表后，误将汽、水旋塞关闭，造成假水位；水位表本身缺陷，如旋塞或玻璃板（管）泄漏，水连管堵塞等，造成假水位；给水设备或给水管路故障；排污后忘记关排污阀，或排污阀泄漏未及时发现；锅炉受热面或省煤器管子破裂漏水。

(3) 缺水事故的处理。发现缺水后，先校对各水位表所指示的水位，正确判断是否缺水。如果是缺水事故，用"叫水"的方法判明缺水的严重程度。"叫水"的操作方法是：打开水位表的放水旋塞冲洗汽连管及水连管，关闭水位表的汽连管旋塞，关闭放水旋塞。如果此时水位表中有水位出现，则为轻微缺水；如果"叫水"后表内仍无水位出现，说明水位已降到水连管以下甚至更严重，属于严重缺水。

轻微缺水时，应减少燃料和送风，并且缓慢向锅炉上水，使水位恢复正常，同时要迅速查明缺水的原因。待水位恢复到最低安全水位线以上后，再恢复正常燃烧。如果是严重缺水，必须紧急停炉。在未判定缺水程度或者已判定属于严重缺水的情况下，严禁给锅炉上水，以免造成锅炉爆炸事故。

2. 满水事故

锅炉水位高于水位表最高安全水位刻度线时，叫锅炉满水。满水会造成蒸汽大量带水，从而会使蒸汽管道发生水击；降低蒸汽品质，影响正常供汽；在装有过热器的锅炉中，还会造成过热器结垢、淬火或损坏。

(1) 锅炉满水的征状。锅炉满水时，水位表内无水位，但水位表玻璃管（板）内颜色发暗；高水位报警器发出水位警报信号；过热蒸汽温度明显降低；给水量不正常地大于蒸汽量。严重满水时，蒸汽管道内发生水击，引起管道剧烈振动。

(2) 常见的满水原因。造成满水的原因有：对水位监视不严，当锅炉负荷降低时没有减小给水量；水位表由于放水旋塞不严密或汽水连管堵塞等造成假水位；给水自动调节器失灵，而未及时改为手动操作。

(3) 锅炉满水的处理。发现满水后，先冲洗水位表，检查水位表有无故障和假水位；确认满水后，应立即关闭给水阀门，启用省煤器的再循环管路，必要时开启排污阀、蒸汽管道及过热器上的疏水阀。待水位恢复正常后，关闭排污阀和各疏水阀。如果满水时出现水击，则在恢复水位后，检查蒸汽管道、附件、支架等有无异常情况。

3. 汽水共腾

锅筒内蒸汽和锅水共同升起，产生大量泡沫并上下波动翻腾的现象叫汽水共腾。汽水共腾会使蒸汽带水，降低蒸汽品质；造成过热器结垢；严重时，蒸汽管道出现水击。

（1）汽水共腾的征状。发生汽水共腾时，水位表内水位急剧波动，表内出现泡沫；过热蒸汽温度急剧下降；蒸汽大量带水，严重时，蒸汽管道内发生水击。

（2）汽水共腾的原因。造成汽水共腾的原因有：给水不符合水质标准，锅水中含有大量油污和悬浮物；排污不当，使锅水表面黏度很大，气泡上升阻力增大；负荷增加和压力降低过快，使水面汽化剧烈。

（3）汽水共腾的处理。发现汽水共腾后，应减弱燃烧，降低负荷；开大连续排污阀，并打开定期排污阀，同时加大给水，改善锅水品质；开启蒸汽管道、过热器等处的疏水阀门。事故消除后，应及时冲洗水位表。

4. 炉管爆破事故

在锅炉运行中，炉管（包括水冷壁管、对流管束管及烟管等）破裂，汽水大量喷出，造成锅炉爆管事故。炉管爆破可直接冲毁炉墙，也可将临近的管壁射穿，在极短时间内造成锅炉严重缺水。

（1）炉管爆破的征状。爆管不严重时，可以听到汽水喷射的响声，严重时，有明显的爆破声；锅炉水位迅速下降，在加大给水的情况下，水位仍继续下降；蒸汽及给水的压力下降，给水量不正常地大于蒸汽量；炉膛由负压变成正压，严重时从炉墙的门孔及漏风处向外喷出炉烟和蒸汽。

（2）炉管爆破的原因。造成炉管爆破的原因有：锅水水质不良，管内结垢或被腐蚀；水循环不良或严重缺水，炉管过热变形而破裂；烟气磨损导致管壁减薄；管子膨胀受到限制，致使胀口、焊口破裂。

（3）炉管爆破的处理。炉管破裂泄漏不严重，尚能维持锅炉水位时，可以短时间地降低负荷运行，待备用炉启动后再停炉。严重爆管时，必须紧急停炉。

5. 省煤器损坏

省煤器损坏指由于省煤器管子破裂或省煤器其他零件损坏（接头法兰泄漏）所造成的事故。省煤器损坏会造成锅炉缺水而被迫停炉。

（1）省煤器损坏的征状。省煤器损坏时，给水流量不正常地大于蒸发流量，严重时，锅炉水位下降；省煤器烟道内有异常声响，烟道潮湿或漏水；排烟温度下降；烟气阻力增大，引风机电流增大。

（2）省煤器损坏的原因。造成省煤器损坏的原因有：给水未进行除氧，管子水侧被严重腐蚀；飞灰磨损严重，导致管壁减薄；省煤器出口烟气温度低于其酸露点，在省煤器出口段烟气侧产生酸性腐蚀；水击造成省煤器剧烈振动而损坏。

(3) 省煤器损坏的处理。省煤器损坏时，如能经直接上水管给锅炉上水，并使烟气经旁通烟道排出，则可不停炉进行省煤器修理，否则必须停炉。

6. 过热器损坏

过热器损坏主要是指过热器管破裂。

(1) 过热器损坏的征状。过热器损坏时，蒸汽流量明显下降，且不正常地小于给水量；过热蒸汽温度发生变化，压力下降；过热器附近有蒸汽喷出的响声或爆破声；炉膛负压减小。

(2) 过热器损坏的原因。造成过热器损坏的原因有：锅炉给水不符合水质标准，发生汽水共腾或汽水分离装置效果差，造成过热器内进水结垢；受热偏差或流量偏差使个别过热器管子超温而破裂；飞灰严重磨损，或吹灰器安装位置不当。

(3) 过热器损坏的处理。过热器损坏通常需要停炉修理。

7. 水击事故

水击是由于蒸汽或水突然产生的冲击力，使锅筒或管道发生冲击或振动的一种现象。水击多发生于锅筒、蒸汽管道、给水管道、省煤器等部位。发生水击时，管道承受的压力骤然升高，如不及时处理，会造成管道、法兰、阀门等的损坏。

(1) 水击事故的原因。

1) 锅筒内水击。其原因有：锅筒内水位低于给水分配管出口而给水温度又较低，造成蒸汽凝结，使压力降低而导致水击；下锅筒采用蒸汽加热时，进汽速度太快，蒸汽迅速冷凝形成低压区，造成水击。

2) 给水管道水击。其原因有：管道内存有蒸汽或空气；给水泵运行不正常，引起给水压力波动和惯性冲击；给水管道阀门关闭或开启过快。

3) 省煤器内水击。其原因有：非沸腾式省煤器内的给水发生汽化；省煤器入口给水管道上的阀门动作不正常，引起给水惯性冲动。

4) 蒸汽管道水击。其原因有：送汽时主汽阀开启过快或过大；锅炉高水位运行，负荷增加过急，或者发生满水、汽水共腾等事故，使蒸汽大量带水进入管道。

(2) 水击事故的处理。发生水击时，除立即采取措施使之消除外，还应认真检查管道、阀门、法兰、支撑等，如无异常情况，才能使锅炉继续运行。

8. 炉膛爆炸事故

锅炉炉膛突然发生爆炸的现象叫炉膛爆炸事故。这种事故主要发生在煤粉炉和燃油、燃气锅炉中。爆炸的原因是：炉膛内的可燃物（可燃气体、油雾或粉尘）与空气混合后,浓度达到爆炸极限,遇到明火而发生爆炸。炉膛爆炸可损坏受热面、炉墙及构架,致使锅炉停炉,甚至造成人员伤亡。

(1) 炉膛爆炸的原因。造成炉膛爆炸的原因有:点火前未充分通风,炉膛内积存大量的可燃物;锅炉运行中,炉膛灭火,未及时中断燃料供给,在高温下燃料突然自燃。

(2) 防止炉膛爆炸的措施。防止炉膛爆炸的措施是点火前注意通风,避免炉膛内可燃物与空气混合达到爆炸极限。

9. 锅炉结渣

锅炉结渣是指灰渣在高温下粘结于受热面、炉墙、炉排之上并越积越多的现象。燃煤锅炉结渣是个普遍性的问题,层燃炉、沸腾炉、煤粉炉都有可能结渣。由于煤粉炉炉膛温度较高,煤粉燃烧后的细灰呈飞腾状态,因而更容易在受热面上结渣。

结渣使受热面吸热量减小,降低锅炉的出力和效率;局部水冷壁管结渣会影响和破坏水循环,甚至造成水循环故障;严重的结渣会妨碍燃烧设备的正常运行。因此,锅炉结渣后,各部分烟气温度及蒸汽温度升高。炉管处结渣,燃烧室负压减小,甚至影响锅炉蒸发量。

(1) 结渣的原因。造成结渣的主要原因是:煤的灰渣熔点低;燃烧设备设计不合理;运行操作不当等。

(2) 结渣的处理。锅炉结渣后,应及时清除,防止结成大块。发现结渣时,应增加过剩空气量,降低炉膛温度,减弱燃烧,然后使用吹灰器冲刷或用人力除焦等措施进行处理。如果结渣严重且有坠落的可能,应及时停炉清除。

第三节 锅炉压力容器事故调查、分析与处理

一、锅炉压力容器事故调查程序

锅炉压力容器一旦发生事故,特别是爆炸事故,必须认真进行事故调查、分析,找出事故发生的原因,制定有效的事故预防措施。事故调查的一般程序和内容是:

1. 事故现场调查

事故现场调查的内容主要包括下列三个方面:

(1) 调查设备本体的破坏情况。包括对破断面的观察,壳体变形或破裂形状的

检查测量及对内外表面情况的检查。对破断面形状、色泽、晶粒等的观察可为进一步的断口分析打好基础。对壳体变形情况检查时，要记录壳体的开裂部位、走向，裂口的宽度、长度以及开裂处的周长及壁厚。破裂成数大块的壳体，可组装起来进行测量。对壳体内外表面检查，主要是检查金属表面有无表面损伤。

(2) 调查安全附件的完整情况。了解设备爆炸时安全附件的情况对确定事故原因十分重要，如安全阀的开启状态、压力表的指针状态等，是判断设备爆炸时承压状态的重要依据。

(3) 调查现场破坏及人员伤亡情况。包括：被破坏建筑物的形状和尺寸、与爆炸设备的距离、损坏程度；人员伤亡原因、受伤程度等。这些破坏情况有助于估算爆炸设备的破坏能量。测量时，可用摄像、摄影及绘图等方法加以记录。

2. 事故情况调查

了解事故发生前条件与状态的变化，事故发生时的异常现象等。例如事故发生时设备的运行情况，有无压力波动、漏汽、响声等异常现象；不正常情况开始的时间，安全附件的动作情况等。

3. 原始资料搜集

查阅原始资料，如强度计算书、材质证明书、质量合格证明等；查阅交接班记录、近期运行记录，还应查阅历次检验、修理或改造的记录。也可以通过组织有关人员座谈来了解情况。

4. 技术鉴定

如果对设备本体材料有怀疑时，或为了确定材质的变化情况，可在壳体上取样，检验或校核材料的成分或性能。试验项目包括：化学成分分析、力学性能测定、金相检查、断口分析等。

5. 综合分析

经过上述的调查和试验，就可以对事故原因进行分析了。事故原因的确定，影响到能否采取有针对性的防范措施，而且还牵涉到对责任人员的处理。在分析中，如果对判断的原因有怀疑，还可以通过模拟试验进一步验证。

6. 提交分析报告

事故分析报告包括分析结论和对策建议两部分。分析结论即是对事故原因的分析，阐明引起事故的直接原因和间接原因，或者是主要原因与次要原因；对策建议部分即是根据分析结论，提出为防止类似事故发生应采取的措施。

二、锅炉压力容器事故分析方法

进行锅炉压力容器事故分析时，大体有两种思路，即从断裂形式入手进行分析和从载荷状态入手进行分析。

1. 基于断裂形式的分析方法

承压部件按其断裂的特征和机理，有延性断裂、脆性断裂、疲劳断裂、应力腐蚀断裂和蠕变断裂等几种断裂形式。每种形式的断裂都是在特定的条件下发生的，因此可以根据部件的断裂形式，分析事故的原因。一般可按下列步骤分析。

（1）根据壳体部件破裂后的整体状态、断口形貌等断裂特征，判定其属于哪种形式的断裂。例如，壳体破裂后在整体或较大的局部区域内有明显的塑性变形，而且破断面又多为韧性断口，则该部件应属于延性断裂。

（2）分析发生造成这种断裂的基本条件是否存在。例如，部件疲劳断裂的必要条件是载荷的交变作用。如果造成断裂的基本条件不存在，例如部件虽然运行时间较长，但压力和温度却一直比较稳定，部件又没有较大的振动，则它发生疲劳断裂的基本条件不存在，原来判定的断裂形式不能成立，应重新复查确定其真正的断裂形式。

（3）通过计算或试验，分析产生这些条件的直接原因和间接原因。有些断裂情况比较复杂，例如应力腐蚀断裂，必要时应做模拟试验。

2. 基于载荷状态的分析方法

有些锅炉压力容器是在正常的工作压力下发生断裂破坏的，有些则是因超载或异常载荷造成破裂的。因此，可根据设备破裂时载荷的状态进行失效分析，即先判断它是在哪种载荷状态下发生破裂的，然后再分析造成这种载荷状态的原因。

通常可根据设备的运行状况和损坏程度来判断其破裂时的载荷状态，可以从两方面入手：一是察看破裂后设备的形态和安全附件的状况；二是根据现场的破坏情况，估算造成这种破坏所需的能量，进而推断出设备爆破时所释放的能量。

（1）工作压力下破裂。锅炉压力容器在下列情况下破裂，可判定为工作压力下破裂。

1）无超压的可能性或可能性很小。例如，同一压力来源的其他容器一切正常，操作及工艺条件并无任何异常迹象等。

2）根据部件破裂后实测的器壁厚度和材料强度测试数据，计算得出的爆破压力与承压部件的最高工作压力大体相近，或者设备存在低应力破坏的条件。

3）安全附件状态正常。例如，安全阀没有开启排气的迹象或爆破片未发生动作；压力表没有指针回不到零位或指针弯曲等损坏现象。

4) 根据现场的破坏情况，估算的总破坏能量小于设备在工作压力下爆破所释放的能量。

(2) 超压破裂。超压破裂是指设备内的实际压力远远超过它的最高工作压力和耐压试验压力。超压破裂时设备及附件的运行与破坏情况是：

1) 运行中有超压的可能性。例如容器的压力来源处的介质压力远大于容器的工作压力；或容器内的介质有可能因异常条件而使其压力增大。

2) 破裂后的部件有明显的塑性变形，包括壳体周长增大和壁厚减薄，且根据其实测壁厚和材料强度试验数据计算得出的爆破压力远大于它的最高工作压力。

3) 没有按规定装设安全泄压装置或泄压装置失效。例如，容器无安全阀或爆破片；安全阀被粘住、堵塞，弹簧式安全阀的弹簧过分压紧，重锤杠杆式安全阀的杠杆增挂重物，或爆破片膜片超厚使其动作压力显著偏高等；或者是安全泄压装置虽曾动作，但因排量远小于设备的安全泄放量而失效。

4) 根据现场的破坏情况，估算的总破坏能量大于设备在工作压力下的爆破能量。

(3) 器内爆炸反应造成容器破裂。器内爆炸反应是指容器内两种或两种以上的物料发生异常反应，压力瞬时急剧升高的过程。在这种情况下，容器和附件的运行及破坏状况是：

1) 容器有可能存在两种或两种以上的、相互能发生激烈反应的物料，包括原料中含有异常的杂质；设备或管道的密封不良而造成泄漏；错误投料或混装等。

2) 器内爆炸反应引起的破裂，属于压力冲击断裂。容器一般呈粉碎性的破裂状态，常有大量的碎片飞出，击伤周围的人员和设备。

3) 安全泄压装置发生动作但未生效。例如，安全阀曾开启排气，但因有滞后作用而不能及时泄放器内瞬时升高的压力；爆破片已破裂，但因泄放面积过小未能阻止器内压力升高；压力表指针在限止钉处被撞弯，或指针不能退回零位。

4) 容器（或碎片）的内壁常可以发现有被高温烘烤过的痕迹或沾附有反应残留物。

5) 根据破坏现场的情况估算得的破坏能量远大于容器在工作压力下的爆破能量，甚至超过容器在计算破裂压力下的爆破能量。

将破坏能量与爆破能量进行对比时，要考虑有无"二次爆炸"所造成的破坏。因为二次爆炸可能比容器破裂释放出更大的能量，造成更大的破坏。辨别容器破裂后是否发生二次爆炸，除了器内介质的可燃性是基本条件外，还应从容器破裂时的情况和周围环境来发现器外二次爆炸的迹象。

3. 综合分析判断

通过对承压部件的破裂形式和发生事故时的载荷状态进行分析、鉴别，造成事故的原因就比较容易找到了。如果设备在正常工作压力下发生破裂，则按它的破裂形式找出直接原因：脆性断裂的，应从材料选用、制造缺陷、质量控制等方面考虑；疲劳断裂的，应从容器设计（是否考虑了疲劳问题和局部应力过高等）或不正常的使用（频繁开停车或压力波动较大等）方面考虑；应力腐蚀断裂的，应从材料选用、防腐措施、介质中混入杂质、操作工艺条件不正常等方面考虑。如果设备是超压破裂的，则通过强度核算和焊接质量检验，判明是否因壁厚过薄、焊接质量低劣或使用中产生严重腐蚀所致。对器内爆炸反应造成破裂的，则应从操作工艺条件、管路严密性、操作是否失误等方面查找原因。

三、事故处理的有关规定

1. 事故分类

按照人员伤亡和破坏程度，锅炉压力容器事故分为特别重大事故、特大事故、重大事故、严重事故和一般事故。

（1）特别重大事故。指造成死亡 30 人（含 30 人）以上，或者受伤（包括急性中毒）100 人（含 100 人）以上，或者直接经济损失 1 000 万元（含 1 000 万元）以上的事故。

（2）特大事故。指造成死亡 10~29 人，或者受伤 50~99 人，或者直接经济损失 500 万元（含 500 万元）以上 1 000 万元以下的事故。

（3）重大事故。指造成死亡 3~9 人，或者受伤 20~49 人，或者直接经济损失 100 万元（含 100 万元）以上 500 万元以下的事故。

（4）严重事故。指造成死亡 1~2 人，或者受伤 19 人（含 19 人）以下，或者直接经济损失 50 万元（含 50 万元）以上 100 万元以下，以及无人员伤亡的设备爆炸事故。

（5）一般事故。指无人员伤亡，设备损坏不能正常运行，且直接经济损失 50 万元以下的事故。

2. 事故处理

（1）现场应急处理。

1）发生事故后，现场人员要沉着冷静，及时处理，并迅速报告单位负责人。

2）一旦发生破坏性事故，事故发生单位应首先组织抢救。除立即抢救受伤人员外,还要采取措施,防止事故蔓延扩大,如扑灭火源、切断相关的电源、切断与其他锅炉或压力容器的联系,防止引起连续爆炸事故。

3) 保护好现场。需要移动的物件、设施,必须做好标记,绘制现场简图,对事故现场和伤亡情况录像或者拍照。

对于设备破坏时飞散出去的零部件及各种附件,如果飞出距离较远,应当收集起来加以保管,同时要在散落处作必要的标记。

4) 事故发生后,事故发生单位按规定以快捷的方式将事故的简要情况报告上级主管部门和当地质量技术监督行政部门。

(2) 对事故责任人的处理。事故发生单位及主管部门和当地政府依照国家有关规定,对事故责任人员作出行政处分或者行政处罚的决定;构成犯罪的,由司法机关依法追究刑事责任。

本 章 小 结

本章重点介绍了锅炉压力容器的断裂形式,包括延性断裂、脆性断裂、疲劳断裂、应力腐蚀断裂及蠕变断裂。掌握这些断裂形式的发生条件、原因和特征,对防止锅炉压力容器发生断裂事故及分析锅炉压力容器失效断裂的原因很有必要。本章还较为详细地介绍了几种锅炉常见事故的特征、原因及处理方法,并介绍了锅炉压力容器发生事故后的调查程序、分析方法、处理规定等。

复习思考题

1. 延性断裂的基本条件和特征是什么?
2. 脆性断裂有哪些特征?如何预防脆性断裂事故?
3. 疲劳断裂是怎样产生的?
4. 产生应力腐蚀断裂的条件是什么?采取哪些措施可防止应力腐蚀断裂?
5. 造成压力容器受压部件蠕变断裂的原因是什么?
6. 常见的锅炉事故有哪些?造成事故的原因是什么?如何处理?
7. 何谓锅炉爆炸?说明锅炉爆炸能量的来源。
8. 锅炉压力容器事故调查主要包括哪些程序?
9. 对锅炉压力容器事故进行分析,常用什么方法?

参考文献

1. 贺匡国. 化工容器及设备简明设计手册. 北京：化学工业出版社，2002
2. 丁伯民. 化工容器. 北京：化学工业出版社，2003.1
3. 王栋. 蒸汽锅炉用钢与受压元件强度分析. 北京：中国电力出版社，2005
4. 刘清方. 锅炉压力容器安全. 北京：首都经济贸易大学出版社，2000
5. 王非. 化工压力容器设计——方法、问题和要点. 北京：化学工业出版社，2005
6. 李建国. 压力容器设计的力学基础及其标准应用. 北京：机械工业出版社，2005
7. 谭蔚. 压力容器安全管理技术. 北京：化学工业出版社，2006
8. 陈凤棉. 压力容器安全技术. 北京：化学工业出版社，2004
9. 范钦珊. 压力容器的应力分析与强度设计. 北京：原子能出版社，1979
10. 余国琮. 化工容器及设备. 北京：原子能出版社，1980
11. 刘清方、吴孟娴. 锅炉压力容器安全. 北京：首都经济贸易大学出版社，2000
12. 吴粤桑、孟燕华. 压力容器安全技术手册. 北京：机械工业出版社，1999
13. 吴粤桑等著. 压力容器安全. 北京：中国劳动社会保障出版社，2007
14. 刘积贤. 工业锅炉安全技术. 北京：化学工业出版社，2001
15. 孟燕华. 工业锅炉安全运行与管理. 北京：中国电力出版社，2004
16. 王明明等. 压力容器安全技术. 北京：化学工业出版社，2005
17. 王志文，蔡仁良. 化工容器设计. 北京：化学工业出版社，2007
18. 周国庆，孙涛. 锅炉工安全技术. 北京：化学工业出版社，2005
19. 丁伯民，黄正林. 高压容器. 北京：化学工业出版社，2005
20. 魏峰. 压力容器安全监察与管理. 北京：化学工业出版社，2006
21. 丁崇功，寇广孝. 工业锅炉设备. 北京：机械工业出版社，2007
22. 辛广路. 锅炉运行与操作指南. 北京：机械工业出版社，2006
23. 兰州石油机械研究所主编. 压力容器制造与修理. 北京：化学工业出版社，2004